HEINRICH RUF

KLEINE TECHNOLOGIE DES ERDÖLS

Teilansicht der «Baton Rouge»-Raffinerie, USA. Im Zentrum die katalytischen Krackanlagen Esso

KLEINE TECHNOLOGIE DES ERDÖLS

Eine Einführung in die Methoden der
Gewinnung und Aufarbeitung der Roherdöle
zu Handelsprodukten

VON

HEINRICH RUF

DR. SC. TECHN.

SEKTIONSCHEF AN DER EIDGENÖSSISCHEN MATERIALPRÜFUNGS-
UND VERSUCHSANSTALT, ZÜRICH/DÜBENDORF

Zweite, neubearbeitete Auflage

BIRKHÄUSER VERLAG BASEL
UND STUTTGART
1963

1. Auflage 1955
2. Auflage 1963

Druck: Buchdruckerei Gaßmann AG. Solothurn
Printed in Switzerland

INHALTSVERZEICHNIS

II. TEIL

PHYSIKALISCHE METHODEN DER ERDÖLAUFARBEITUNG

III. TEIL

CHEMISCHE METHODEN DER ERDÖLAUFARBEITUNG

IV. TEIL

VORWORT ZUR ZWEITEN AUFLAGE

Der sehr erfreuliche Erfolg seines Versuches, die vielfältigen Belange der Erdölindustrie in einem möglichst nicht zu umfangreichen und in großen Zügen auch dem Laien zugänglichen Werk in deutscher Sprache zusammenzufassen, war dem Autor Verpflichtung, auch dieser zweiten Auflage alle mögliche Sorgfalt angedeihen zu lassen. Alle Kapitel, die Wesentliches Neues zu verzeichnen haben oder in denen sich unterdessen die Akzente verlagerten, wurden neu bearbeitet, das Bildmaterial, wo dies angezeigt war, erneuert oder ergänzt. Dabei ist sich der Autor jedoch vollauf bewußt, daß der ausgewählte Stoff auch diesmal nur eine persönlich gefärbte Auswahl darstellen kann.

Seit der Herausgabe der ersten Auflage dieses Buches ist die Entwicklung der Erdölindustrie nicht stillgestanden. Die Erdölproduktion hat sich im Zeitraum von zehn Jahren nochmals verdoppelt. Erdöl und Erdgas sind weltweit zu den wichtigsten Energiequellen, Roh- und Chemiegrundstoffen aufgestiegen. Trotzdem erreichen die heute bekannten Reserven einen noch nie erreichten Stand, so daß die Versorgung auf Jahrzehnte hinaus sichergestellt ist.

Aber auch für unser kleines Land, das damals nur die Rolle eines recht bescheidenen Verbrauchers von Erdölprodukten spielte, sind heute Erdölfragen sehr aktuell geworden. Es wird nun auch in der Schweiz aktiv und nach modernen Methoden nach Erdöl geschürft; der Bau einer ersten Raffinerie geht der Vollendung entgegen, weitere werden erwogen; und auch die Probleme der Erstellung und des Betriebes von Erdöl- und Erdgaspipelines haben vor unsern Grenzen nicht Halt gemacht.

So ist denn zu hoffen, daß auch diese zweite Auflage der «Kleinen Technologie des Erdöls» auf Interesse und gute Aufnahme stoße.

Zürich, im Juli 1962 *H. Ruf*

«Rotary»-Bohrturm in Natchez, Mississippi, USA Esso

I. TEIL

Roherdöle und Erdölprodukte

I. ENTSTEHUNG, AUFSPÜRUNG, ERBOHRUNG UND FÖRDERUNG DES ERDÖLS

(Prospektion, Exploration und Exploitation)

1. Entstehung des Erdöls

Über die Entstehung des Erdöls sind die verschiedensten Theorien aufgestellt worden, und völlig abgeklärt ist diese wichtige Frage auch heute noch nicht. Das Erdöl kommt seiner beweglichen Natur wegen heute kaum mehr am Entstehungsorte vor. Auch ist einem flüssigen Material die Herkunft viel weniger leicht anzusehen als zum Beispiel der festen Kohle, deren Struktur oft noch deutlich das Ausgangsmaterial Holz erkennen läßt. Und schließlich muß sich der Prozeß der Ölbildung über Jahrmillionen hingezogen haben, so daß er rückblickend schwierig zu rekonstruieren ist.

Das Problem ist sowohl ein *geologisches* wie ein *chemisches*. Der Geologe wird die Bedingungen zu ergründen suchen, die zur Ansammlung größerer Mengen eines geeigneten Ausgangsmaterials geführt haben können, sowie die Faktoren Zeit, Temperatur und Druck abschätzen, denen dieses Material seit seiner Entstehung ausgesetzt war. Dem Chemiker liegt es dann ob, zu studieren, wie sich ein solches unter den angegebenen Bedingungen in Öl umgewandelt haben könnte.

Mendelejeff nahm an, daß das Öl *mineralischen Ursprungs* sei und sich durch Zersetzung der im Erdinnern vorkommenden Metallkarbide gebildet habe. Dieser und andern *anorganischen Theorien* ist entgegenzuhalten, daß sich damit nicht erklären läßt, wieso in den Erdölen sogenannte optisch aktive[1] und stickstoffhaltige Verbindungen vorkommen.

Heute neigt man viel eher zur *organischen Entstehungstheorie*. Engler zeigte, daß sich zum Beispiel tierische Fette unter Druck in erdölähnliche Produkte umsetzen lassen, und führte deshalb die Bildung von Erdöl auf die Zersetzung von Fischen und anderen Meer*tieren* zurück.

[1] «Optisch aktive» Substanzen sind solche, die «polarisiertes», das heißt nur in einer Ebene schwingendes Licht unter einem gewissen Winkel abzudrehen vermögen.

Wahrscheinlicher ist aber, daß dabei auch *pflanzliche Stoffe* mitbeteiligt waren. Man kann sich kaum vorstellen, daß je solch riesige Ansammlungen rein tierischen Materials bestanden haben, wie sie zur Bildung der bekannten Öllager nötig gewesen wären. Auch spricht die Tatsache dagegen, daß man im Erdöl Chlorophyllderivate[1] nachgewiesen hat, wie sie nur in pflanzlichen Stoffen vorkommen.

Nach der heute wohl meistverbreiteten Annahme ist das Erdöl aus den Resten niedriger Pflanzen *und* Tiere entstanden, die sich im Laufe von Jahrmillionen, unter Luftabschluß sowie unter Mitwirkung der Erdwärme, erhöhten Druckes, vielleicht auch von Bakterien, Katalysatoren oder gar radioaktiver Stoffe, in Kohlenwasserstoffe umgewandelt haben.

Erdöl in seinen verschiedenen Formen findet sich jedenfalls nicht im Erstarrungsgestein, sondern nur in den viel weniger häufigen *Sedimenten*, den Tonen, Sanden und Kalken.

Wirklich große Öllager kommen aber nicht am Entstehungsorte vor. Das organische Material wäre zu dünn verteilt, so daß sich der Abbau kaum lohnen würde. Erst wenn die ölige Substanz eines großen Einzugsgebietes ausgepreßt oder vom Wasser verdrängt wird und sich in einer porösen Schicht, einem Sand- oder Kalkstein sammelt, entsteht ein wirklich bedeutendes Öllager. Das im Vergleich zum meist salzigen, mit dem Öl zusammen auftretenden Wasser spezifisch leichtere Erdöl wandert in solchen durchlässigen Formationen aufwärts, bis sich ihm ein Hindernis entgegenstellt. Eine solche «*Ölfalle*» kann auf verschiedene Weise entstehen. Einige typische Beispiele zeigt Abb. 1. Die häufigste und wichtigste Art ist ein durch Faltung der Erdkruste entstandenes Gewölbe, eine sogenannte *Antiklinale*. Die poröse, ölführende Schicht ist dabei oben und unten von einer undurchlässigen eingeschlossen. Im Scheitel der Antiklinale entsteht oft eine Gaskappe. Der darunterliegende Teil der durchlässigen Schicht ist wie ein Schwamm mit Öl vollgesogen. (Es entstehen also nicht etwa unterirdische Ölseen.) In den Schenkeln der Antiklinale steht meist Salzwasser.

Wo eine Ölfalle fehlt, ist das Öl heute verschwunden. Da sich in verschiedenen geologischen Perioden immer wieder neue Schichten organischen Schlammes, überdeckt von tonigen Ablagerungen der Flüsse, gebildet haben können, besteht ein Ölfeld oft aus mehreren übereinanderliegenden, aber voneinander getrennten Ölhorizonten.

[1] Chlorophyll ist der Farbstoff, der den Pflanzen die grüne Farbe verleiht.

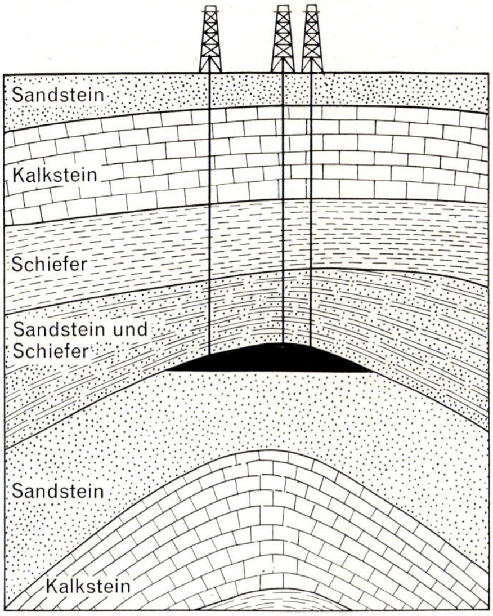

Antiklinale

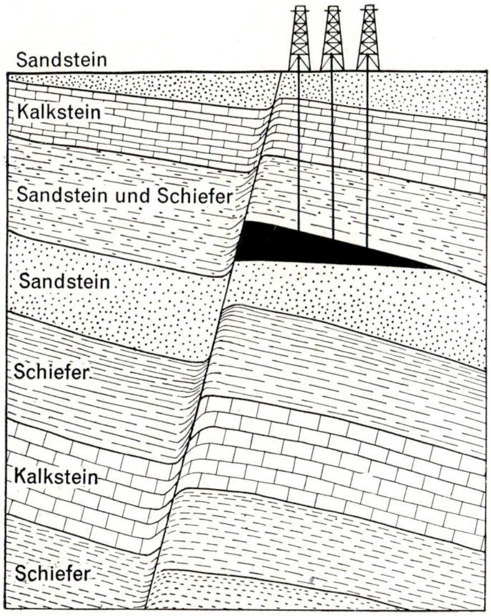

Verwerfung

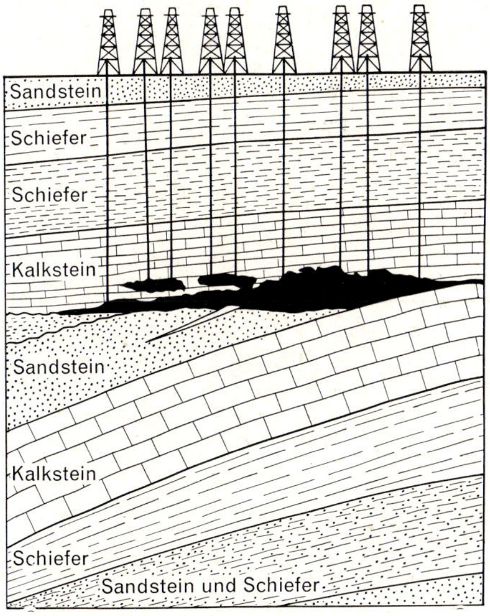

Stratigraphische Falle

Abb. 1. Typische Ölfallen

2. Aufspürung des Erdöls

(Schürfung oder Prospektion)

Das Suchen nach Erdöl basiert somit vor allem auf der Kenntnis der Struktur der Erdkruste, das heißt, es ist Sache der *Geologen.*

Abb. 2. Luftaufnahme einer Antiklinale in der Gebirgslandschaft nördlich Masjid-i-Suleiman (Persien) SHELL

Die Fälle, daß Erdöllagerstätten ausschließlich infolge des Austretens von Öl oder Gas an der Erdoberfläche gefunden werden, sind heute selten. Das Schürfen ist vielmehr zur Jagd nach Muttergesteinen, Lagergesteinen und Ölfallen geworden. Anfänglich war dies ausschließlich die Arbeit der *Feldgeologen.* Sie zogen mit Hammer und Bergmannskompaß aus, studierten in Kiesgruben, eingeschnittenen Flußläufen usw. natürliche Aufschlüsse nach Art und Neigung («Streichen und Fallen») der zutage tretenden Schichten oder führten selbst Abgrabungen und Probebohrungen aus, um sich auf diese Weise mühsam ein Bild vom Aufbau der Erdkruste zusammenzustücken. In unwegsamem Tropenwald oder Sumpfgebiet bedeutete dies oft monatelange Expeditionen ins Unbekannte, wobei deren Mitglieder große Strapazen auszuhalten hatten und von Ungeziefer und Malaria geplagt wurden.

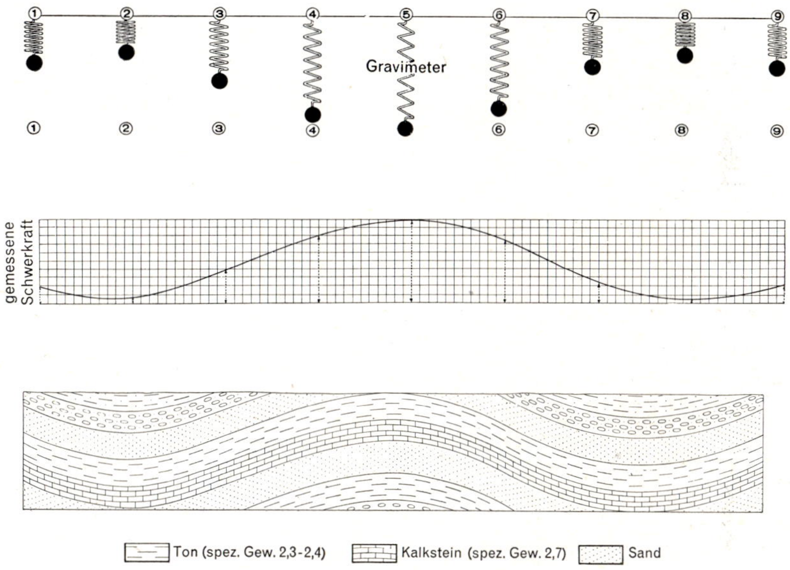

Abb. 3. Prinzip der Gravimetrie SHELL

Heute stehen den Geologen eine ganze Reihe wichtiger *Hilfsmittel* zur Verfügung.

Ein erstes ist die *Photogrammetrie*. Die vom zu schürfenden Gebiete aus der Luft aufgenommenen Photographien (Abb. 2) ergeben nicht nur eine ausgezeichnete Karte; die stereoskopische Auswertung liefert oft auch wichtige geologische Informationen, so daß die Arbeit am Boden auf ein Minimum beschränkt werden kann.

Besonders wichtig sind dann aber die modernen *geophysikalischen Spürmethoden*. Sie sind überall dort unentbehrlich, wo die Struktur der Erdkruste an der Oberfläche, bei relativ flach verlaufenden Schichten und Überdeckung mit jüngeren Sedimenten, schwierig zu erkennen ist. Die ältere *Gravimetrie* (Schweremessung) beruht auf der Tatsache, daß die Schwerkraft an jedem Orte der Erde etwas verschieden sein kann, da sie von der Masse der unmittelbar darunterliegenden Erdkruste abhängt. Die ersten Instrumente zur Schweremessung waren Drehwaagen; ferner verwendet man Pendelinstrumente und schließlich feine Federwaagen. Abb. 3 zeigt schematisch den idealen Fall, daß eine solche Federwaage

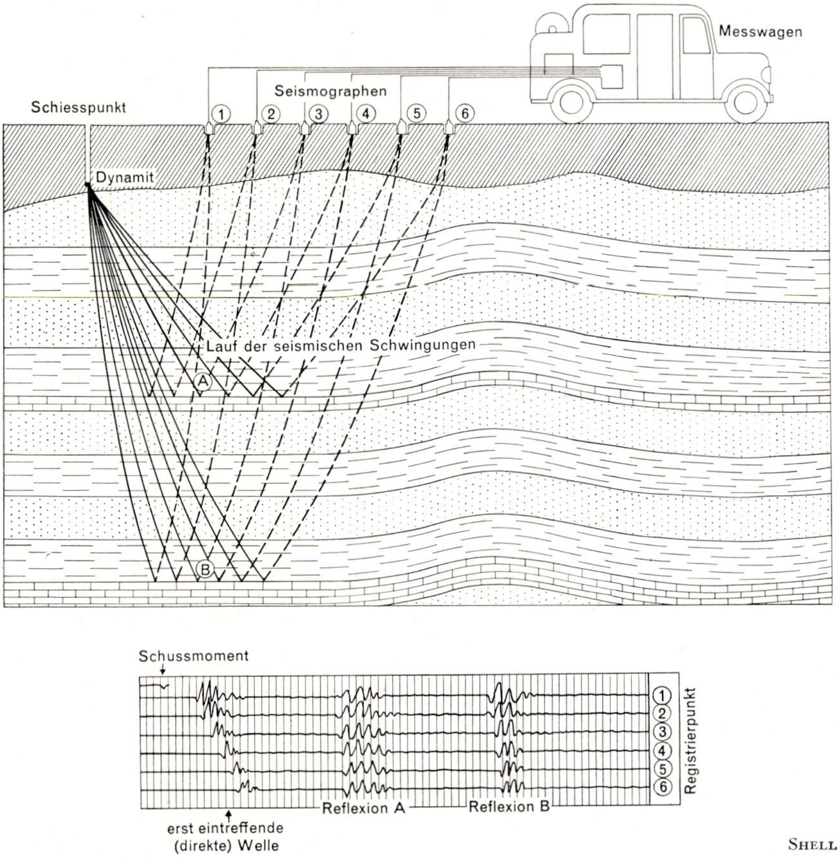

Abb. 4. Prinzip der Seismologie

über einer Antiklinale aus spezifisch schwerem Gestein ein Maximum anzeigt, während die Messungen gegen die Synklinale (den Sattel) hin abklingen. Der Vorteil solcher gravimetrischer Untersuchungen ist, daß sie relativ billig und schnell ausgeführt werden können. Doch ist die richtige Interpretation der erhaltenen Resultate oft recht schwierig.

Eine andere heute sehr viel verwendete geophysikalische Spürmethode ist die *Seismologie*. Durch Sprengladungen, die man in speziell dazu angelegten untiefen Bohrlöchern zur Explosion bringt, erzeugt man künstliche Erdbeben und mißt die Laufzeit der entstehenden Wellen durch die Erdkruste. Wie dies schematisch in Abb. 4 dargestellt ist, fängt der Seismograph zum Beispiel erst die direkt vom Explosions- zum Meßpunkt wandernde Welle und dann noch weitere, an weniger durchlässigen For-

Abb. 5. Explorationsbohrung bei Zaandam (Holland) SHELL

mationen im Erdinnern *reflektierte* Wellenzüge auf. Aus dem Zeitintervall zwischen der Explosion und dem Eintreffen der Wellen an der Meßstelle kann die Tiefe der reflektierenden Schichten errechnet werden.

Eine dritte solche Spürmethode ist die *magnetische*. Wie die Erdschwere wird auch das magnetische Feld an der Erdoberfläche von den darunterliegenden Gesteinsmassen beeinflußt.

Besonders elegant sind geophysikalische Spürmethoden bei Verwendung von in Flugzeugen montierten (oder von solchen geschleppten) Meßgeräten, da sich auf diese Weise sehr große, unwegsame Gebiete rasch aufnehmen lassen.

Zur Feststellung des Alters und der Identifizierung analoger geologischer Schichten bedient man sich heute oft der *Mikropaläontologie*, dem Studium äußerst kleiner, in den Schichten vorkommender Fossilien.

Alle Vorarbeit des Geologen kann jedoch nur die *Möglichkeit*, keineswegs die *Sicherheit* verschaffen, daß die Erdkruste an einem bestimmten Orte Erdöl enthält. „Oil is where you find it", sagt der Engländer und meint ironisch damit, daß erst die *Bohrung* die definitive Antwort gibt. Trotz allen Verbesserungen der Spürmethoden ist nämlich auch heute noch nur ein kleiner Teil der Bohrungen auf Neuland (sogenannte «Wildcats») fündig. Doch darf es als ein schöner Erfolg moderner Spürtechnik gebucht werden, daß zum Beispiel von den in den Vereinigten Staaten angesetzten «Wildcats» *eine von sechs* auf ein Ölfeld stieß, wenn sie von gründlicher geologischer und geophysikalischer Spürarbeit untermauert war, während das Verhältnis für Bohrungen, die auf eine solche Vorarbeit verzichteten, nur 1:30 betrug!

3. Erbohrung des Erdöls

(Aufschluß oder Exploration)

Erdöl wird bekanntlich, im Gegensatz zu andern Bodenschätzen, nicht in Bergwerken (das heißt durch Abteufen von Schächten, in welche Menschen hinabsteigen) gewonnen, sondern *erbohrt*. Dazu müssen bis zu 5000 und mehr Meter tiefe und bis zu etwa 60 cm weite Bohrlöcher angelegt werden. Es ist dies eine Aufgabe, die große Erfahrung, ausgezeichnetes Material und erhebliche Fertigkeit erheischt. Es werden dazu zwei verschiedene Methoden, das ältere, heute weniger gebräuchliche Kabelbohren und das moderne Drehbohren, angewandt.

Beim *Kabel- oder Schlagbohrverfahren* (Abb. 6) wird ein am Ende einer Schaukel an einem Kabel aufgehängter Meißel auf und ab bewegt. Mit Hilfe einer Stellschraube kann die Länge des Kabels so reguliert werden, daß der Meißel mit der gewünschten Wucht aufschlägt. Er zertrümmert dabei das Gestein, schafft sich ein Bohrloch und sinkt darin immer tiefer hinab. Von Zeit zu Zeit muß das Bohrloch, nach Entfernen des Meißels, ausgeschöpft werden. In weichem Gestein kann man pro Tag 30 und mehr Meter bohren. In hartem Fels dagegen geht es bedeutend langsamer und sind 3 m schon viel. Manchmal kommt man aber auch kaum 10 cm vorwärts!

Bei dem in Abb. 7 schematisch dargestellten *Dreh- oder Rotarybohren* wird der Meißel oder Bohrer an ein aus Röhren von 10 bis 15 cm Durch-

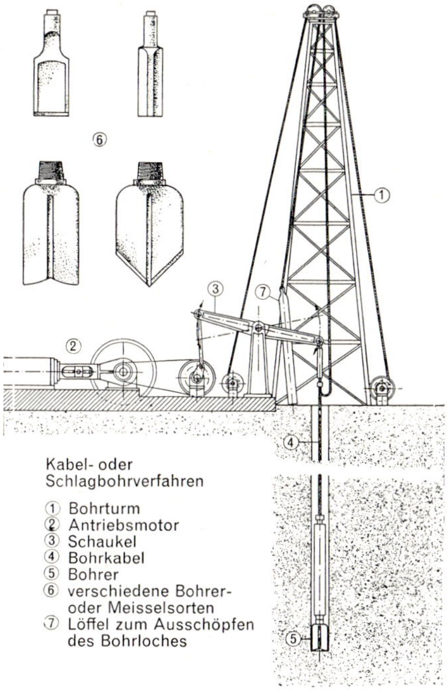

Abb. 6. Schema des Schlag- oder Kabelbohrverfahrens

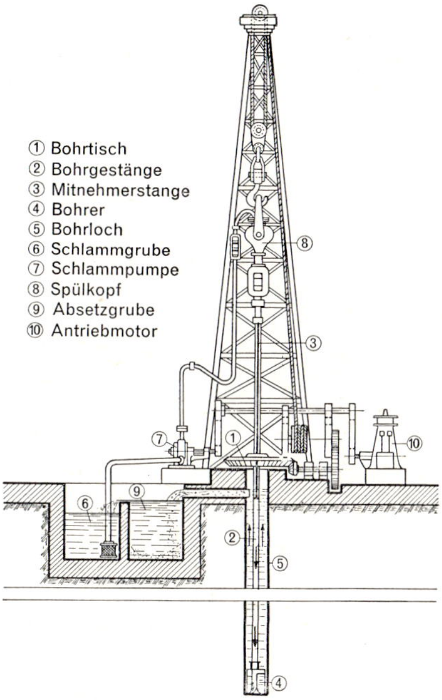

Abb. 7. Schema des Dreh- oder Rotarybohrverfahrens

Abb. 8. Anschrauben eines Rollenbohrers Esso

Abb. 9. Zusammenschrauben des Bohrgestänges Esso

messer zusammengefügtes Bohrgestänge geschraubt (Abb. 8 und 9). Dieses läuft am Boden des stählernen, bis zu 60 m hohen Bohrturmes (Titelblatt I. Teil) durch eine runde Platte. Dieser mechanisch angetriebene «Bohrtisch» setzt das oberste, vierkant ausgebildete Rohrstück (die «Mitnehmerstange»), und damit das ganze Bohrgestänge, in rotierende Be-

Abb. 10. Ausfahren des Bohrgestänges SHELL

wegung. Der Bohrer frißt sich dabei immer tiefer in den Grund. Der Gesteinsabrieb wird beim Drehbohren nicht ausgeschöpft, sondern kontinuierlich *ausgespült*. Zu diesem Zwecke pumpt man durch den an der Mitnehmerstange aufgeschraubten «Spülkopf» einen wäßrigen Schlamm, eine sogenannte «Dickspülung», durch das hohle Bohrgestänge ins Bohrloch hinab. Er tritt beim Meißel aus, nimmt das losgescheuerte Bohrgut mit und steigt im Zwischenraum zwischen Bohrgestänge und Bohrlochwand zur Oberfläche empor. In einem Klärteich setzen sich die groben geförderten Anteile ab. Den Schlamm kann man wiederverwenden. Im Maße, wie die Bohrung fortschreitet, werden sukzessive weitere Rohrlängen zwischen der Mitnehmerstange und dem übrigen Bohrgestänge eingeschoben. Beim Drehbohren werden Tagesleistungen von bis und über 300 m erreicht.

Leider kann man aber auch hier nicht nur immer weiterbohren. Die Meißel werden stumpf oder müssen, je nach der zu durchdringenden Gesteinsschicht, ausgewechselt werden. Dies ist nun aber beim Drehbohren, mit seinem starren Bohrgestänge, eine recht umständliche Angelegenheit (Abb. 10). Das Bohrgestänge muß hochgezogen, in Längen, wie sie der Bohrturm aufzunehmen vermag, zerlegt und zur Seite gestellt werden. Dann, nach Auswechseln des Bohrers, wiederholen sich die Handreichungen in umgekehrter Reihenfolge. Bei Bohrlöchern von mehreren tausend Metern Tiefe ist dies eine respektable Arbeit, die nur von einer geschulten und an genaueste Zusammenarbeit gewöhnten Belegschaft flott bewältigt werden kann. Es kommt auch vor, daß sich Teile des Bohrgestänges «selbständig» machen und nicht mehr auf normale Weise heraufgeholt werden können. Dann fängt die in den Kreisen der Bohrleute des damit verbundenen Zeitverlustes wegen berüchtigte «Fisch»-Arbeit an, zu der eine Zahl ingeniöser Instrumente entwickelt wurden.

Weiter lassen sich in den wenigsten Formationen tiefe Löcher bohren, ohne daß die Wände mit der Zeit einzustürzen beginnen und damit das Weiterbohren erschweren. Auch kann aus einer angebohrten Schicht zuviel Gas oder Wasser ins Bohrloch dringen. *Das Bohrloch muß verschalt werden.* Als Auskleidung verwendet man aneinandergeschraubte Stahlrohre, sogenannte «Casing» (Futterrohre), von etwas geringerem Durchmesser als das Bohrloch. Will man diese solide im Fels verankern, oder gilt es, Gas oder Wasser abzudichten, so wird die Casing *einzementiert.* Dazu pumpt man eine bestimmte Menge Zementbrei, gefolgt von einem Holzpropfen, in die Casing hinab und, wenn er die Sohle des Bohrloches erreicht, noch etwas in den Raum zwischen Verschalungsrohr und Bohrlochwand hinauf, wo man ihn erhärten läßt. Dann wird man mit einem Meißel etwas geringeren Durchmessers durch die eingebrachte Verschalung weiterbohren. In noch größerer Tiefe kann das Verschalen wiederum nötig werden. Man geht dann auf genau gleiche Weise vor, benützt aber ein Verschalungsrohr nochmals geringeren Durchmessers, das man wieder von oben durch das bereits einzementierte hinabläßt. So weist ein fertiges Bohrloch oft eine ganze Reihe, teleskopartig vom Erdboden bis auf immer größere Tiefen reichender, ineinandergeschachtelter Verschalungsrohre auf. Selbstverständlich muß man bereits beim Ansetzen der Bohrung mit der sich nach unten einstellenden Verjüngung des Bohrloches Rechnung halten, will man schließlich die ölführende Schicht noch mit einer für praktische Zwecke genügenden Rohrtour (von mindestens etwa 15 cm Durchmesser) erreichen.

Während dieser Bohrarbeiten wird ein genaues *Tagebuch* über die gemachten Fortschritte, die Art der durchstossenen Schichten und andere erwähnenswerte Ereignisse geführt. Der dem Ölfeld zugeteilte Bohrgeologe benutzt jede sich ihm bietende Gelegenheit, seine Kenntnisse zu ergänzen. So prüft er beim Kabelbohren das herausgeschöpfte Bohrgut

Abb. 11. Ausbrechender Ölbrunnen - Spindle Top 1901 (USA)
SHELL

Abb. 12. «Christmas Tree» (Eruptionskreuz, ein Ventil, das den Ölabfluß regelt)
Esso

oder studiert beim Drehbohren den mit der Dickspülung zutage tretenden Gesteinsabrieb. Von Zeit zu Zeit läßt er sich mit Hilfe eines Spezialbohrers einen zylinderförmigen *Bohrkern* der anstehenden Formation herausschneiden. Wichtig sind für ihn auch die kontinuierlich aufgenommenen elektrischen Kerndiagramme (Schlumberger-Methode), die ein qualitatives Profil der angeschnittenen Schichten ergeben und eine Korrelation mit früher oder später ausgeführten, anderen Bohrungen ermöglichen.

Eine vor allem in Rußland stark verbreitete neuere Variante des Drehbohrens ist das *Turbobohren*. Der Bohrer wird dabei «an Ort» entweder elektrisch oder durch die ins Bohrloch hinabgepumpte Dickspülung selbst angetrieben. Man kann so wesentlich größere Kräfte zur Wirkung bringen, und das Bohren geht dann auch, vor allem in hartem Gestein, wesentlich rascher. Das Turbobohren erweist sich als besonders rentabel bei tiefen Bohrungen großen Durchmessers, das heißt wenn ohnehin eine relativ teure Ausrüstung benötigt wird. Es eignet sich auch gut zum gezielten und Schrägbohren. Doch tritt eine sehr starke Meißelabnützung auf.

Ist die Bohrung so weit fortgeschritten, daß die erwartete erdölführende Schicht nahe rückt, so müssen spezielle Vorsorgemaßnahmen getroffen werden. Früher kam es häufig vor, daß das unter erheblichem Druck stehende Öl und Gas dem Bohrloch mit solcher Gewalt entströmte, daß ein mächtiger, schwierig zu drosselnder Springbrunnen entstand (Abb. 11), ja daß der Bohrturm mit allen seinen Ausrüstungen weggeblasen wurde. Mit modernen Mitteln gelingt es jedoch, die meisten Brunnen unter Kontrolle zu halten. Dazu schraubt man auf das innerste Verschalungsrohr einen massiven *Kontrollkopf* auf. Er umschließt das Bohrgestänge, erlaubt es aber, weiterzubohren. Auch ist ein Drosselventil eingebaut. Von ihm führen mehrere, mit Schiebern versehene Rohrleitungen zu einem neben der Bohrung aufgestellten Produktionsbehälter. Man nennt dieses komplizierte Gebilde in der Ölindustrie einen «Christmas Tree», einen Christbaum (Abb. 12). Nun bohrt man vorsichtig weiter und achtet auf alle Anzeichen, die auf das Ergießen von Öl ins Bohrloch schließen lassen. Trifft man auf solche, so wird das Bohrgerät gezogen und der Brunnen, wenn nötig durch Auspumpen der Spülung, in Produktion gebracht.

War man vom Glück begünstigt und findet sich Öl, so wird die *Ergiebigkeit* des Brunnens ermittelt. Sie kann von Ölspuren bis zu über 25000 t pro Tag betragen!

Es mögen heute auf der ganzen Welt etwa dreiviertel Millionen Sonden produzieren. Allein in den USA wurden im Jahre 1959 wieder etwa 50000 neue Brunnen abgeteuft. Davon waren:

14 %	weniger als 381 m tief
20 %	zwischen 381 und 762 m tief
23 %	zwischen 762 und 1140 m tief
14 %	zwischen 1140 und 1530 m tief
16 %	zwischen 1530 und 2290 m tief
7 %	zwischen 2290 und 3050 m tief
6 %	über 3050 m tief

Die Kosten beliefen sich im Mittel:

für eine Bohrung von rund 1000 m Tiefe auf	$ 31 200
für eine Bohrung von rund 2000 m Tiefe auf	$ 66 000
für eine Bohrung von rund 3000 m Tiefe auf	$ 129 800

Die Bohrungen werden somit mit zunehmender Tiefe rasch teurer. Die Kosten der 220 Bohrungen über 4580 m Tiefe beliefen sich im Mittel auf $ 656100!

Abb. 13. «Signal Hill»-Ölfeld, Long Beach (Kalifornien USA) SHELL

4. Förderung des Erdöls

(Produktion oder Exploitation)

Hat die Explorationsbohrung die Anwesenheit einer Öllagerstätte erwiesen, so gilt es nun, diese möglichst rationell und vollständig *auszubeuten*. Im Gegensatz zu früheren Zeiten, wo die Leute manchmal von einem eigentlichen Ölrausch ergriffen wurden und ein ganzer Wald von Bohrtürmen aus dem Boden sprang (Abb. 13), werden die Öllager heute nach wissenschaftlichen und viel rationelleren Methoden abgeschöpft. Vor allem wird nur die strikte notwendige Anzahl an teuren Sonden, in zweckmäßig gewählten Abständen, abgeteuft (Abb. 14).

Erst muß einmal die *Ausdehnung* des entdeckten Lagers, das Vorhandensein eventueller Gaskappen und der Stand des Wassers in den Schenkeln der Antiklinale abgetastet werden. Man muß auch Angaben über den in der Formation herrschenden Druck und die Beschaffenheit der ölführenden Schicht (vor allem deren Durchlässigkeit) zur Verfügung haben. Erst dann kann man zur eigentlichen *Produktion* schreiten. Bei jungen Feldern steht das Öl oft unter ganz erheblichem Druck des sich im Scheitel der Antiklinale befindenden Gases oder des in den Schenkeln stehenden Salzwassers. Diese Kräfte treiben das Öl aus der Schicht zur Sonde und reichen oft aus, es auch gleich zur Erdoberfläche zu spedieren: *Der Brunnen produziert unter eigenem Druck.*

Der *potentielle Tagesertrag* einer Bohrung wird von der Größe der das Öl zur Sonde treibenden Kräfte, der Viskosität (Zähflüssigkeit) des Öls sowie der Porosität (Hohlraumgehalt) und der Permeabilität (Durchlässigkeit) der ölführenden Schicht – die durchaus nicht überall gleich zu sein brauchen – bestimmt. Unter Umständen ist das Lagergestein lokal so feinporig, daß das Öl dem Bohrloch nur äußerst langsam zufließen

Abb. 14. Ölfeld im Maracaibo-See (Venezuela) SHELL

will. Dem kann man eventuell durch Sprengen oder, in Kalkstein, durch eine Säurebehandlung etwas nachhelfen.

Man darf die Brunnen aber selten auf voller Kapazität produzieren lassen. Wasser und Gas sollen das Öl *möglichst vollständig* aus der Schicht zum Bohrloch stoßen. Unter günstigen Verhältnissen gelingt es, bis zu 75% des Öls herauszuholen. Produziert man aber zu schnell oder sind die fließenden Brunnen ungünstig über das Feld verteilt, so bleiben Öllinsen zurück. Gas oder Wasser erreicht die Sonde, bevor das Öl aus der Schicht ausgestossen ist. Sowohl das Tempo wie auch die Reihenfolge, in der man die verschiedenen Brunnen eines Feldes produzieren läßt, müssen deshalb wohl überlegt sein.

Abb. 15. Pumpender Ölbrunnen SHELL

Zu einer rationellen Produktion muß der zu Beginn vorhandene Gasdruck des Reservoirs möglichst lange erhalten bleiben. Der Brunnen soll deshalb nicht viel mehr als das im Öl unter Druck gelöste und beim Entspannen entweichende Gas produzieren. Das heißt, das *Öl/Gas-Verhältnis* soll ein möglichst günstiges sein. Manchmal wird der Reservoirdruck auch künstlich, durch Zurückpumpen von Gas oder Wasser, aufrechterhalten.

Ist der Öldruck trotzdem so weit abgefallen, daß der Brunnen nicht mehr von selbst fließen will, so kann man manchmal das Pumpen durch *Einblasen von Gas* am Grunde des Bohrloches noch etwas hinausschieben. Das entstehende spezifisch leichte Gas/Öl-Gemisch wird dann auch vom abnehmenden Druck noch zur Oberfläche gehoben.

Trotz allen diesen Maßregeln kommt früher oder später aber der Moment, daß der Brunnen *gepumpt* werden muß. (Es gibt aber auch Brunnen, die *nie* unter eigenem Drucke fließen.) Gepumpt wird mit einfachen, zylindrischen Quellenpumpen, die sich im Förderrohr, wie die Kolben eines Motors im Zylinder, auf und ab bewegen. Beim Abwärtsbewegen öffnen, beim Heben schließen sich die Ventile, wodurch die Flüssigkeit zur Oberfläche spediert wird. Zur Erteilung der Auf- und Abwärtsbewegung hängt die Pumpe an einer Schaukel (Abb. 15), ähnlich wie der Meißel beim Kabelbohren. Diese wird von einem Gas- oder Elektromotor angetrieben. Wenn die Situation der Brunnen dies zuläßt, betätigt ein Motor mit Hilfe eines Exzenterrades und eines von diesem nach allen Richtungen spinngewebeartig auslaufenden Gestänges manchmal eine ganze Reihe von Pumpstellen eines Feldes.

Das entweder unter eigenem Druck oder mit Hilfe von Pumpen *geförderte Roherdöl* der verschiedenen Brunnen wird gemessen, in speziellen Gasabscheidern entgast, von Schlamm und emulgiertem Wasser und von Sand befreit und kann dann zum Verschiffungshafen oder der Raffinerie gepumpt werden.

Ergänzende Literatur zu Kapitel I

KREJCI-GRAF, K., *Erdöl*, Naturgeschichte eines Rohstoffs (Springer, Berlin, Göttingen, Heidelberg 1955).

VER WIEBE, W. A., *How Oil is found* (Edwards Brothers Inc., Ann Arbor, Michigan 1953).

WIONTZEK, K. H., *Die Suche nach Erdöl*, ABC des Erdöls, Band 2, Shell-Bücherei (Hüthig & Dreyer GmbH, Mainz, Heidelberg 1955, 2. Aufl.).

TIRATSOO, E. N., *Petroleum Geology* (Methuen & Co. Ltd., London 1951).

BRANTLEY, J. E., *Rotery Drilling Handbook* (Palmer Publications, Los Angeles 1961, 6. Aufl.).

WIONTZEK, K. H., *Erdöl Bohren und Fördern*, ABC des Erdöls, Band 3, Shell-Bücherei (Hüthig & Dreyer GmbH, Mainz, Heidelberg 1956).

UREN, L. CH., *Petroleum Production Engineering*, Oil Field Development 1956, Oil Field Exploitation 1953, Petroleum Production Economics 1950 (McGraw-Hill Book Comp., New York).

MOODY, G. B., *Petroleum Exploration Handbook*, A practical manual summarizing the application of earth sciences to Petroleum Exploration (McGraw-Hill Book Company Inc., New York, Toronto, London 1961).

FRICK T. C., *Petroleum Production Handbook* (McGraw-Hill Book Comp., New York, Toronto, London 1962).

Siehe auch:

UMSTÄTTER, H., *Der Petroleum-Ingenieur* (Springer, Berlin, Göttingen, Heidelberg 1951).

Modern Petroleum Technology, 3. Aufl. (The Institute of Petroleum, London 1962).

Das Buch vom Erdöl (im engl. Original «Our Industry») (BP Benzin & Petroleum AG, 1958).

The Petroleum Handbook, 4. Auflage (Shell International Petroleum Company Ltd., London 1959).

DUNSTAN, A. E., et al., *The Science of Petroleum*, Vol. I (Oxford University Press, London, New York, Toronto 1938).

und S. 304 (Zeitschriften)

II. ERDÖLPRODUZENTEN UND -RESERVEN

Als Beginn des systematischen Bohrens nach Erdöl kann die im Jahre 1859 von Colonel DRAKE in Titusville, Pennsylvanien (USA) abgeteufte Sonde angesehen werden. Seither hat die Welt-Erdölproduktion, wie aus Abb. 16

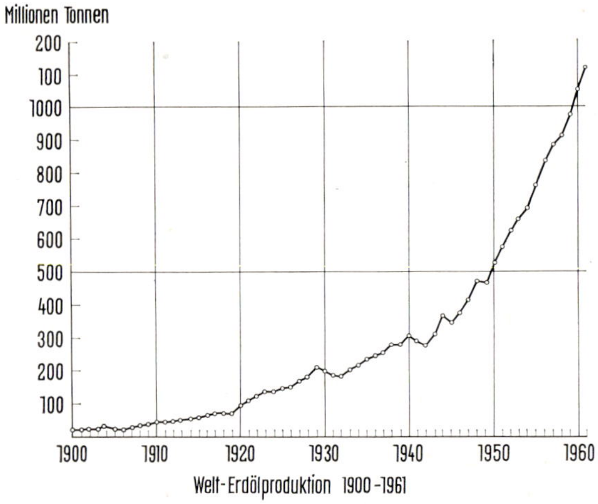

Abb. 16. Anstieg der Welt-Erdölproduktion 1900–1961

ersichtlich, fast ununterbrochen und in immer rascherem Tempo zugenommen. Im Jahre 1960 hat sie erstmals die 1-Milliarde-Tonnen-Grenze überschritten, um nun letztes Jahr 1211 Millionen T zu erreichen.

Tabelle I gibt *Produktionszahlen für einige ausgewählte Jahre* wieder. Um die Jahrhundertwende war Rußland vorübergehend der Haupterdölproduzent; dann hat sich das Schwergewicht nach den Vereinigten Staaten von Amerika verlagert, die vorübergehend bis zu zwei Drittel der Welt-Erdölproduktion lieferten. Seit dem letzten Weltkrieg ist die Produktion Russlands nun wieder in raschem Steigen begriffen. Um 1920 hatte Mexiko eine verhältnismäßig große Bedeutung, die dann aber stark zurückging und einer bedächtigeren Entwicklung Platz machte. In den Zahlen für 1930 beginnen erstmals die lateinamerikanischen Staaten, vor allem Venezuela, eine Rolle zu spielen; kurz vor dem letzten Weltkrieg fängt der phänomenale Aufstieg des Mittleren Ostens an, und in letzter Zeit sind nun auch die Ölfelder Nordafrikas und der Sahara in Produktion gekommen. Westeuropa und der Ferne Osten, obschon zu den ältesten Produzenten gehörend, kamen nie über einen im Gesamtbild gesehen bescheidenen Platz hinaus.

Tabelle I. *Welt-Rohölerzeugung 1900-1960*
(in Millionen Tonnen, ohne Gasbenzin)

	1900	1910	1920	1930	1938	1945	1950	1955	1960
Vereinigte Staaten von Amerika (+ Kanada)	8,6	28,7	61,1	123,1	164,1	231,5	270,0	352,4	370,7
Mexiko	—	0,5	22,7	5,7	5,5	6,1	10,6	12,5	14,5
Südamerika und karibisches Gebiet	—	—	0,4	24,3	32,5	49,6	85,9	130,0	182,3
Sowjetrepublik (+ Satelliten)	11,0	9,6	3,5	18,5	29,7	19,3	37,6	84,6	166,1
(West-) Europa	0,6	3,3	1,9	6,6	8,0	6,6	8,8	9,4	14,8
Mittlerer Osten	—	—	1,8	6,4	16,1	27,0	87,6	162,5	266,9
Indien und Ferner Osten	0,6	2,6	3,8	7,8	10,0	1,9	12,8	18,7	26,2
Afrika und Übrige	0,2	0,2	0,9	3,4	5,7	6,6	9,6	—	10,3
Total	21,0	44,9	96,1	195,8	271,6	348,6	522,9	770,1	1051,7

Die Produktionszahlen der verschiedenen Gebiete *für das Jahr* 1961 sind in Tabelle II zusammengestellt. Die geographische Verteilung ergibt sich aus der Karte Abb. 17.

Der größte Erdölproduzent sind auch heute noch die Vereinigten Staaten von Amerika, die im Jahre 1961, zusammen mit Kanada, 384,2 Millionen Tonnen oder 34,2 % der Welt-Erdölproduktion aufbrachten. Der Zuwachs im letzten Jahrzehnt beträgt fast genau 100 Millionen Tonnen. Während die USA bis noch in die 1950er Jahre über die Hälfte der Welt-Erdölproduktion lieferten, ist ihr Anteil nun aber auf nur noch einen Drittel abgefallen.

Den zweiten Rang nimmt mit 282,8 Millionen Tonnen oder 25,3 % der Mittlere Osten ein, dessen Produktion sich im letzten Jahrzehnt verdreifachte.

Auf dem dritten Platz steht heute mit 202,0 Millionen Tonnen oder 18,1 % Lateinamerika (Mexiko, Karibisches Becken und Südamerika), dessen Produktion sich im gleichen Zeitintervall verdoppelte.

Noch rascher nahm aber jene der UdSSR zu, die heute (zusammen mit den andern Ostblockstaaten) 186,8 Millionen Tonnen oder 16,7 % beträgt. Dabei hat die Sowjetunion heute Venezuela überholt.

Bescheidenere Plätze nehmen mit respektiv 26,9 und 16,5 Millionen Tonnen (2,4 und 1,5 %) der Ferne Osten und Westeuropa ein, während die Produktion Afrikas schließlich, dank der neuen Felder in Nordafrika und der Sahara, bereits 19,7 Millionen Tonnen oder 1,8 % betrug.

Die Schweiz besitzt bekanntlich bis jetzt nur etwas Naturasphalt im Val de Travers (Neuenburg).

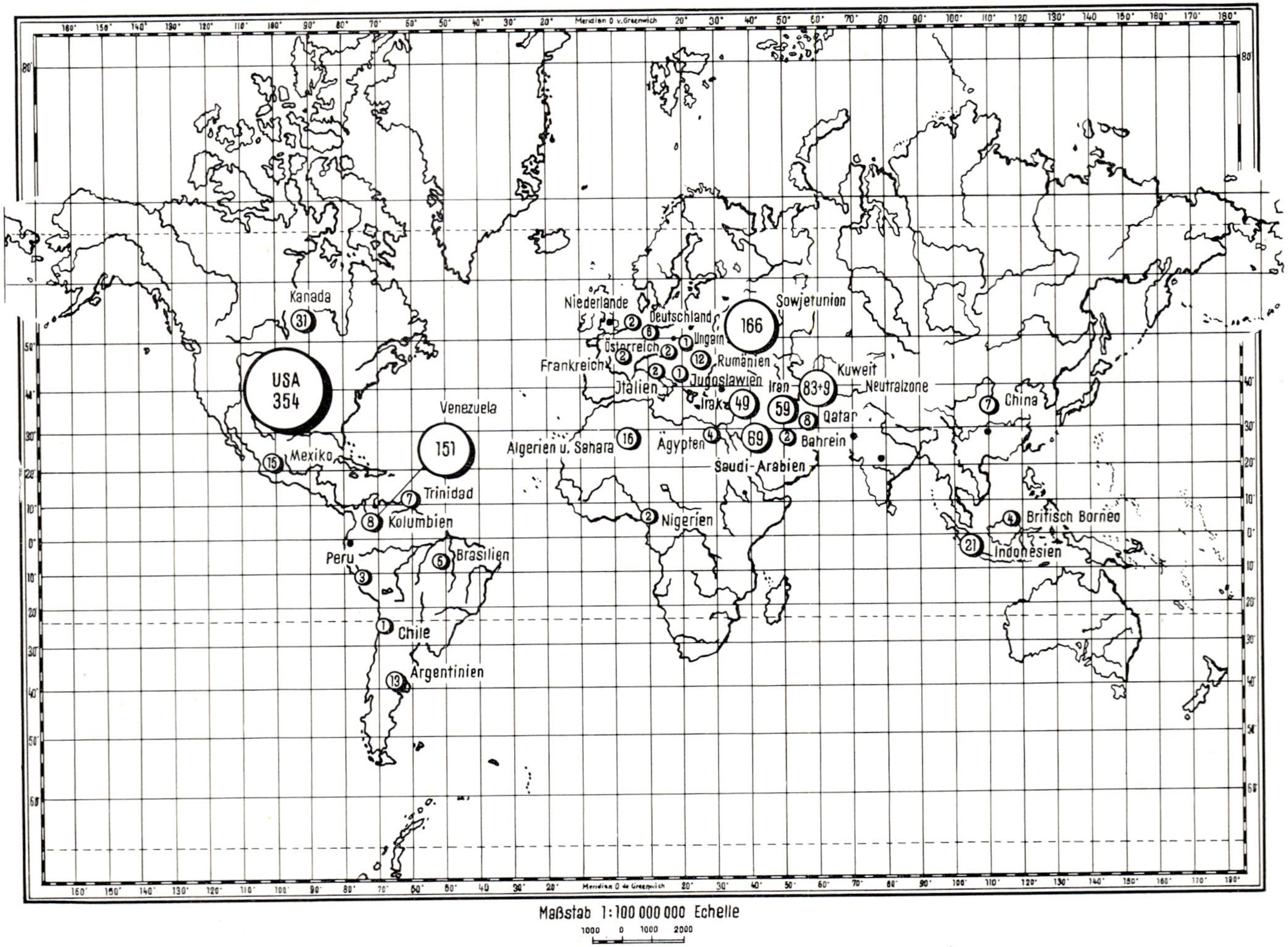

Abb. 17. Geographische Verteilung der Erdölproduktion

Tabelle II. *Welt-Erdölproduktion 1961*[1]

	Millionen T	Prozent
Nord-Amerika		
USA	353 500	
Kanada	30 700	
	384 200	34,2
Latein-Amerika		
Karibisches Gebiet	165 115	
(Venezuela, Kolumbien, Trinidad und Kuba)		
Übrige	36 940	
(Mexiko, Argentinien, Brasilien, Peru, Chile, Ecuador und Bolivien)		
	202 055	18,1
Mittelosten		
(Kuwait, Saudi-Arabien, Iran, Irak, Neutralzone, Qatar, Ägypten, Bahrein, Türkei und Israel)	282 790	25,3
Afrika (ohne Ägypten)	19 720	1,8
(Algerien und Sahara, Nigerien, Gabon/Kongo, Libyen, Marokko und Angola)		
West-Europa		
Deutschland	6 220	
Österreich	2 370	
Frankreich	2 170	
Holland	2 100	
Italien	2 100	
Jugoslawien	1 400	
Großbritannien	105	
	16 465	1,5
Ferner Osten		
(Indonesien, Britisch-Borneo, Japan, Burma, Indien, Pakistan, W.-Neu-Guinea)	26 925	2,4
Osteuropa und China		
UdSSR	166 000	
Rumänien	11 600	
Übriges Osteuropa	2 600	
China	6 500	
	186 750	16,7
Welttotal	1 118 905	100,0

[1] Petroleum Press Service, Jan. 1962.

Da Erdöl, wie geschildert, ein Kapital darstellt, das die Natur niemals in dem Tempo nachzuliefern vermag, wie es die heutige energiehungrige Zeit verzehrt, muß einmal mit der Erschöpfung der Vorräte gerechnet werden. Die *Frage nach den noch vorhandenen Erdölreserven* ist so alt wie die Erdölgewinnung selbst. Schon die Zeitgenossen DRAKES fürchteten, daß ihnen mit dieser Bohrung alles vorhandene Erdöl weggenommen werde. In Tat und Wahrheit ist es dann, trotz dem rasch ansteigenden Konsum, ganz anders herausgekommen. Dies ist in Abb. 18 sehr eindrücklich dargestellt. Die durch Explorationsbohrungen erwiesenen Reserven (die sogenannten «proved reserves») haben im Laufe der Jahre immer noch

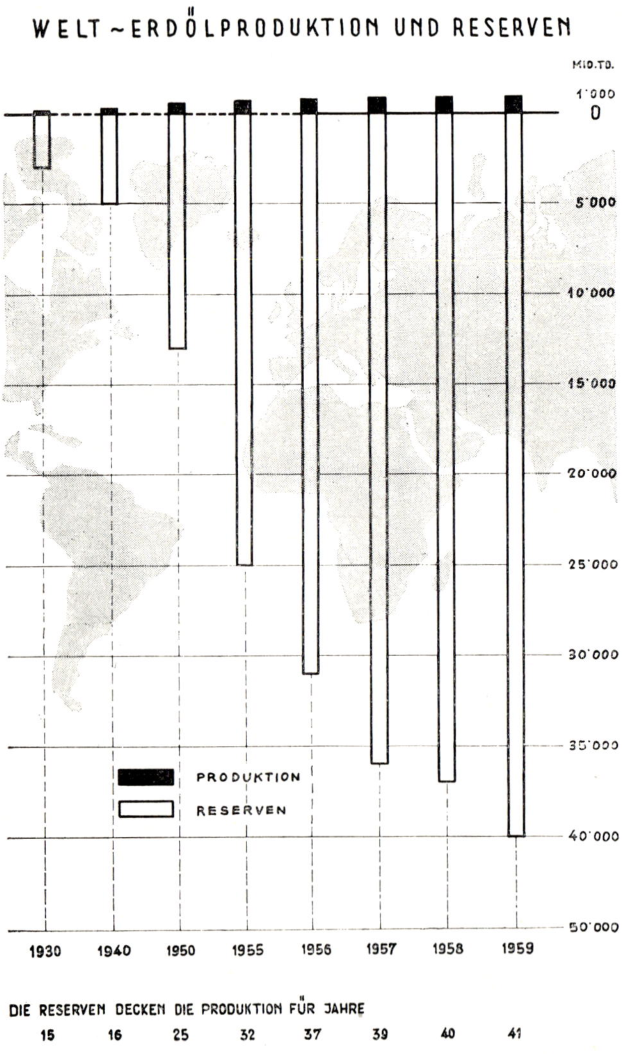

Abb. 18. Zunahme von Welt-Erdölproduktion und -reserven 1930–1959

SHELL

zugenommen, betragen heute rund 41 Milliarden Tonnen und würden beim heutigen Konsum zum Beispiel noch für etwa 39 Jahre ausreichen. Die steigende Nachfrage hat den Stimulus für eine immer intensivere Schürftätigkeit geliefert, Schürf- und Bohrtechnik haben große Fortschritte gemacht, so daß heute unter anderem auch tiefer gelegene Vorkommen rationell ausgebeutet werden können, und die moderne Produktionstechnik schließlich erlaubt es, einen größeren Teil des vorhandenen Öles auch wirklich herauszuholen. Da sicher vorläufig auch immer noch neue Felder entdeckt werden dürften, ist nach menschlichem Ermessen trotz der rasch ansteigenden Nachfrage in den nächsten ein bis zwei Generationen noch nicht mit einer Erschöpfung der Erdölvorräte der Erde zu rechnen.

Interessant ist aber die Feststellung, daß die *geographische Verteilung der Reserven*, verglichen mit der heutigen Produktion, eine ganz andere ist: Tabelle III. Die bedeutendsten der heute bekannten Reserven liegen im Mittleren Osten, gefolgt von jenen der USA, des Ostblocks und Lateinamerikas. Verglichen damit spielen die Vorräte Ostindiens und Afrikas eine bescheidene, jene Westeuropas eine untergeordnete Rolle.

Tabelle III. Erdölproduktion und -reserven 1961[1]

	Anteil an der Produktion %	Anteil an den Reserven %[1]
USA und Kanada	34,2	12,7
Lateinamerika	18,1	9,0
Westeuropa	1,5	0,6
Afrika	1,8	2,8
Mittelosten	25,3	60,2
Ferner Osten	2,4	3,4
UdSSR	14,8	10,6
Übriger Ostblock	1,9	0,7
	100,0	100,0

[1] Brennstoff-Chemie, *42*, Nr. 9 (1961)

Die Tatsache, daß die Vorräte an natürlichem Erdöl in nicht allzuferner Zukunft einmal ausgehen werden, bedeutet jedoch nicht, daß damit der technischen Verwendung flüssiger, erdölähnlicher Kohlenwasserstoff-Gemische ein Ende gesetzt wird. Wie in Kapitel XX noch zu schildern sein wird, liefern auch die Schwelung und Verkokung von Braun- und Steinkohle sowie der in sehr großen Mengen vorhandenen Ölschiefer, dann die Hydrierverfahren und die Fischer-Tropsch-Synthese, wie auch die Extraktion von Ölsanden – wenn auch vorläufig noch nicht zu konkurrenzfähigem Preis – flüssige Kohlenwasserstoff-Gemische. Solche Produkte werden zweifellos im Maße, wie sich die Ausbeutung der natürlichen Erdölvorkommen verteuert, in zunehmendem Maße herangezogen werden müssen. Damit kann dann aber die «Ära der flüssigen Kohlenwasserstoffe» nochmals ganz erheblich gestreckt werden.

Ergänzende Literatur zu Kapitel II

Pratt, W. E., und Good, D., *World Geography of Petroleum* (Princetown University Press 1950).

Petroleum Facts and Figures (American Petroleum Institute 1959, Centennial Edition). (Von Zeit zu Zeit ergänzende Ausgaben.)

Stahmer, A. M., *Erdölvorkommen der Welt*, ABC des Erdöls, Band 1 (Shell-Bücherei, Hüthig Dreyer GmbH, Heidelberg, Mainz 1952).

Petroleum Press Service, London.

Siehe auch S. 304.

Rohöltransport durch Rohrleitungen (Pipelines), Persien BP

III. TRANSPORT UND LAGERUNG

Allgemeines

Wie gezeigt, sind die Erdölvorkommen der Welt recht ungleich verteilt und liegen überdies sehr oft nicht *dort*, wo die Produkte schließlich zur Verwendung gelangen. Darüber gibt anschaulich Abb. 19 Auskunft. Man kann im Prinzip drei Fälle unterscheiden:

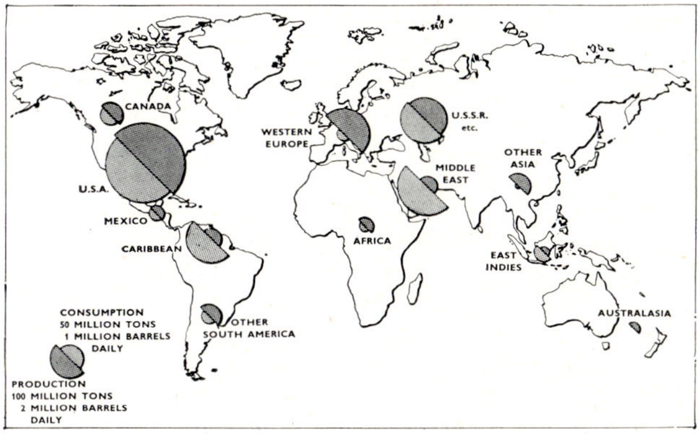

Abb. 19. Rohölproduktion und -bedarf verschiedener Gebiete BP

- *Produktion und Verbrauch* eines Landes sind mehr oder weniger *ausgeglichen*. In dieser günstigen Lage befinden sich heute ungefähr die USA und die UdSSR, wobei erstere allerdings noch etwas Rohöl oder Ölprodukte importieren müssen, letztere exportieren können.
- Länder, die den Bedarf an Erdölprodukten *nur zum Teil*, wenn überhaupt, aus eigenem Boden zu decken vermögen. Zu diesen Gebieten gehören die meisten Länder Westeuropas, aber auch Südamerika ohne das karibische Becken, Australien und das Festland Ostasiens.
- Gebiete, die *wesentlich mehr* als den Eigenbedarf produzieren. Solche wichtigen Exportländer, und damit unter anderem auch Lieferanten Westeuropas, sind das karibische Becken (vor allem Venezuela), der mittlere Osten und bald in zunehmendem Maße wohl auch Nordafrika.

Erdöl und seine Produkte sind damit zu einem der wichtigsten *Transportgüter* geworden, wobei die Erdölindustrie für ihre Zwecke zum Teil eigene Methoden entwickelt hat, die ebenfalls ein wichtiges Glied im komplizierten Betriebe darstellen.

1. ROHRLEITUNGEN – «PIPELINES»

Wenn es sich darum handelt, regelmäßig große Mengen flüssiger oder gasförmiger Produkte *über Land* und *von einem festen Punkt zum andern* zu verschieben, so erweisen sich im allgemeinen *Rohrleitungen*, sogenannte Pipelines (siehe Titelblatt Kap. III), als am vorteilhaftesten. Sie werden aus Stahlrohren von bis zu 80 cm Durchmesser zusammengeschweißt, meist einen halben bis einen Meter tief eingegraben und können sich über Hunderte, wenn nicht Tausende von Kilometern hinziehen. Der Rohrtransport ist, im Gegensatz zum Flußtransport, weitgehend von Witterungseinflüssen (niedrigem Wasserstand, Eisgang, Nebel) unabhängig, und es lassen sich die verschiedensten Produkte hintereinander verpumpen, vorausgesetzt, daß es sich dabei immer nur um sogenannte «weiße» (Benzin, Petrol usw.) oder «schwarze» (Rohöl, Heizöl usw.) Ware handelt. Andrerseits sind Rohrleitungen aber teuer (in England rechnet man heute zum Beispiel mit etwa £ 1000 pro Zoll Rohrdurchmesser und Meile) und naturgemäß ortsgebunden. Sie rentieren deshalb nur, wenn sie über längere Zeit voll ausgelastet werden können.

Das klassische Pipeline-Land sind die *USA*, wo die erste Rohölleitung bei Pittsburg bereits im Jahre 1861 verlegt wurde. Heute verfügt man über ein mehr als 300000 km langes Netz für *flüssige* und – die Sammel- und Verteilleitungen eingerechnet – noch ein bedeutend längeres Erd*gas*-Pipelinesystem. Beispiele sind die «Big Inch» (2100 km, 24 Zoll) und die «Little Big Inch» (2400 km, 20 Zoll), welche während des letzten Krieges zur Begegnung der Unterseebootgefahr vom «Gulf» zur Ostküste erstellt wurden, sowie die Erdgas-Fernleitungen aus dem «Midcontinent» bis ins Verbrauchergebiet von New York.

Aber auch *andere Länder* haben sich dieses bequeme Transportmittel längst zunutze gemacht:

Abb. 20. Aushebung des Materials für die Rohrlegung der NWO Esso

Unter anderem seien die aus dem Irak und vom Persischen Golf ans Mittelmeer führenden, wie zum Beispiel die *TAP-Linie* (Trans Arabian Pipeline, 1800 km, 30/31 Zoll) erwähnt, die die Erdölvorräte erstgenannten Landes erschließen, bzw. den Umweg um die arabische Halbinsel und den Suezkanal abschneiden.

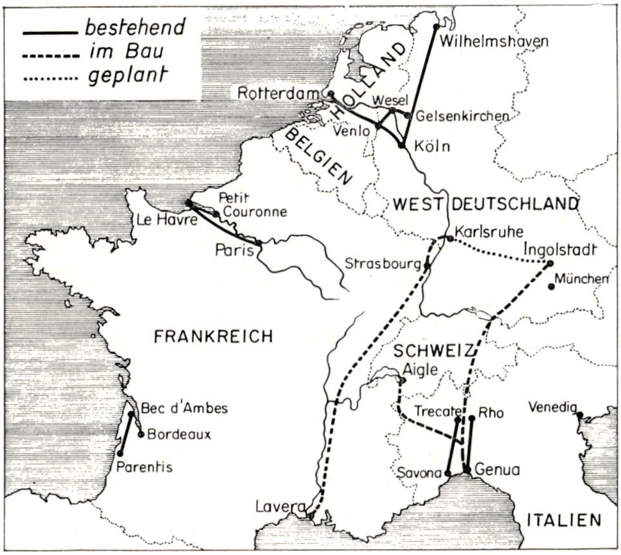

Abb. 21. Pipelines für flüssige Erdölprodukte in Westeuropa

Von den in den letzten Jahren nun auch *in Europa* entstandenen oder doch im Bau begriffenen seien erwähnt:

- die 28 Zoll «*Nord-West-Ölleitung*» (NWO) einer Länge von 390 km, welche Rohöl von Wilhelmshaven an der Nordsee bis nach Wesseling am Rhein transportiert (Anfangskapazität 9, später bis zu 22 Mill. Jahrestonnen), Abb. 20,
- die 24 Zoll «*Rotterdam-Rhein-Pipeline*» einer Länge von 250 km (bis Godorf), mit einer Abzweigung von der holländischen Grenze nach Wesel, welche die genannte Hafenstadt ebenfalls mit dem neuen Erdölverarbeitungszentrum im Kölner Becken verbindet (Anfangskapazität 8,5, später bis zu 20 Mill. Jahrestonnen),
- die noch im Bau begriffene 32/34 Zoll «*Südeuropäische Rohrleitung*» einer Länge von etwa 800 km wird Marseille/Lavera am Mittelmeer mit Straßburg/Karlsruhe am Oberrhein und dem dort geplanten Raffinagezentrum verbinden und dürfte zudem noch eine Verlängerung nach Ingolstadt an der Donau erhalten (Anfangskapazität 10, später bis zu 25 Mill. Jahrestonnen),
- auch die Schweiz wird nun mit den Rohrleitungen von Genua durch den Großen St. Bernhard nach Collombey/Aigle und aus Norditalien durch den San Bernardino nach Süddeutschland ins europäische Pipelinenetz miteinbezogen,
- neben diesen dem Rohöltransport dienenden Leitungen steht zwischen Le Havre und Paris seit Jahren auch schon eine *Produktenleitung* in Betrieb. Weitere solche Leitungen quer durch Europa dienen vor allem militärischen Zwecken.

Die wichtigsten der für kommerzielle Zwecke in Westeuropa heute bereits vorhandenen oder geplanten Leitungen sind in der Kartenskizze Abb. 21 eingetragen.

Und schließlich verfügen vor allem Frankreich und Italien auch schon über ein beachtliches *Erdgas*-Netz, welches, wenn sich die Pläne zur Nutzbarmachung des Saharagases und anderer Ölfeldgase realisieren, zweifellos noch erheblich ausgedehnt und auch nach andern Ländern weitergezogen werden wird.

Sehr ausgedehnte Rohrleitungen bestehen schließlich und werden weiter angelegt in der *UdSSR*, wovon nur die im Bau begriffene «*Comecon*» von 25 Zoll, die über mehr als 4000 km aus dem Ural bis nach Ostdeutschland, Polen, die Tschechoslowakei und Ungarn führen soll, erwähnt sei.

Das Öl bewegt sich in den Pipelines mit einer Geschwindigkeit von einigen km/h. Einen Eindruck vom Ausmaß solcher Projekte vermitteln vielleicht die Tatsachen, daß eine Leitung wie die NWO etwa 300 Mill. DM gekostet hat, zu ihrer Erstellung 65000 t Stahlrohr benötigt wurden und der Inhalt dem Fassungsvermögen mehrerer mittelgroßer Tanker entspricht!

Abb. 22. Hochseetanker «Esso Zürich», Fassungsvermögen 26 000 t, erbaut 1949
Esso

2. ÖLSCHIFFE – «TANKER»

Die erste Ladung Petroleum wurde im Jahre 1861 in Fässern verpackt über den atlantischen Ozean gebracht. Heute werden für solche Zwecke eigentliche Ölschiffe, sogenannte *Tanker* eingesetzt (Abb. 22), deren Laderaum durch Längs- und Querschotten in eine Reihe von Flüssigkeitsbehältern unterteilt ist. Maschinen-, Pumpen- und Mannschaftsräume werden aus konstruktiven und Sicherheitsgründen im Heck zusammengefaßt. Man erkennt einen Tanker deshalb auf hoher See schon von weitem daran, dass sich sein Kamin im Gegensatz zu den meisten andern Schiffen hinten, nicht mittschiffs, befindet. Der Maschinenraum wird durch quer durchs Schiff laufende leere Kasetten, sogenannte Kofferdämme, von der Ladung getrennt.

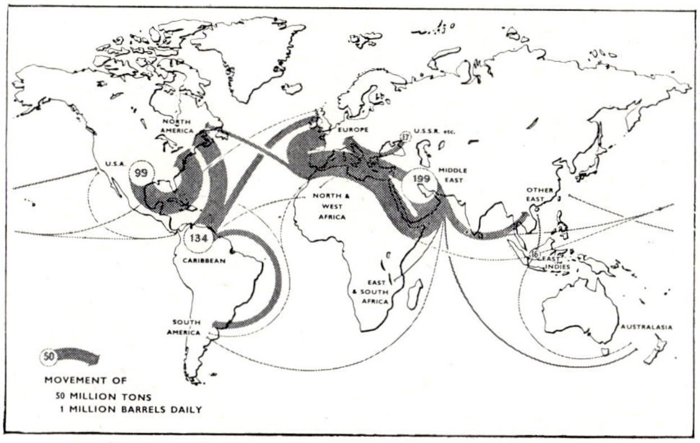

Abb. 23. Wichtigste Hochsee-Tankerrouten BP

Hatte eines der ersten dieser Schiffe, die «Glückauf», die 1886 zu Wasser gelassen wurde, noch ein Ölladevermögen (sogenannte Deadweight Tonnen) von 3000 t, so betrug dieses für einen Tanker zu Beginn des letzten Weltkrieges, bereits bis zu 16000 t, und heute werden «Supertanker» von über 100000 t Deadweight-Kapazität gebaut, die vor allem über große Strecken besonders wirtschaftlich sind, jedoch vorläufig nur wenige, besonders ausgerüstete Häfen anlaufen können. Die Welttankerflotte hat heute ein Fassungsvermögen von über 65 Millionen Tonnen. Die wichtigsten Hochsee-Tankerrouten sind aus Abb. 23 ersichtlich.

Daneben werden im Küsten-, Fluß- und übrigen Binnenlandverkehr auch kleinere Tankschiffe und Kähne eingesetzt (Abb. 24).

Abb. 24. Rhein-Tankschiff. Leichter «Columbia», 1550 t SHELL

Eine neue Entwicklung ist der Wassertransport *verflüssigter Gase* (Flüssiggas, Erdgas), sei es in entsprechenden Druckbehältern oder neuerdings abgekühlt auf Temperaturen unter dem Siedepunkt. Auf diese Weise lassen sich große Mengen auch übers Wasser verschieben. Aus *einem* Volumen flüssigem Methan (Erdgas) entstehen beim Verdampfen etwa 600 Volumenteile eines sehr heizkräftigen Brenngases. Die technische Durchführbarkeit solcher Transporte, auch für Erdgas, ist erwiesen. Es sind bereits mehrere Tanker für verflüssigtes Erdgas im Bau.

3. BAHN- UND STRASSENTRANSPORT. GEBINDE

Verbrauchszentren, welche auf dem Wasser nicht oder nicht immer erreichbar sind und zu denen sich auch das Anlegen einer Pipeline nicht lohnt, müssen per *Bahn- oder Straßenzisterne* bedient werden, die dafür vielfach bis vor die Türe des Konsumenten fahren können. Dies galt für die Schweiz bisher vor allem bei Versorgung aus dem Süden (Abb. 25) und für die Verteilung ab Inlandtanklager der Importeure (Abb. 26).

Und Produkte, die im Detailverkauf in noch kleineren Mengen abgegeben werden, kommen in *Gebinden:* Fässern, Tonnen, Kannen und Büchsen in den Handel. Das feste Paraffin schließlich wird meist in Säcke verpackt.

Abb. 25. Transport von Erdölprodukten per Bahn (Südflanke Lötschberg) BP

Abb. 26. Straßenzisterne

4. BEHÄLTER – «TANKS»

Zur *Lagerung* großer Mengen von flüssigen Erdölprodukten bedient man sich meist oberirdischer, aber auch unterirdischer, geschweißter Stahlbehälter. Man unterscheidet dabei:

- Behälter mit festem Dach
- Behälter mit Schwimmdach
- Behälter mit variablem Dampfraum
- Druckbehälter.

Für Produkte niedrigen Dampfdrucks (unter etwa 0,4 kg/cm²), das heißt von Schwerbenzin an aufwärts, erweisen sich Tanks mit festem Dach im allgemeinen am wirtschaftlichsten. Sie sind relativ billig und einfach im

Abb. 27. Oberflur-Großtankanlage SHELL

Unterhalt. Für leichtflüchtige Rohöle und Benzine dagegen empfehlen sich Behälter mit schwimmendem Dach. Und für solche, die bei den auftretenden Temperaturen bei gewöhnlichem Druck zum Sieden kämen, müssen Druckbehälter verwendet werden. Man unterscheidet dabei noch Niederdruckbehälter für Überdrucke von etwa 0,2 bis 1 atü und Hochdruckbehälter bis und über 15 atü.

Der häufigste Typ des stehenden, zylindrischen *Stahlbehälters mit festem Dach* ist in Abb. 27 dargestellt. Er wird in allen Größen, bis zu Zehntausenden von Kubikmetern Fassungsvermögen, errichtet. Auch die *Behälter mit schwimmendem Dach* sind stehende Zylinder, wobei das Dach aber als Ponton ausgebildet ist und lose auf der Flüssigkeit schwimmt. Es wird auf geeignete Weise gegen den Tankmantel abgedichtet und hebt und senkt sich mit dem Flüssigkeitsspiegel. Dadurch befindet sich über der Flüssigkeit kein Gasraum, der zu Atmungsverlusten Anlaß gibt. Auch *Behälter mit variablem Dampfraum* dienen der Reduktion der Verdampfungsverluste. Entweder wird hier der Gasraum des Tanks an einen Gasbehälter variablen Inhalts angeschlossen, oder aber ersterer ist auf andere Weise so ausgebildet, daß sein Volumen nach Bedarf zu- und abnehmen kann. *Druckbehälter* schließlich werden (für geringere Drucke) als Zylinder mit verstärkten Kugelböden, als Kugeln (Abb. 28) oder sogenannte Sphäroide ausgebildet.

Abb. 28. Kugelbehälter zur Lagerung von verflüssigtem Propan Esso

Für die *Lagerung von Erdgas* eignen sich normale Gasbehälter, wie sie unter anderem die Gasindustrie verwendet. Eine speziell von der Erdölindustrie entwickelte Lösung, die sich auch für Flüssiggas eignet, ist die Aufbewahrung in geeigneten porösen, aber nach außen abgedichteten Schichten der Erdkruste, zum Beispiel in ausgedienten Gasfeldern oder künstlichen *Kavernen*, die man durch Auslaugen von Salzstöcken herstellt.

Ergänzende Literatur zu Kapitel III

WILSON, C. M., *Oil Across the World.* The American Saga of Pipelines (Longmans, Green & Co., London 1946).

LAMB, J., *Oil-Tanker-Cargoes,* their safe and efficient Handling, 1954.

Publikationen des American Petroleum Instituts (Marketing, Transportation, Safety and Fire Protection).

Safety Codes (The Institute of Petroleum, London 1950–1956).

Richtlinien für Tankanlagen (Carbura, Zürich 1953).

NABERT, K., und SCHÖN, G., *Sicherheitstechnische Kennzahlen brennbarer Gase und Dämpfe* (Deutscher Eich-Verlag, Berlin 1953).

Petroleum Measurement Manual (The Institute of Petroleum, London 1952).

ASTM Manual on Measurement and Sampling of Petroleum and Petroleum Products (American Society for Testing Materials, Philadelphia 1957).

Siehe auch S. 304.

IV. ROHÖLE

Chemischer Aufbau und Charakterisierung

Die *rohen Erdöle*, die in den verschiedenen Feldern der Erde, ja manchmal schon aus verschiedenen Tiefen ein und desselben Feldes gefördert werden, sind oft schon rein äußerlich sehr verschieden.

So liefern gewisse Brunnen Sumatras ein strohgelbes, leichtflüchtiges und dünnflüssiges Rohöl. Öle aus dem Mittelosten sind braunschwarz, mittelflüssig und weniger flüchtig und jene Venezuelas zum Beispiel meist schwarzbraun, viskos (zähflüssig) und enthalten relativ wenig leicht siedende Anteile. Ja, auf der Insel Trinidad findet sich sogar ein ganzer See plastischen Bitumens. Andere Erdöle enthalten wiederum so viel Paraffin, daß sie bei gewöhnlicher Temperatur zu einer halbfesten Masse erstarren. Auch findet sich etwa festes Erdwachs (Ozokerit) in der Natur.

Die meisten Erdöle haben einen charakteristischen, mehr oder weniger penetranten Geruch. Oft überwiegt derjenige des Schwefelwasserstoffs oder anderer Schwefelverbindungen. Der Geruch noch anderer erinnert mehr an den der bekannten raffinierten Produkte, dem handelsüblichen Benzin oder Petrol.

1. ELEMENTARE KOHLENWASSERSTOFF-CHEMIE[1]

Trotz diesen ausgesprochenen, äußerlichen Unterschieden sind Erdöle einander chemisch ähnlich, da sie zur Hauptsache Gemische sogenannter *Kohlenwasserstoffe*, das heißt Verbindungen der chemischen Elemente Kohlenstoff C und Wasserstoff H darstellen.

Der Wasserstoff ist ein «einwertiges» Element; er hat *eine* Bindungsmöglichkeit oder «Valenz», was wir so darstellen können:

H—

Der Kohlenstoff dagegen ist meist vierwertig:

```
  |
—C—
  |
```

Der einfachste Kohlenwasserstoff, das Sumpfgas oder *Methan*, besteht somit aus einem C-Atom und vier H-Atomen:

---

[1] Der Abschnitt über Kohlenwasserstoff-Chemie ist im Interesse einer allgemeineren Verständlichkeit bewußt elementar gehalten. Der chemisch vorgebildete Leser sei auf den in den Tabellen zum Ausdruck kommenden Einfluß der Isomerie aufmerksam gemacht, dem in der Erdöltechnologie eine erhebliche Bedeutung zukommt.

Tabelle IV. *Paraffin-Kohlenwasserstoffe*

<table>
<tr><th rowspan="2">Bezeichnung und Bruttoformel</th><th rowspan="2">Zahl der möglichen Isomere</th><th rowspan="2">Strukturformel (nur C-Skelett)</th><th rowspan="2">Spezifisches Gewicht bei 20° C (oder ° C)</th><th rowspan="2">Gefrierpunkt ° C</th><th rowspan="2">Siedepunkt ° C</th><th colspan="2">Oktanzahl[1]</th></tr>
<tr><th>M.M.</th><th>R.M.</th></tr>
<tr><td>Methan .... CH_4</td><td>1</td><td>C</td><td>0,424
(—161½° C)</td><td>—183</td><td>—162</td><td>—</td><td>—</td></tr>
<tr><td>Äthan .... C_2H_6</td><td>1</td><td>C—C</td><td>0,546
(—88½° C)</td><td>—172</td><td>—88½</td><td>100+</td><td>100+</td></tr>
<tr><td>Propan .... C_3H_8</td><td>1</td><td>C—C—C</td><td>0,502</td><td>—187</td><td>—42</td><td>97</td><td>100+</td></tr>
<tr><td>Butane .... C_4H_{10}</td><td>2</td><td></td><td></td><td></td><td></td><td></td><td></td></tr>
<tr><td>n-Butan ....</td><td></td><td>C—C—C—C</td><td>0,579</td><td>—135</td><td>—½</td><td>90</td><td>94</td></tr>
<tr><td>Isobutan ....</td><td></td><td>C—C—C
|
C</td><td>0,559</td><td>—145</td><td>—12</td><td>97½</td><td>100+</td></tr>
<tr><td>Pentane .... C_5H_{12}</td><td>3</td><td></td><td></td><td></td><td></td><td></td><td></td></tr>
<tr><td>n-Pentan ....</td><td></td><td>C—C—C—C—C</td><td>0,626</td><td>—130</td><td>+36</td><td>62</td><td>61½</td></tr>
<tr><td>2-Methylbutan
(«Isopentan») ....</td><td></td><td>C—C—C—C
|
C</td><td>0,620</td><td>—160</td><td>28</td><td>90½</td><td>92½</td></tr>
<tr><td>2,2-Dimethylpropan
(«Neopentan») ......</td><td></td><td>C
|
C—C—C
|
C</td><td>0,625</td><td>—17</td><td>9½</td><td>80</td><td>85½</td></tr>
<tr><td>Hexane .... C_6H_{14}</td><td>5</td><td></td><td></td><td></td><td></td><td></td><td></td></tr>
<tr><td>n-Hexan ....</td><td></td><td>C—C—C—C—C—C</td><td>0,659</td><td>—94</td><td>69</td><td>26</td><td>25</td></tr>
<tr><td>2-Methylpentan
(«Isohexan») ....</td><td></td><td>C—C—C—C—C
|
C</td><td>0,656</td><td>—154</td><td>60</td><td>73½</td><td>73½</td></tr>
<tr><td>3-Methylpentan .....</td><td></td><td>C—C—C—C—C
|
C</td><td>0,664</td><td>—118</td><td>63</td><td>74½</td><td>74½</td></tr>
<tr><td>2,3-Dimethylbutan
(«Diisopropyl») .....</td><td></td><td>C—C—C—C
| |
C C</td><td>0,662</td><td>—129</td><td>58</td><td>94½</td><td>100+</td></tr>
<tr><td>2,2-Dimethylbutan
(«Neohexan») ......</td><td></td><td>C
|
C—C—C—C
|
C</td><td>0,649</td><td>—98</td><td>49½</td><td>93½</td><td>92</td></tr>
</table>

[1] Oktanzahl «Motor-Methode» bzw. «Research-Methode» siehe S. 105.

Tabelle IV. *Paraffin-Kohlenwasserstoffe* (Fortsetzung)

Bezeichnung und Bruttoformel	Zahl der möglichen Isomere	Strukturformel (nur C-Skelett)	Spezifisches Gewicht bei 20° C	Gefrierpunkt ° C	Siedepunkt ° C	Oktanzahl	
						M. M.	R. M.
Heptane .... C_7H_{16}	9						
n-Heptan		C—C—C—C—C—C—C	0,684	—90½	98½	**0**	**0**
2-Methylhexan		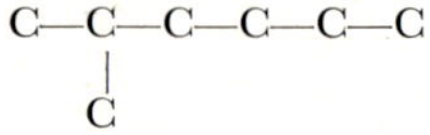	0,679	—118	89½	46½	42½
3-Methylhexan		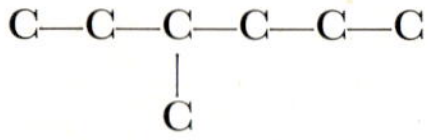	0,690	—119½	92	56	52
3-Äthylpentan		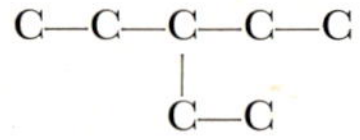	0,699	—119	93½	69½	65
2,2-Dimethylpentan ..		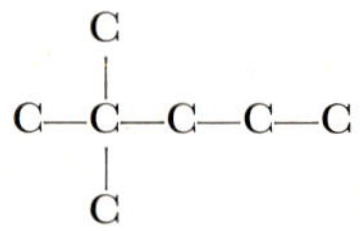	0,674	—125	79	95½	93
2,3-Dimethylpentan ..		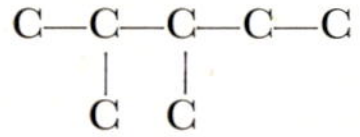	0,694	—	89½	88½	91
2,4-Dimethylpentan ..		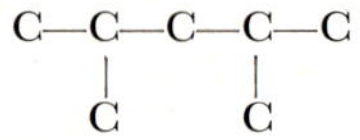	0,673	—119½	81	84	83
3,3-Dimethylpentan ..		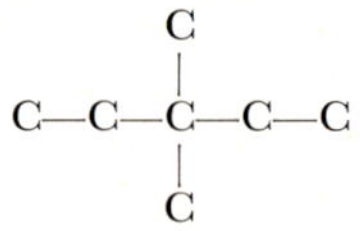	0,693	—135	86	86½	81
2,2,3-Trimethylbutan («Triptan»)		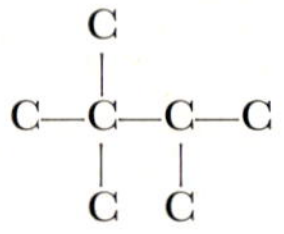	0,690	—25	81	100+	100+
Oktane .... C_8H_{18}	18						
n-Oktan		C—C—C—C—C—C—C—C	0,703	—57	125½	—17	—
....							
2,2,4-Trimethylpentan («Isooktan»)		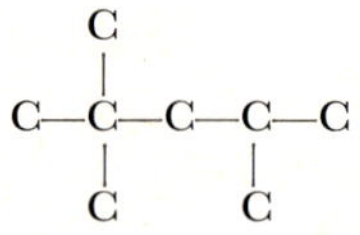	0,692	—107½	99½	**100**	**100**
....							
Hexadekane ... $C_{16}H_{34}$	10'359						
n-Hexadekan («Cetan»)			0,775	+18	280	weit unter 0	weit unter 0
....							
usw.							

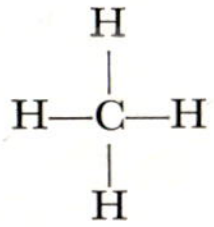 (sogenannte Strukturformel), auch CH_4 geschrieben (sog. Bruttoformel).

Im Gegensatz zu den meisten andern chemischen Elementen bindet sich der Kohlenstoff aber auch mit seinesgleichen, wobei weitere, «höhere» Kohlenwasserstoffe entstehen, bei denen wiederum die restlichen Valenzen mit H abgesättigt sind.

Beispiele:

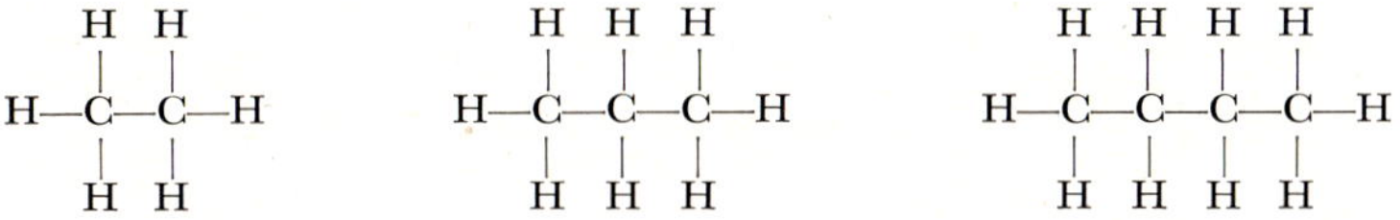

(Strukturformel)

Äthan   Propan   Butan

Andere Schreibweisen:

	$CH_3 \cdot CH_3$	$CH_3 \cdot CH_2 \cdot CH_3$	$CH_3 \cdot CH_2 \cdot CH_2 \cdot CH_3$	
oder:	C_2H_6	C_3H_8	C_4H_{10}	(Bruttoformel)

oder (stark abgekürzt):

C_2	C_3	C_4 (nC_4)	(technisch)

Die letzte, vereinfachte Schreibart ist eine in der Erdöltechnik vielfach gebräuchliche, die auch dem Laien ohne weiteres verständlich sein dürfte.

Solche ähnlich aufgebaute C-H-Verbindungen nennt man eine Kohlenwasserstoff-*Familie* oder eine «homologe Reihe»; die Glieder der Familie heißen «Homologe». Durch einfaches, perlenschnurartiges Aneinanderreihen der C-Atome entstehen die sogenannten «normalen» Grenzkohlenwasserstoffe oder *Paraffine* (Tabelle IV), denen allen die Bruttoformel C_nH_{2n+2} zukommt. Sie werden vom Pentan an nach der Zahl der im Molekül vorkommenden C-Atome (nach den griechischen Zahlen) benannt, wobei die Namen aller Paraffine auf «an» enden. Sie heißen deshalb auch «Alkane». Die Glieder einer solchen homologen Reihe sind sich aber nicht nur auf dem Papier ähnlich; sie zeigen auch ein analoges chemisches Verhalten, und die physikalischen Eigenschaften, wie Siedepunkt, Gefrierpunkt, spezifisches Gewicht usw., ändern mehr oder weniger stetig mit zunehmender Kohlenstoffzahl. So sind die normalen Paraffine bis und mit dem Butan (C_4) bei gewöhnlichem Druck und Temperatur gasförmig, vom Pentan (C_5) an bis und mit dem Hexadekan (C_{16}) flüssig und die noch höheren Paraffinkohlenwasserstoffe feste Körper.

Es bestehen aber nicht nur gerade (normale), sondern auch *verzweigte* Kohlenstoffketten, sogenannte *Isoparaffine*, wie zum Beispiel:

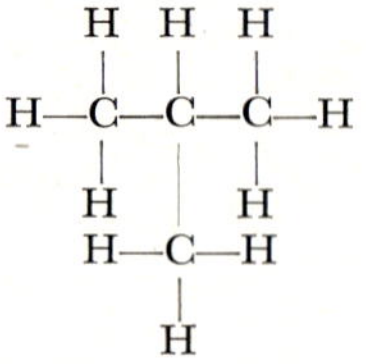

Isobutan

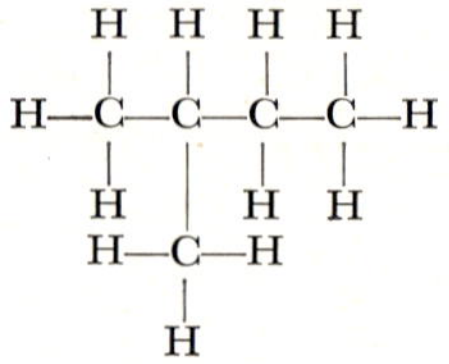

Isopentan
(2-Methylbutan)

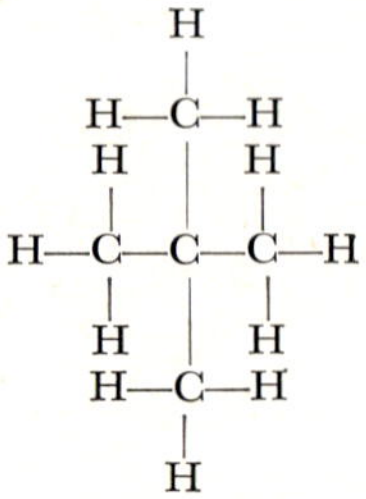

Neopentan
(2,2-Dimethylpropan)

(Strukturformel)

Andere Schreibweisen:

	$(CH_3)_2 \cdot CH \cdot CH_3$	$(CH_3)_2 \cdot CH \cdot CH_2 \cdot CH_3$	$(CH_3)_2 \cdot C \cdot (CH_3)_2$
oder:	C_4H_{10}	C_5H_{12}	C_5H_{12} (Bruttoformel)

(die Isoparaffine haben die gleiche Bruttoformel wie die normalen Paraffine)

oder (stark vereinfacht):

iC_4	iC_5	iC_5	(technisch)

Es gibt nur *ein* Methan, Äthan und Propan, dagegen *zwei* Butane, *drei* Pentane, und mit steigender Kohlenstoffzahl nimmt die Zahl der möglichen «Isomere» rasch zu (siehe Tabelle V). So gibt es bereits 18 verschiedene Oktane (C_8), über 4000 verschiedene Pentadekane (C_{15}) usw. In Tabelle IV ist das «Kohlenstoffskelett» aller vorkommenden Isomere bis und mit dem Heptan angedeutet. Die Formeln müssen sinngemäß mit den H-Atomen ergänzt werden. Ein Paraffinmolekül, dem ein H-Atom fehlt, zum Beispiel: CH_3–, C_2H_5–, C_7H_{15}– usw.,

nennt man eine *Alkylgruppe* oder einen Alkylrest.

Tabelle V. *Zahl der isomeren Paraffin-Kohlenwasserstoffe*

Anzahl C-Atome	Isomere
1	1
2	1
3	1
4	2
5	3
6	5
7	9
8	18
9	35
12	355
15	4 347
18	60 523
25	36 797 588
40	62 491 178 805 831

Die auftretende Isomerie ist einer der Gründe, warum es so *viele* verschiedene Kohlenwasserstoffe gibt. Bei den höheren Gliedern der Reihen ändern die chemischen und physikalischen Eigenschaften (zum Beispiel der Siedepunkt) mit steigender C-Zahl so wenig, daß eine Trennung äußerst schwierig, wenn nicht unmöglich wird. Man hat deshalb bis heute aus dem Erdöl trotz aller Anstrengungen erst einige hundert verschiedene reine Kohlenwasserstoffe isolieren können.

Ein Kohlenwasserstoff, bei dem alle Kohlenstoffvalenzen (Bindungsmöglichkeiten) entweder an ein anderes C-Atom oder ein H-Atom gebunden sind, nennt man *gesättigt*, im Gegensatz zu den *ungesättigten* Kohlenwasserstoffen, bei denen *mehr* Valenzen als Bindungsmöglichkeiten vorhanden sind. Es entsteht dann an einer Stelle des Moleküls eine «lose» oder *Doppelbindung*, geschrieben =.

(Es ist zu beachten, daß Doppelbindungen keineswegs etwa doppelt so «stark» sind. Das Gegenteil ist der Fall. Ungesättigte Verbindungen sind im allgemeinen gerade an der Stelle der Doppelbindung besonders reaktionsfähig; sie haben das Bestreben, sich «abzusättigen».)

Die Paraffine sind eine Familie gesättigter, kettenförmiger Kohlenwasserstoffe. Die sich von diesen ableitenden *ungesättigten* Kohlenwasserstoffe heißen *Olefine* (Bruttoformel C_nH_{2n}). Sie kommen allerdings selten im Roherdöl oder seinen Destillaten, häufig jedoch in sogenannten «gekrackten» Produkten (siehe Seite 169) vor. Einige Beispiele niedriger Olefine sind:

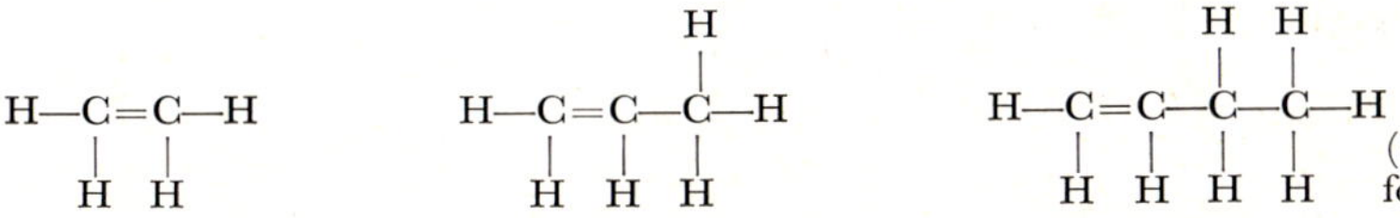

(Strukturformel)

Äthen oder Äthylen | Propen oder Propylen | Buten oder Butylen

Andere Schreibweisen:

$CH_2{=}CH_2$ | $CH_2{=}CH \cdot CH_3$ | $CH_2{=}CH \cdot CH_2 \cdot CH_3$

oder: C_2H_4 | C_3H_6 | C_4H_8 (Bruttoformel)

oder (stark vereinfacht):

$C_2^{=}$ | $C_3^{=}$ | $C_4^{=}$

Die Olefine tragen den Paraffinen ähnliche Namen, die zum Unterschied jedoch auf «en» oder «ylen» enden. Das einfachste Olefin ist das sich vom Äthan ableitende Äthen oder Äthylen; dann folgen das Propen oder Propylen und drei verschiedene Butene oder Butylene:

Tabelle VI. *Olefin-Kohlenwasserstoffe*

Bezeichnung und Bruttoformel C_nH_{2n}	Zahl der möglichen Isomere	Strukturformel (meist nur C-Skelett)	Spezifisches Gewicht bei 20° C (oder ° C)	Gefrierpunkt ° C	Siedepunkt ° C	Oktanzahl M.M.	Oktanzahl R.M
Äthylen (Äthen) . C_2H_4	1	C=C	0,610 (—102° C)	—169½	—102½	75½	100
Propylen (Propen) C_3H_6	1	C=C—C	0,610 (—47° C)	—185	—47½	85	100
Butylene (Butene) C_4H_8	3						
Buten-1 (α-Butylen) . .		C=C—C—C	0,626 (—6½° C)	—130	—6½	81½	97
Buten-2 (β-Butylen) . .	cis-	$H_3C(H)C=C(H)CH_3$	ca. 0,629 (1½° C)	—139½	3½	83½	100
	trans-	$H_3C(H)C=C(H)CH_3$		—106	ca. ½	—	—
2-Methylpropen (Isobutylen)		C=C—C | C	0,627 (—6½° C)	—140½	—6½	—	—
Amylene (Pentene) C_5H_{10}	5						
Penten-1		C=C—C—C—C	0,643	—	30	77	91
Penten-2 (Gemisch von cis und trans)		C—C=C—C—C	0,651	—139	36½	—	—
2-Methylbuten-1		C=C—C—C | C	0,650	—	31	82	10
3-Methylbuten-1		C=C—C—C | C	0,634 (15° C)	—135	20	—	—
2-Methylbuten-2		C—C=C—C | C	0,660	—124	38½	84½	9
Hexene . . . . C_6H_{12}	13						
Hexen-1		C=C—C—C—C—C	0,675	—138	63½	63½	7
2-Methylpenten-2		C—C=C—C—C | C	0,693	—134½	66	83	9
3,3-Dimethylbuten-1 . usw.		C | C=C—C—C | C	0,652	—114½	41	93½	10
Heptene . . . . . . C_7H_{14}	27						
Hepten-1 . . . . usw.		C=C—C—C—C—C—C	0,698	—119	93	50½	5

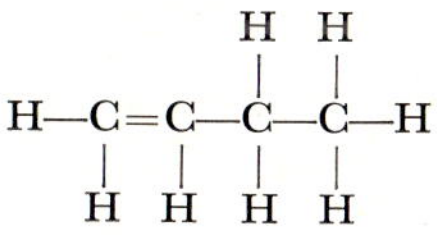

Buten–1
(α-Butylen)

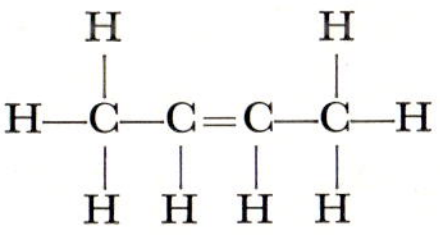

Buten–2
(β-Butylen)

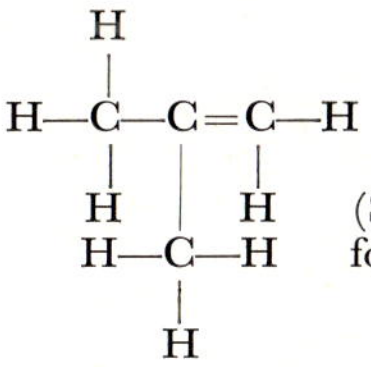

(Strukturformel)

2-Methylpropen
(Isobutylen)

Andere Schreibweisen:

$CH_2{=}CH \cdot CH_2 \cdot CH_3$ $CH_3 \cdot CH{=}CH \cdot CH_3$ $(CH_3)_2 \cdot C{=}CH_2$

oder: C_4H_8 C_4H_8 C_4H_8 (Bruttoformel)

oder (stark vereinfacht):

$nC_4^{=}$ $iC_4^{=}$ (technisch)

Weitere niedrige Olefine sind in Tabelle VI aufgeführt. Neben der bei den Paraffinen bereits besprochenen C-Isomerie treten nun noch Unterschiede wegen verschiedener Stellung der *Doppelbindung* im Molekül auf.

Kettenförmige Kohlenwasserstoffe mit *zwei* Doppelbindungen im Molekül nennt man *Diolefine* oder Diene (Tabelle VII). Sie sind ganz besonders reaktionsfähig. Zu dieser Gruppe gehört zum Beispiel das Butadien, ein bekanntes Ausgangsmaterial zur Herstellung synthetischen Kautschuks (siehe Kapitel XXI).

Tabelle VII. *Diolefine*

Bezeichnung und Bruttoformel C_nH_{2n-2}	Strukturformel (nur C-Skelett)	Spezif. Gewicht bei 20° C (oder ° C)	Gefrierpunkt ° C	Siedepunkt ° C
Butadiene C_4H_6				
Butadien-1, 2	C=C=C—C	0,676 (0° C)	—	ca. 18 1/2
Butadien-1, 3	C=C—C=C	0,650 (–6° C)	–108 1/2	–4
Pentadiene C_5H_8				
3-Methylbutadien-1, 3 ...... (Isopren)	C=C—C=C | C	0,681	–147	34
Hexadiene $C_6 10_{10}$				
Hexadien-1, 5 (Diallyl)	C=C—C—C—C=C	0,690	–141	59 1/2
usw.				

Tabelle VIII. *Naphthen-Kohlenwasserstoffe*

Bezeichnung und Bruttoformel C_nH_{2n}	Strukturformel	Spezifisches Gewicht bei 20° C	Gefrierpunkt ° C	Siedepunkt ° C	Oktanzahl M. M.	Oktanzahl R. M.
Cyclopentane						
Cyclopentan .... C_5H_{10}	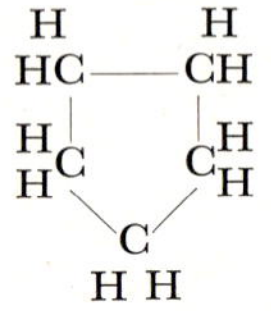	0,746	—94½	49½	85	100+
Methylcyclopentan ...... C_6H_{12}	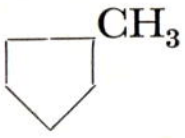	0,749	—142	72	80	91½
Äthylcyclopentan .... C_7H_{14}	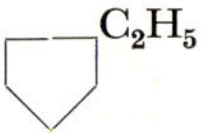	0,766	—138	103½	61	67
1,3-Dimethylcyclopentan . C_7H_{14}	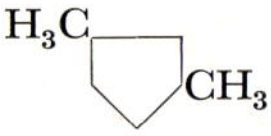	0,754	—	91	73	80
Propylcyclopentan ...... C_8H_{16} usw.	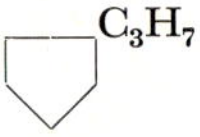	0,777	—121	131	28	31
Cyclohexane						
Cyclohexan .... C_6H_{12}	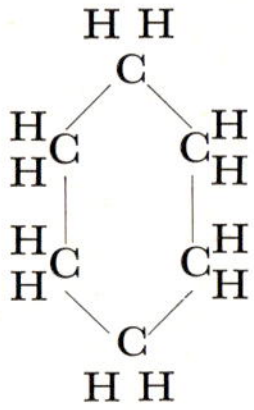	0,778	ca. 5	80½	77	83
Methylcyclohexan .... C_7H_{14}	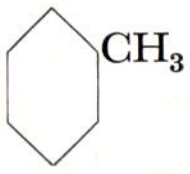	0,769	—126½	100½	71	75
Äthylcyclohexan .... C_8H_{16}	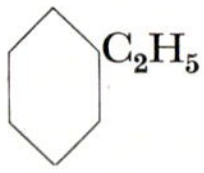	0,788	ca.—120	132	41	45½
1,2-Dimethylcyclohexan . C_8H_{16} usw.	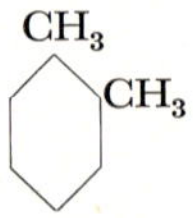	0,797	ca.—55	130	78½	81
Dekahydronaphthalin ... $C_{10}H_{18}$ (Dekalin)	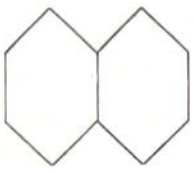	0,888	ca.—40	187	35[1]	38[1]

[1] Blend-Oktanzahl.

Die C-Atome der Kohlenwasserstoffe brauchen jedoch nicht immer nur kettenförmig (mit oder ohne Verzweigung) angeordnet zu sein. Eine weitere wichtige Gruppe sind die *ringförmigen* oder zyklischen (oder genauer gesagt: einen oder mehrere Ringe enthaltenden) Kohlenwasserstoffe, deren gesättigte Abart als Cycloparaffine oder *Naphthene* bezeichnet wird (Tabelle VIII). Im Erdöl kommen hauptsächlich 5er- und 6er-Ringe, die Derivate oder Abkömmlinge des Cyclopentans und Cyclohexans, vor:

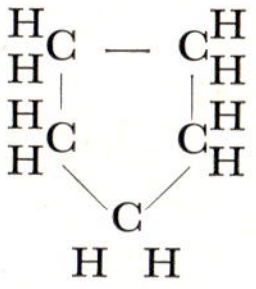

Cyclopentan

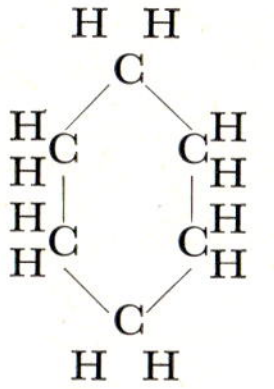

Cyclohexan

(Strukturformel)

oder: C_5H_{10} C_6H_{12} (Bruttoformel)

(Die Naphthene haben die gleiche Bruttoformel wie die Olefine, sind jedoch gesättigt!)

Der komplette, gesättigte Ring ist in der Tabelle einfachheitshalber nur noch wie folgt angedeutet:

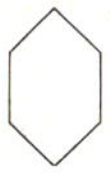

Ersetzt man in einem solchen gesättigten Ring eines oder mehrere der H-Atome durch eine kürzere oder längere Paraffinkette (Alkylgruppe), so entstehen daraus die «höheren» Naphthene. Ein Molekül kann auch *mehrere Ringe* enthalten (Beispiel: Dekalin).

Ringförmige Kohlenwasserstoffe mit einzelnen Doppelbindungen sind als *Cyclo-Olefine* anzusprechen, zum Beispiel:

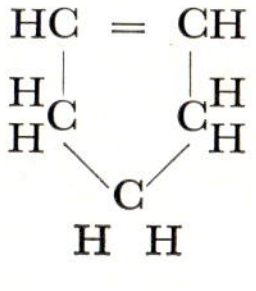

oder:

Cyclopent*en*

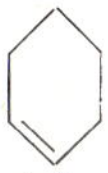

Cyclohex*en* usw.

Eine wichtige weitere Gruppe von Kohlenwasserstoffen sind schließlich die *Aromaten*, die man üblicherweise als 6er-Ringe mit drei abwechselnd oder konjugiert auftretenden Doppelbindungen darstellt, obschon sich diese Kohlenwasserstoff-Familie in der Praxis nicht ungesättigt verhält. Die Aromaten leiten sich vom Benzol ab:

(Strukturformel) 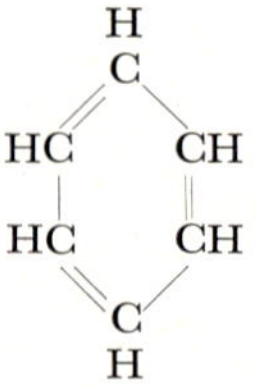 das meist abgekürzt so geschrieben wird: 

Benzol

oder (Bruttoformel): C_6H_6

Bei den «höheren Homologen» des Benzols ist, wie aus Tabelle IX ersichtlich, wiederum eines oder mehrere der H-Atome durch eine «Alkylgruppe», das heißt eine Paraffinkette, ersetzt. Auch können sich mehrere Benzolringe aneinanderlagern (Beispiel: Naphthalin, Anthrazen). Die allgemeinen Bruttoformeln der Aromaten lauten:

Benzol und seine Homologen	(1 Ring):	C_nH_{2n-6}
Naphthalin und seine Homologen	(2 Ringe):	C_nH_{2n-12}
Anthrazen und seine Homologen	(3 Ringe):	C_nH_{2n-18}

Einen Aromat, dem ein H-Atom fehlt, zum Beispiel C_6H_5—, $CH_3 \cdot C_6H_5$— usw., nennt man eine *Arylgruppe* oder einen Arylrest.

Roherdöl nun ist ein Gemisch einer außerordentlich großen Zahl verschiedener solcher (meist gesättigter) Kohlenwasserstoffe (C_1 bis C_{50} und darüber), die einmal in die drei Familien:

Paraffine (und Isoparaffine),
Naphthene und
Aromaten

und andererseits nach der Kohlenstoffzahl im Molekül, oder was in großen Zügen auf dasselbe herauskommt, nach dem Siedepunkt oder der «Flüchtigkeit» gruppiert werden können.

Die Elementaranalyse von Rohölen zeigt mit 84 bis 87% C und 11 bis 14% H relativ nur geringe Unterschiede. Sie liegen vielmehr im wechselnden prozentualen Aufbau aus Paraffinen, Naphthenen und Aromaten und dem relativen Vorherrschen kleiner, leichtflüchtiger oder aber großer, schwerflüchtiger Kohlenwasserstoffe begründet.

Neben Kohlenstoff und Wasserstoff enthalten die Roherdöle aber auch noch kleinere Mengen anderer Elemente, die für die Brauchbarkeit der daraus herzustellenden Produkte von großer Bedeutung sein können.

Tabelle IX. *Aromatische Kohlenwasserstoffe*

Bezeichnung und Bruttoformel	Strukturformel	Spezifisches Gewicht bei 20° C	Gefrierpunkt ° C	Siedepunkt ° C	Oktanzahl M. M.	Oktanzahl R. M.
Benzol .... C_6H_6	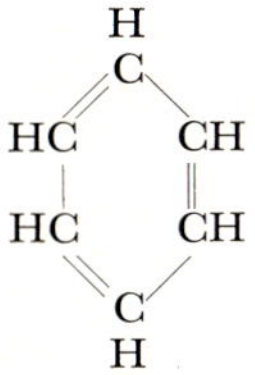	0,878	+5½	80	100+	98[1]
Toluol .... C_7H_8		0,867	—95	110½	100+	100+
Äthylbenzol .... C_8H_{10}	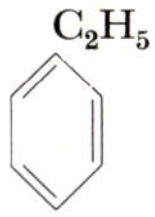	0,867	—95	136	98	100+
Propylbenzol .... C_9H_{12}	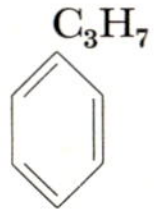	0,862	—102½	159	98	100+
Isopropylbenzol ..... C_9H_{12} (Cumol)	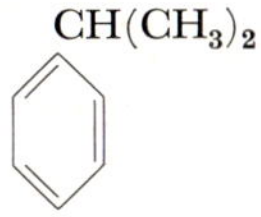	0,862	—97	153	99½	100+
Xylole C_8H_{10} .... ortho meta para	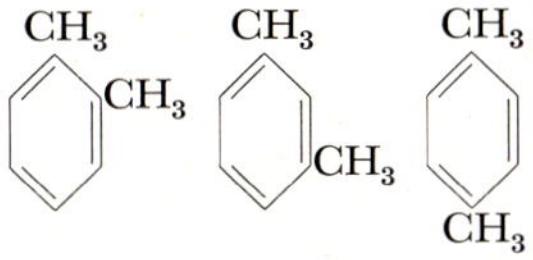 o m p	0,880 0,864 0,861	—25 —47½ +13	144 139 138½	100 100 100+	100+ 100+ 100+
α-Methylnaphthalin . $C_{11}H_{10}$	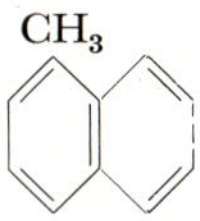	1,012	—31	244½	100+[1]	100+
Anthrazen .... $C_{14}H_{10}$	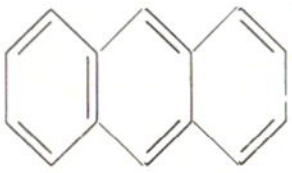	1,242	216½	341	—	—

[1] Blend-Oktanzahl.

2. ANDERE IM ERDÖL VORKOMMENDE ELEMENTE

a) Schwefelverbindungen

Die wichtigsten Typen der im Erdöl und seinen Produkten vorkommenden Schwefelverbindungen sind in Tabelle XI zusammengestellt. Der Schwefelgehalt der Roherdöle beträgt meist weniger als 1%, kann jedoch bis zu mehreren Prozenten betragen. Er wirkt sich im allgemeinen ungünstig aus, da schwefelhaltige Produkte korrosiv sein können, oft unangenehm riechen, die Klopfeigenschaften der Otto-Treibstoffe[1] nachteilig beeinflussen und schließlich saure Verbrennungsprodukte geben. Bei der Verarbeitung des Rohöls reichert sich der Schwefel, wie dies an einem Beispiel aus Tabelle X ersichtlich ist, in den höher siedenden Fraktionen an:

Tabelle X. *Schwefelgehalt von Produkten aus Kuwait, Rohöl*[2]

Fraktion	Siedebereich °C	Schwefelgehalt Gew. %
Rohöl	–	2,55
Leichtbenzin	51–123	0,05
Schwerbenzin I	125–149	0,05
Schwerbenzin II	153–197	0,11
Petrol	207–238	0,45
Gasöl I	247–269	0,85
Gasöl II	281–306	1,15
Rückstand	309–498	3,70

[2] Corrosion and Deposits in Boilers and Gas Turbines, Report of the ASME Research Committee on Corrosion and Deposits from Combustion Gases. Batelle Memorial Institute, 1959.

b) Sauerstoffhaltige Verbindungen

Der Gehalt der Erdöle an Sauerstoff beträgt selten mehr als etwa 0,5%. Die wichtigsten im Roherdöl und seinen Destillaten vorkommenden sauerstoffhaltigen Verbindungen sind die *Naphthensäuren*, zyklische, gesättigte Monokarbonsäuren (meist Cyclopentanderivate). Deren «Säurezahl»[3] nimmt mit steigendem Molekulargewicht (Siedepunkt) ab und kann von unter 100 bis etwa 250 (wenn aus der Schmieröl- bzw. Petrolfraktion hergestellt) betragen.

[1] Siehe Seite 103.

[3] Die «Säurezahl» ist das Maß für die im Molekül anwesenden sauren COOH-Gruppen, ausgedrückt in mg KOH/g.

Tabelle XI. *Schwefelverbindungen in Erdölen und Erdölprodukten*

In Erdölen		*In H_2SO_4-Raffinaten*	
Elementarer Schwefel	S	*Schwefelsäureester*	
Schwefelwasserstoff	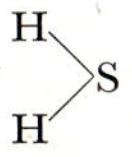	Alkylschwefelsäure ...... (saurer Schwefelsäureester)	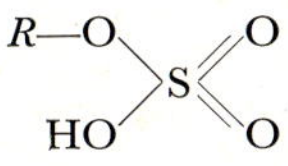
Merkaptane (und Thiophenole)	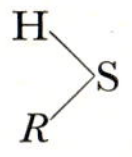	Dialkylsulfat .... (neutraler Schwefelsäureester)	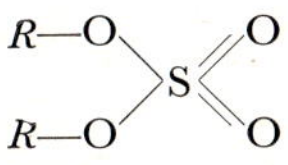
Methylmerkaptan	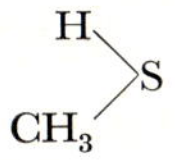	Äthylschwefelsäure	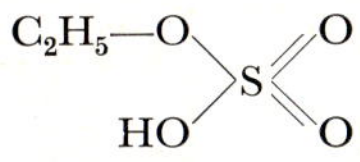
Benzylmerkaptan	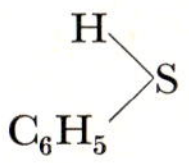	Diäthylsulfat	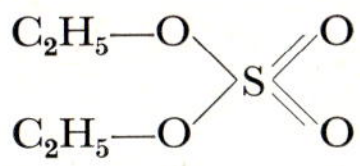
Sulfide (Thioäther)	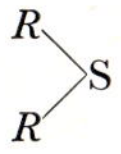	*Sulfonsäuren*	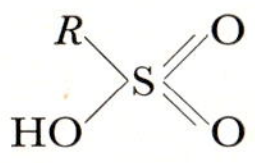
Methylsulfid	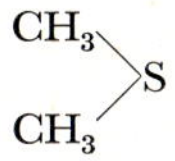	Benzolsulfonsäure	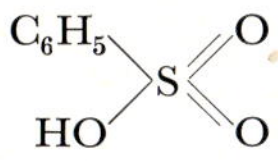
Disulfide	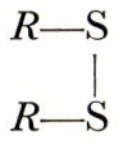	*Oxydationsprodukte*	
Methyldisulfid	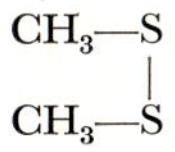	Sulfoxyde	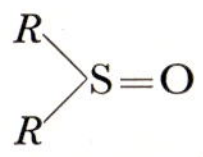
Zyklische Sulfide .... Thiophen	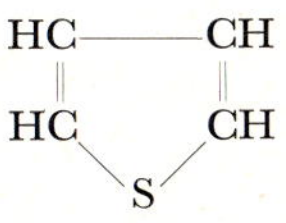	Sulfone	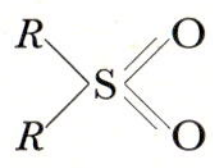

R = eine sogenannte Alkyl- oder Arylgruppe
Alkyl = ein Paraffinkohlenwasserstoff minus ein H-Atom
Aryl = ein Aromat minus ein H-Atom

Gekrackte Erdölprodukte enthalten auch *Phenol* und *Kresole:*

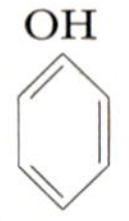

Phenol

p-Kresol

c) Stickstoffverbindungen

Stickstoff N kommt in den Erdölen meist nur in sehr geringen Mengen (weniger als 0,1%) vor. Die wichtigsten solchen Verbindungen sind *Stickstoffbasen*, die sich vom

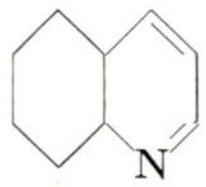

Chinolin

ableiten. Sie sind oft nicht sehr stabil und können zum Beispiel das Nachdunkeln des Leuchtpetrols verursachen. Auch stören Stickstoffverbindungen im Einsatzmaterial katalytischer Umwandlungsverfahren, weil sie die Wirksamkeit des Katalysators herabsetzen.

d) Mineralische Anteile – Verbindungen anderer Elemente

Erdöle enthalten meist auch geringe Mengen (entschlammte Öle aber selten mehr als einige Hundertstel Prozent) an *Aschebildnern*. Dies ist zum Teil mechanisch suspendiertes (fein verteiltes) anorganisches Material, wie Sand, Ton, Salz usw. Es kommen darin aber auch echt gelöste und deshalb schwierig abzutrennende Metallverbindungen, wie Salze organischer Säuren, Porphyrinderivate und dergleichen, vor. Die am häufigsten anzutreffenden Elemente sind: *Silizium, Eisen, Aluminium, Kalzium, Magnesium, Vanadium, Mangan, Nickel, Natrium und Kalium.* Daneben sind oft noch eine ganze Reihe von Spurenelementen vorhanden.

Die Aschebildner konzentrieren sich bei der Verarbeitung des Erdöls vor allen in den schweren Destillationsrückständen. Trotz der an sich immer noch bescheidenen Menge (max. einige Zehntel Prozent) können sie in der Praxis bei sehr großen Öldurchsätzen, zum Beispiel in Industriegasturbinen und -feuerungen (Veloxkessel!) zur Verschmutzung der Turbinenschaufeln und Heizflächen führen. Vanadiumaschen verursachen bei sehr hohen Temperaturen die Korrosion wärmebeständiger Stähle. Auch in Glasöfen, wo die Flammen der Ölfeuerung mit dem zu erhitzenden Material im direkten Kontakt stehen, können gewisse Aschebestandteile nachteilige Einflüsse haben.

3. CHARAKTERISIERUNG DER ROHERDÖLE

Rohöle sind, wie beschrieben, sehr komplexe Gemische, vor allem von Tausenden einzelner, verschiedener Kohlenwasserstoffe, aus denen sich bis heute, auch im Laboratorium, nur die einfacheren in reiner Form abtrennen ließen. So ist es zum Beispiel dem US Bureau of Mines in 30 Jahren konzentrierter Anstrengung[1] gelungen, aus einem typischen amerikanischen Rohöl mit einem Aufwand von nahezu 1½ Millionen Dollar rund 160 reine Stoffe abzuscheiden. Dazu wurden die verschiedensten Varianten der Destillation, Extraktion, Adsorption, Kristallisation (siehe dort) benutzt.

Für technische Zwecke ist eine solche Charakterisierung aus naheliegenden Gründen nicht möglich. Man stützt sich in der Beurteilung eines Rohöles deshalb auf weniger wissenschaftliche, aber dafür bedeutend rascher zum Ziele führende *Routinemethoden.*

a) Einteilung der Roherdöle nach der «Basis»

Eine sehr verbreitete Rohölklassifizierung ist die in sogenannte *paraffin-, naphthen- und gemischtbasische* nach US Bureau of Mines, welche sich hauptsächlich auf die Dichte, bzw. die amerikanische Gravity API, von zwei aus dem Rohöl herzustellenden Schlüsselfraktionen der Siedebereiche 250 bis 275° C (bei atmosphärischem Druck) und 275 bis 300° C (bei einem Drucke von 40 mm Hg) stützt. Sie ist in Tabelle XII wiedergegeben.

Beachtung verdient, daß ein Öl nicht als Ganzes der gleichen Gruppe anzugehören braucht, sondern daß es viele Öle gibt, deren «Charakter» von der niedriger zur höher siedenden Fraktion ändert, wie sich überhaupt die Natur nur widerwillig in ein solches Schema pressen läßt. Es gibt neben den Hauptgruppen viele Übergänge. Auch fehlen in dieser Einteilung die, allerdings relativ seltenen, *aromatischen* oder benzenoiden Öle, wie sie zum Beispiel in Burma und Borneo vorkommen. Sie finden aber in der Einteilung nach Abb. 29 Berücksichtigung.

Mit der Angabe der «Basis» nach Bureau of Mines mehr oder weniger synonym sind in den USA die Ausdrücke[2]:

für ein «paraffinbasisches Öl»:	«pennsylvanisch» oder «Green (auch Light) Midcontinent»
für ein «gemischtbasisches Öl»:	«Midcontinent» oder «intermediate»
für ein «naphthenbasisches Öl»:	«Coastal», «Gulf Coast», «California» oder, recht häufig, auch «asphaltbasisch»

wie sie in der Fachliteratur anzutreffen sind.

---

[1] ROSSINI, F. D., *Hydrocarbons from Petroleum,* IP Journal, Vol. 44, No. 412 (April 1958.)
[2] NELSON, W. L., *Petroleum Refinery Engineering.*

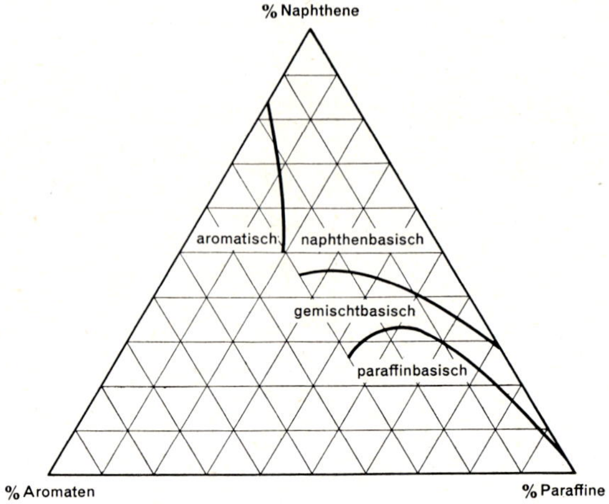

Nach Science of Petroleum (Oil und Gas)

Abb. 29. Schematische Klassifizierung der Roherdöle

Tabelle XII. *Einteilung der Erdöle nach US Bureau of Mines*

Schlüsselfraktion Nr. 1: Siedebereich 250–275° C (bei atmosphärischem Druck)
Schlüsselfraktion Nr. 2: Siedebereich 275–300° C (bei 40 mm Hg)

Bezeichnung des Erdöls		Gravity API Schlüsselfraktion	
a) der niedrig siedenden Anteile	b) der hoch siedenden Anteile	Nr. 1	Nr. 2
paraffinisch		min. 40	min. 30
paraffinisch	gemischt	min. 40	20–30
paraffinisch	naphthenisch	min. 40	max. 20
gemischt	paraffinisch	33–40	min. 30
gemischt		33–40	20–30
gemischt	naphthenisch	33–40	max. 20
naphthenisch	gemischt	max. 33	20–30
naphthenisch	paraffinisch	max. 33	min. 30
naphthenisch		max. 33	max. 20

Es entsprechen: 40 API = SG 15,6/15,6° C: 0,825[1]
33 API = SG 15,6/15,6° C: 0,860
30 API = SG 15,6/15,6° C: 0,876
20 API = SG 15,6/15,6° C: 0,934

[1] Dichte, bestimmt bei 15,6° C, bezogen auf Wasser von 15,6° C.

b) Empirische «Kennzahlen»

Wertvolle Anhaltspunkte über die vorwiegende *chemische Natur* (die Familienzugehörigkeit der darin enthaltenen Kohlenwasserstoffe) und damit über die Qualität der daraus herzustellenden Produkte sowie die «Krackbarkeit» usw. geben empirische Kennzahlen wie der *Charakterisierungsfaktor K* nach WATSON und NELSON:[1]

$$K = \frac{\sqrt[3]{T_B}}{S}, \quad \text{wobei: } T_B = \text{molarer}^2 \text{ mittlerer Siedepunkt in °F absolut (°R)}$$
$$S = \text{Dichte } 60/60° \text{ F}$$

Andere etwa verwendete Kennzahlen sind die Viscosity-Gravity Konstante[3], der Correlation Index[4], Anilinpunkt, Parachor[5], API Diesel Index (siehe S. 112) usw.

c) Die «Ringanalyse»

Die prozentuale Zuteilung der Kohlenwasserstoffe eines Erdöls zu den erwähnten Familien bietet bei zunehmender Molekülgröße immer größere Schwierigkeiten, können doch solche Kohlenwasserstoffe im gleichen Molekül sowohl aromatische Kerne wie auch naphthenische Ringe und dazu noch paraffinische Seitenketten enthalten. Ein typischer Vertreter ist das Äthyltetrahydronaphthalin:

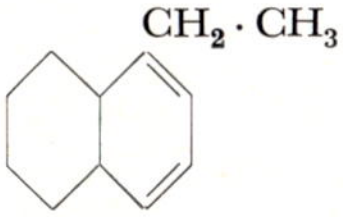

Diese Schwierigkeiten haben WATERMAN und Mitarbeiter[6] in eleganter Weise durch Einführung der *Ring- oder Gruppenanalyse* umgangen, die es erlaubt, den Aufbau eines komplizierten Kohlenwasserstoffs oder jenen eines Kohlenwasserstoffgemisches in «Prozent aromatische Ringe», «Prozent naphthenische Ringe» und «Prozent paraffinische Seitenketten» (bzw. auch reine Paraffine im Falle eines Gemisches) auszudrücken. Die Methode führt beim genannten Äthyltetrahydronaphthalin zur Zusammensetzung:

48 % aromatische Ringe
34 % naphthenische Ringe
18 % paraffinische Seitenketten.

---

[1] *Characterization of Petroleum Fractions,* Ind. Eng. Chem., *27,* 1460 (1935).
[2] Auf *molar* gleiche Mengen Destillat bezogen.
[3] KURTZ, S. S., Jr. *et al., Relationship between Carbon-type Composition, Viscosity-Gravity,* Anal. Chem., 28, 1928 (1956).
[4] SMITH, H. M., US Bureau of Mines Tech. Paper, 610, 1940.
[5] HEINZE und MARDER, Brennstoff-Chemie, *16,* 286 (1935).
[6] VLUGTER, J. C., WATERMAN, H. I. und VAN WESTEN, H. A., J. Inst. Petr. *21,* 661 (1935).

Solche Angaben erlauben eine zuverlässige Beurteilung des chemischen Charakters eines komplizierten Kohlenwasserstoffgemisches. Tabelle XIII enthält die Zusammensetzung der Öle der oben beschriebenen Rohölklassen, ausgedrückt als Ringanalyse.

Tabelle XIII

Chemische Zusammensetzung (Gruppenanalyse)	Rohölbasis			
	paraffinisch	gemischt	naphthenisch	benzenoid
Paraffine .... %	45–97	25–79	15–60	2–28
Naphthene ...... %	2–31	17–45	38–76	35–78
Aromaten .... %	3–31	3–29	3–24	30–48

Nach Oil and Gas Journal, 17. Mai 1951.

d) Die laboratoriumsmäßige Aufarbeitung des Rohöls

Mögen die beschriebenen Einteilungen und Kennzahlen auch wertvolle Anhaltspunkte über die Natur eines Rohöles ergeben, so lassen sich die Ausbeuten und die Eigenschaften der daraus herzustellenden Produkte mit größerer Sicherheit doch nur an Hand einer Aufarbeitung im Kleinen, im Laboratorium feststellen.

Dazu gehört einmal die Erstellung einer genauen Siedekurve unter Anwendung der bestmöglichen Fraktionierschärfe, kombiniert, wo nötig, mit Tiefkühlung (zur Fraktionierung der gasförmigen) und Vakuum-

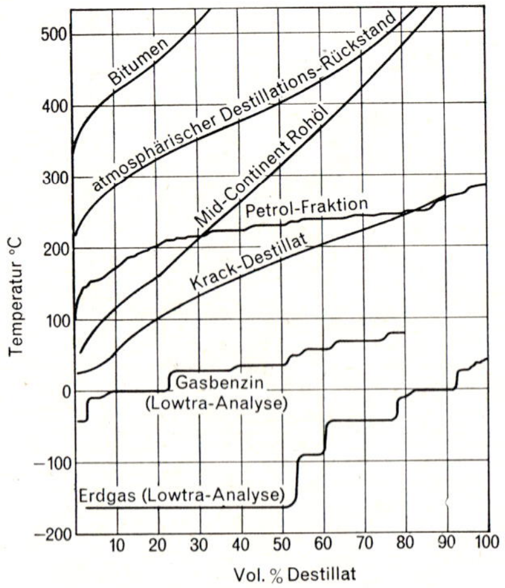

Abb. 30. «True Boiling Point»-Kurven

destillation (für die bei gewöhnlichem Druck nicht unzersetzt siedenden Anteile). Auf diese Weise erhält man sogenannte *True Boiling Point*-Kurven, wie sie, sehr schematisch, in Abb. 30 wiedergegeben sind. Daraus kann der Fachmann die Ausbeute an Fraktionen bestimmten Siedebereiches abschätzen. Siehe zum Beispiel Tabelle XIV.

Tabelle XIV. *Einige typische Rohölanalysen*[1]

Rohöl	Pennsylvanien	Iran Agha Jari	Venezuela Concepcion	Kalifornien S. Joaquin	Mexiko Panuco
Spezif. Gewicht/15° C ..	0,811	0,845	0,850	0,975	0,988
Siedeanalyse:					
Siedebeginn ° C	45	30	58	60	125
bis 150° C, Vol. %	45	18	17	4	2
150–300° C, Vol. %	28	31	36	36	13
über 300° C, Vol. % .... (inkl. Verlust)	27	51	47	60	85
Schwefelgehalt, Gew. % .	0,08	1,42	0,70	0,79	5,18
Art des Öles	paraffinisch	gemischtbasisch, paraffinisch	gemischtbasisch, naphthenisch	naphthenisch	naphthenisch mit hohem Bitumengehalt

[1] Nach *Das Buch vom Erdöl*, BP Benzin und Petroleum AG, 1960.

Für die Projektierung von Destilliereinrichtungen braucht man weiter die sogenannten *Flash Evaporation*-Kurven, das heißt die Bestimmung der in einer *Gleichgewichts*-Destillation abgegebenen Dampfanteile.

Und die beste und zuverlässigste Auskunft schließlich gibt die *vollständige Aufarbeitung* in *Pilotanlagen*, die den im Großen verwendeten Verfahren nachgebildet sind.

Ergänzende Literatur zu Kapitel IV

Egloff, G., *Physical Constants of Hydrocarbons*, Vol. 1–V (Reinhold Publishing Corp., New York 1939–1953).

Ellis, C., *The Chemistry of Petroleum Derivatives*, 3. Auflage, Vol. I und II (The Chemical Catalog Comp. Inc., Reinhold Publishing Corp., New York 1945/1950).

Physical Constants of Hydrocarbons boiling below 350° F (177° C). (Special Technical Publication No. 109 der American Society for Testing Materials, Philadelphia 1950).

Orlicek, A. F., und Pöll, H., *Hilfsbuch für Mineralöltechniker*, Erster Band: Die Eigenschaften von Kohlenwasserstoffen, Mineralölprodukten und Hilfsstoffen (Springer, Wien 1951).

Grosse, L., *Arbeitsmappe für Mineralölingenieure* (VDI Verlag, Düsseldorf 1951).

van Nes, K., und van Westen, H. A., *Aspects of the Constitution of Mineral Oils* (Elsevier Publishing Comp. Inc., New York, Amsterdam, London, Brussels 1951).

Rossini, F. D., Mair B. J. and Streiff, A. J., *Hydrocarbons from Petroleum*, The Fractionation, Analysis, Isolation, Purification, and Properties of Petroleum Hydrocarbons Reinhold Publishing Corp., New York 1953).

Asinger, F., *Chemie und Technologie der Paraffin-Kohlenwasserstoffe* (Akademie-Verlag, Berlin 1956).

Brooks, B. T., et al, *The Chemistry of Petroleum Hydrocarbons*, Vol. I–III (Reinhold Publishing Corp., New York 1954–1955).

Brooks, B. T., and Dunstan, A. E., *The Science of Petroleum*, Vol. V, Part I, *Crude Oils*, Chemical and Physical Properties (Oxford University Press, London, New York, Toronto 1950).

V. ERDÖLPRODUKTE

Die hauptsächlichsten Verwendungsarten und wichtigsten qualitätsbestimmenden Eigenschaften

Der Behandlung der den Hauptgegenstand dieses Buches bildenden Erdöl-Aufarbeitungsverfahren muß, zum bessern Verständnis des *Zweckes* derselben, eine kurze Beschreibung der wichtigsten Erdölprodukte und deren qualitätsbestimmenden Eigenschaften vorausgeschickt werden.

Erdölprodukte

Nach abnehmender Flüchtigkeit seien angeführt:

Erdgas	Schmiermitte
Flüssiggas	Heizöle
Benzin	Bitumen
Petrol	Paraffin
Gasöl	Petrolkoks

(siehe auch Tabelle XV).

Dabei ist darauf hinzuweisen, daß die in verschiedenen Sprachen, ja Ländern für ein und dasselbe Produkt gebräuchlichen Bezeichnungen leider keineswegs einheitlich sind, selbst dann, wenn es sich um ähnlich klingende Namen handelt. Da sich bei Nichtbeachtung dieser Tatsache häufig Mißverständnisse ergeben, seien in Tabelle XVI einige *Synonyme* zusammengestellt.

Ergänzend ist noch zu erwähnen, daß *in den USA* ein Benzin, welches sich als Treibstoff für Otto-Motoren eignet, im allgemeinen als «*Gasoline*», eine Erdölfraktion zum Teil ähnlichen Siedebereiches (oder etwas höheren Siedebeginns und dafür ins Gebiet der Petrole überschneidend) zu technischen Zwecken oder als «Reformingstock» aber als «*Naphtha*» bezeichnet wird. Und schließlich wird in der amerikanischen Literatur statt von «Produkten» (vor allem Zwischenprodukten) auch häufig von «Stocks» gesprochen.

Ein für die Qualität wichtiger Unterschied ist der zwischen sogenannten «*Straightrun*»-(«Virgin»-) Produkten, die aus dem Roherdöl nur durch das Mittel der (atmosphärischen) Destillation abgetrennt wurden und den nach elaborierteren Methoden (vor allem durch chemische Umwandlung) hergestellten, zum Beispiel den «gekrackten» Produkten.

Tabelle XV. *Die wichtigsten Erdölprodukte*
(ohne Erdölchemikalien)

A. *Gasförmige*	
natürliches Erdgas (aus Brunnen), Fabrikgas (bei der Erdölaufarbeitung entstehend)	Koch- und Heizgas, Industriebrennstoff, Otto-Treibstoff, Ausgangsmaterial zu chemischen Synthesen
B. *Unter Druck verflüssigte*	
PP (Propan/Propylen) BB (Butan/Butylen)	Koch- und Heizgas (Stadtgasersatz), Brennstoff für Industriezwecke (Schneiden, Schweißen usw.), Ausgangsmaterial für chemische Synthesen
C. *Flüssige* (Siedebereich approximativ)	
a) *Destillate* (unter ca. 350° C siedend)	
Benzine: Siedebereich 35–200° C	Leichtbenzin (Gasolin, Petroläther), Mittelschwerbenzin, Schwerbenzin (White Spirit); Treibstoff für Otto-Motoren, Lösungs-, Extraktions- und Verdünnungsmittel, Reformingstock
«*Breitschnitt*» (Wide Cut Gasoline) Siedebereich 50–240° C	Flugturbinen-Treibstoff
Petrol: Siedebereich 150–280° C	Leuchtpetrol, Treibstoff für Otto-Motoren mit Vorwärmung, Lösungs- und Verdünnungsmittel, Treibstoff für Flugturbinen, Brennstoff für Schalenbrenner, Brutöfen usw.
Gasöl: Siedebereich 180–370° C	Diesel-Treibstoff, Karburieröl, Absorptions- und Lösungsmittel, hochwertiger flüssiger Brennstoff
b) *Vakuumdestillate und Rückstandsöle* (hauptsächlich über 350° C siedend)	
Vakuumdestillate	
Neutralöle	Motoren- und Maschinenschmieröle
Paraffinöl-Destillat	zur Paraffin- und Schmierölherstellung
diverse	Einsatzmaterial für katalytische Krackverfahren
Destillationsrückstände	
Zylinderöle, Brightstock	Schmierzwecke
Heizölrückstände	Industrie- und Schiffsbunkeröle
(siehe auch Bitumen)	Einsatzmaterial für Verkokungsverfahren
c) *Gemische von Destillaten und Rückstandsölen*	
Neutralöl/Brightstock-Gemische	Schmierzwecke (Motorenöle)
Petrol-Gasöl/Rückstandsöl	mittelflüssige Industrieheizöle
Bitumen/Fluxmittel	Cutbacks und Roadoils zur Staubbekämpfung, als Bindemittel, Bitumenlack usw.
D. *Feste bis plastische*	
Paraffin, Ceresin	Papier-, Kerzen- und Zündholzparaffin Wichsen und Polituren
Vaselin, Petrolatum	Salben, Rostschutzmittel
Bitumen	Bindemittel im Straßenbau, Klebe-, Anstrich- und Abdichtungsmittel
Ölkoks	fester Brennstoff, Elektroden
Ruß	Pneufabrikation
Konsistenzfette	Schmierzwecke, Rostschutz

Tabelle XVI. *Synonyme für Erdölprodukte in verschiedenen Ländern*

Schweiz		England	USA	Deutschland und Österreich	Frankreich	Italien	Holland
deutsch	französisch						
Erdgas	Gaz naturel	Natural gas	Natural gas	Erdgas	Gaz naturel	Gas minerali	Aardgas
Erdöl (Rohes Erdöl)	Pétrole brut Huile brute	Petroleum Crude oil	Crude oil Petroleum	Erdöl Rohöl	Pétrole brut Huile brute	Petrolio Olio greggio	Aardolie Ruwe olie
Benzin	Benzine Essence	Motor spirit Petrol	Gasoline Naphtha	(Fahr-) Benzin	Essence Benzine	Benzina	Benzine
Petroleum (Leucht-, Traktoren- und Flugpetroleum)	Pétrole lampant	Kerosine Paraffin Power Kerosene Avtur	Kerosine Vaporizing oil	Petroleum Leuchtöl	Pétrole (lampant) Lampant Carburéacteur	Petrolina Olio illuminante	Lampolie Petroleum Kerosine
Gasöl (Dieseltreibstoff und Heizöl Extra leicht «Rohöl»	Gas oil	Gas oil Solaroil Derv Fuel	Gas oil	Gasöl Solaröl (Dieselkraftstoff)	Gas oil Huile solaire	Olio di gas	Gasolie
Schmieröl	Huile de graissage	Lubricant	Lubricant	Schmieröl	Huile de graissage Lubrifiant	Olio lubrificante	Smeerolie
Heizöl-Rückstände	Huile combustible	Fuel oil Residue	Fuel oil Residue	Heizöl	Résidu, Mazout, Brai de pétrole Fuel Oil	Olio combustibile	Stookolie
Paraffin	Paraffine	Paraffin wax	Paraffin wax	Paraffin	Paraffine	Paraffina	Paraffine
Bitumen Asphaltbitumen	Bitume Asphalte	Asphalt Bitumen	Asphalt Asphaltic bitumen	Asphalt Bitumen	Asphalte Bitume	Asfalto Bitume	Asphalt Bitumen
Vaselin	Vaseline	Petroleum Jelly Vaseline	Vaseline Petrolatum	Vaselin	Vaseline	Vaselina	Vaseline

Teils aus Science of Petroleum

Natürliches Erdgas – Fabrikgas

Natürliches Erdgas (Natural Gas) wird oft zusammen mit dem Rohöl produziert (siehe Kapitel I); es werden aber auch ausgesprochene Gasfelder – die kein Rohöl liefern – ausgebeutet. Man unterscheidet «trockenes» Erdgas, das praktisch nur gasförmige und daneben höchstens sehr kleine Mengen leicht verdampfbarer flüssiger Kohlenwasserstoffe enthält und «nasses» Gas, aus welchem sich erhebliche Mengen an Benzin, sogenanntem Gasbenzin (Natural Gasoline), gewinnen lassen. Typische Zusammensetzungen sind:[1]

Tabelle XVII

	«Nasses Erdgas»	«Trockenes Erdgas»
	Mol. %	
C_1 [2]	79,8	84,3
C_2	6,5	6,3
C_3	6,2	7,7
iC_4	1,4	0,8
nC_4	2,3	0,7
$iC_5{}^+$ (Benzin)	3,0	0,2

[2] Daneben sind oft noch etwas Stickstoff, Kohlensäure, und in gewissen Erdgasen, zum Beispiel jenem von Lacq in Südfrankreich, auch noch erhebliche Mengen an Schwefelwasserstoff vorhanden.

Gasgemische variierender Zusammensetzung, sogenannte *Fabrikgase*, entstehen bei verschiedenen Erdöl-Aufarbeitungsverfahren (zum Beispiel beim «Kracken»), wo sie noch speziell erwähnt werden sollen. Diese enthalten neben den gesättigten niedrigen Paraffinen dann meist auch noch niedrig molekulare, gasförmige Olefine.

Natur- und Fabrikgas decken heute in den *USA* nicht weniger als einen Drittel des Rohenergiebedarfes. Sie dienen als Koch- und Heizgas in Haushalt und Industrie, werden (allerdings in relativ unbedeutenden Mengen) als Treibstoff für Otto-Motoren und neuerdings nun vor allem auch als wichtiger Rohstoff für die erdölchemische Industrie eingesetzt. Der totale Verbrauch *Europas* beläuft sich heute auf etwa 15 Milliarden m^3 jährlich. Die nutzbringende Verwendung des meist in erheblichem Abstand zu den potentiellen Verbrauchszentren anfallenden Erdgases setzt ein leistungsfähiges Leitungssystem voraus. Wo dieses fehlt, werden auch heute noch riesige Mengen «abgefackelt» (Abb. 31). Man macht nun aber große Anstrengungen, solches Erdgas (zum Beispiel per Pipeline aus der Sahara und unter dem Mittelmeer hindurch oder, als Neuentwicklung, in tiefgekühltem Zustand auch per Schiff) den Industriegebieten Europas zuzuführen.

---

[1] NELSON, *Petroleum Refinery Engineering*, loc. cit.

Abb. 31. Abfackeln von Erdgas auf den Ölfeldern SHELL

Flüssiggas

Eine erhebliche Bedeutung haben auch die unter (relativ geringem) Druck zu verflüssigenden Gemische von C_3- und C_4-Kohlenwasserstoffen des Erdöls oder seiner Aufarbeitungsprodukte, das sogenannte *Flüssiggas* (englisch LPG = Liquefied Petroleum Gas). Sie werden in mit Druckbehältern ausgerüsteten Bahn- und Straßenzisternen, wie auch Tankern oder neuerdings ebenfalls im gekühlten Zustande transportiert und in handlichen Flaschen vertrieben.

Allein in den USA wurden im Jahre 1960 40 Millionen m^3 für Koch- und Heizzwecke, als Otto-Treibstoff und auch für industrielle Verwendungen (Schweißen, Schneiden) abgesetzt.

Benzin

Als «*Benzin*» werden die zwischen Zimmertemperatur und etwa 200° C siedenden Anteile des Erdgases (Gasbenzin), Erdöls (Straightrun-Benzin) und seiner Umwandlungsprodukte (Krackbenzin, Reformat, Polymerisat, Alkylat usw. – siehe dort) bezeichnet. Nach der Flüchtigkeit unterscheidet man Leichtbenzine (Ligroin, Petroläther, Gasolin), Mittelschwerbenzin und Schwerbenzin (White Spirit). Große Unterschiede treten je nach dem verarbeiteten Rohöltyp und vor allem den angewandten Veredelungsverfahren in der *chemischen Zusammensetzung der Benzine* auf.

Dies ist in Abb. 32 nach NELSON[1] graphisch dargestellt. Die Ecken des Diagrammes stellen resp. reine gesättigte Kohlenwasserstoffe (G), Aromaten (A) und Olefine (O) dar. Die Zusammensetzung der Benzine ergibt sich durch die Lage des betreffenden Punktes im Diagramm. Selbstverständlich ist aber nur eine grobe Abgrenzung möglich.

Seine Stellung als wichtigstes Erdölprodukt verdankt das Benzin der phänomenalen Entwicklung des *Otto-Motors*, der heute auf der ganzen Welt über 100 Millionen Automobile, Motorräder, Motorboote, Traktoren, Flugzeuge und auch stationäre Aggregate antreibt. Bei diesem nach seinem Erfinder[2] benannten Kolbenmotor wird der Verbrennungsvor-

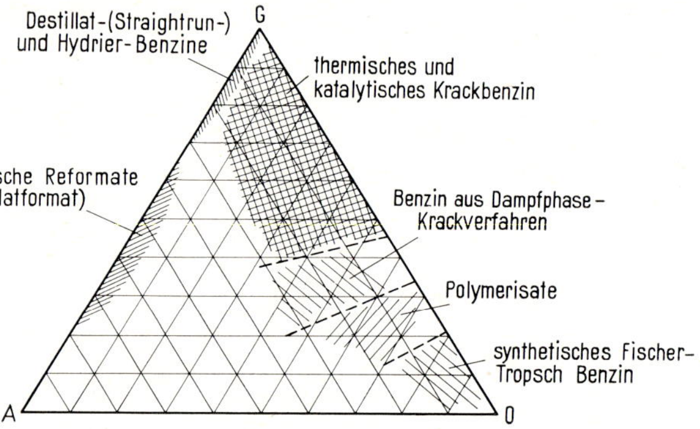

Abb. 32. Chemische Zusammensetzung verschiedener Benzine

gang im Treibstoff/Luft-Gemisch bekanntlich durch eine zeitlich gesteuerte Fremdzündung (elektrischer Funken) eingeleitet. Das Arbeitsprinzip dieser sowohl als 4-, wie auch als 2-Takt-Motor gebauten Maschine ist in Abb. 33 schematisch dargestellt. Der Treibstoff wird der Ansaugluft meist mit Hilfe eines «*Vergasers*» in Dampf- oder doch Nebelform zugesetzt. Schwerflüchtige Traktorentreibstoffe benötigen zur vollständigen Verdampfung einer Wärmezufuhr, zum Beispiel im Austausch mit den Auspuffgasen. Solche Motoren müssen dann aber erst mit Benzin angewärmt werden. Andere weniger gebräuchliche Varianten des Otto-Motors laufen auf Gas oder benutzen *Treibstoff-Einspritzung*.

Neben motorischen Zwecken werden Benzinfraktionen aber auch als *Extraktions-*, *Verdünnungs-* und *Lösungsmittel* verwendet. Es dienen dazu meist Schnitte relativ engen Siedebereiches, sogenannte *Siedegrenzenbenzine*. Einige handelsübliche Sorten sind in Tabelle XVIII aufgeführt.

---

[1] NELSON, Petroleum Refinery Engineering, loc. cit.

[2] OTTO, N.A., 1832–1891.

1876 OTTO baut den ersten, voll betriebsfähigen Viertakt-Gasmotor.

1886 Das dreirädrige Automobil von C. BENZ mit Benzinmotor und elektrischer Zündung macht seine ersten Ausfahrten.

1903 erster Flug der Brüder W. und O. WRIGHT mit Motorkraft.

Tabelle XVIII

Bezeichnung	Ungefährer Siedebereich ° C
Gasolin	30–35
Petroläther	40–60
Siedegrenzenbenzin 65/95	65–95
Siedegrenzenbenzin 80/110	80–110
Siedegrenzenbenzin 100/125	100–125
Siedegrenzenbenzin 100/140	100–140
Siedegrenzenbenzin 120/160	120–160
Terpentinersatz (White Spirit)	140–200

Und neuerdings bildet das vor allem in Europa im Überfluß anfallende Leichtbenzin auch einen willkommenen *Grundstoff für die erdölchemische Industrie*.

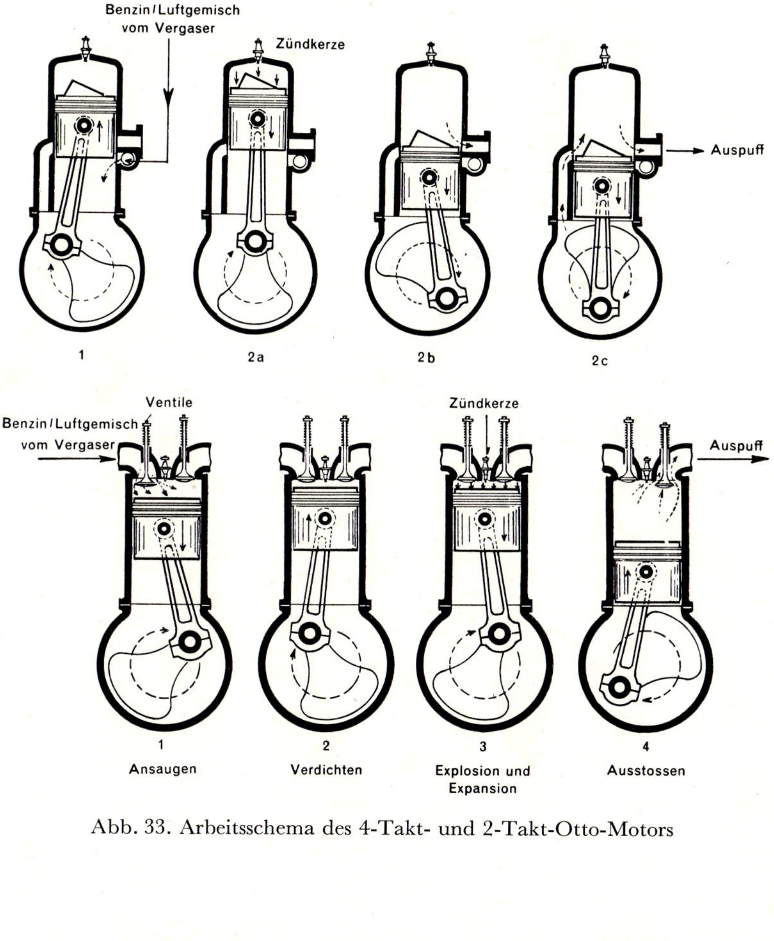

Abb. 33. Arbeitsschema des 4-Takt- und 2-Takt-Otto-Motors

Petroleum

Die in Flüchtigkeit auf das Benzin folgende Erdölfraktion wird im deutschen Sprachgebrauch (siehe Tabelle XVI) Petroleum oder kurz *Petrol* genannt. Aus praktischen Gründen weist handelsübliche Ware meist einen Siedebereich von etwa 150 bis 270° C auf. Es ist zwischen dem ausgesprochen paraffinischen Leuchtpetrol, dem diesem ähnlichen Flugpetrol und dem wesentlich mehr aromatisch/naphthenischen Traktorenpetrol zu unterscheiden.

Der Wunsch nach besserem Licht gab Ende der 1850er Jahre den Anstoß zur Entwicklung der Erdölindustrie, und das daraus herzustellende *Leuchtpetrol* bildete bis zu Beginn dieses Jahrhunderts das Hauptprodukt. Seither ist es, wie erwähnt, vom Benzin weit überflügelt worden. Es gibt aber auch heute noch große Gebiete, zum Beispiel in Afrika und Asien, die auf Petrolbeleuchtung (Abb. 34) angewiesen sind. Daneben dient dieses Produkt auch als *Brennstoff* für Zimmeröfen, Kochherde, Brutapparate und dergleichen, wie auch für *Putzzwecke*.

Eine neue wichtige Anwendung findet die Petrolfraktion, eventuell gemischt mit Schwerbenzin (sogenannter «Breitschnitt» – Wide Cut Gasoline JP–4) als *Flugturbinen-Treibstoff*. Obwohl erst eine Entwicklung der Nachkriegsjahre, hat sich der Turbinen/Düsen- und Turbinen/Propeller-

Abb. 34. Wo es an Elektrizität fehlt, ist die Petroleumlampe auch heute noch eine willkommene Lichtquelle

SHELL

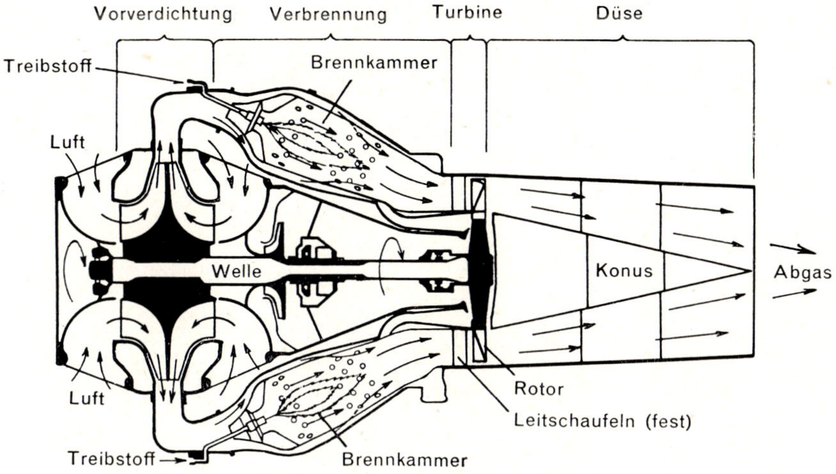

Abb. 35. Schema eines Strahltriebwerkes

antrieb, der damit zu erzielenden hohen Geschwindigkeiten wegen, sowohl im Militär- wie Zivilluftverkehr einen dominierenden Platz erobert.

Im Gegensatz zum Otto- und Diesel-Motor verbrennt der Treibstoff in der *Gasturbine* nicht in einzelnen Arbeitsakten, quasi portionenweise, sondern als kontinuierliche Flamme. Ein Schema eines solchen Motors ist in Abb. 35 wiedergegeben. Die Luft wird den ringförmig angeordneten Verbrennungskammern mittels eines Kompressors zugeführt. Der in die Kammern eingespritzte Treibstoff wird zum Anfahren elektrisch gezündet und brennt dann (wie zum Beispiel ein Zentralheizungsbrenner) kontinuierlich weiter. Die heißen Verbrennungsgase verdünnt man, zur Schonung der Brennkammerwände und der Turbinenschaufeln, stark mit Sekundärluft. Dann treiben sie die Turbine an, die ihrerseits den Luftvorverdichter in Bewegung setzt, und schließlich werden sie durch einen relativ engen Kanal, eine «Düse», ausgestoßen. Dabei entsteht der «Schub», der zum Antrieb des Flugzeuges dient. Bei der Turbinen-Propeller-(Turbo-Prop-) Variante werden von der Gasturbine nicht nur der Luftvorverdichter, sondern auch noch Propeller angetrieben.

Gasöl

Die zwischen etwa 250 und 350° C siedenden Anteile des Erdöls (Straight-run Gasöle) und seiner Umwandlungsprodukte (zum Beispiel des Krackdestillates) werden als *Gasöl* (im engern Sinne) – siehe auch Tabelle XVI – bezeichnet. Der Siedebereich *handelsüblicher* Gasöle erstreckt sich jedoch meist von etwa 170 bis gegen 370° C. Das Produkt verdankt seinen Namen der Anwendung zur Karburierung (Heizwertverbesserung) von Leuchtgas (Wassergas). Viel wichtiger ist das Gasöl heute jedoch als Treibstoff für schnellaufende Dieselmotoren und als leichtes Heizöl für Haushaltfeuerungen. Auch werden große Mengen an Gasöl (katalytisch) gekrackt.

Der kleine, mit über etwa 700 t/min laufende *Dieselmotor*[1] ist neben dem Otto-Motor eine wichtige Antriebsmaschine für Fahrzeuge (Autobusse,

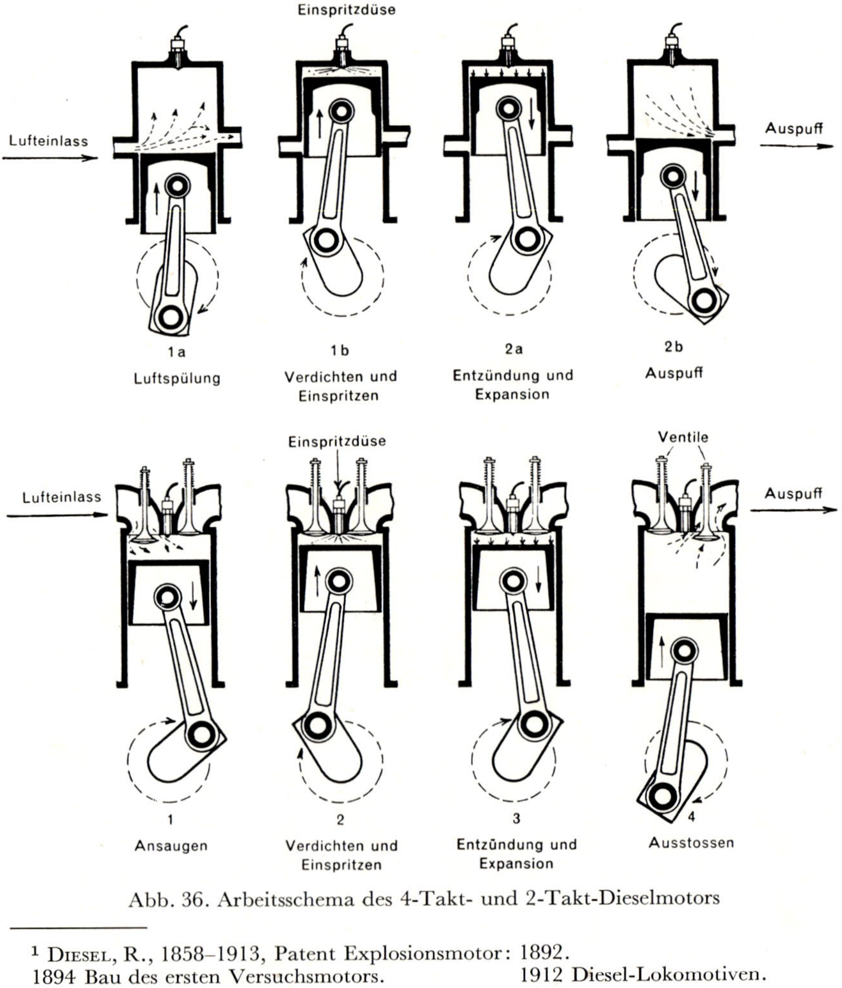

Abb. 36. Arbeitsschema des 4-Takt- und 2-Takt-Dieselmotors

---

[1] Diesel, R., 1858–1913, Patent Explosionsmotor: 1892.
1894 Bau des ersten Versuchsmotors.
Ab 1897 erste stationäre «Diesel»-Motoren.
1903 Diesel-Schiff «Vandal» (Wolga).
1908 kleine Einzylindermotoren.
1912 Diesel-Lokomotiven.
1924 Lastwagenmotor.
1929 Flugzeug mit Dieselmotor.

Lastwagen, aber mehr und mehr auch Taxis) und andere kleinere Aggregate, während sein größerer, langsamlaufender, meist mit Schweröl betriebener Bruder vor allem für große stationäre Anlagen (und auch als Schiffsmotor) in Frage kommt. Der Treibstoff wird beim Dieselmotor nicht vergast, sondern als Nebel in die im Zylinder hochverdichtete Luft eingespritzt, wo er sich dann von selbst entzündet. Sein Arbeitsprinzip ist schematisch in Abb. 36 dargestellt.

Rasch zunehmende Bedeutung erlangen auch in Europa in der letzten Zeit die leichten *Hausbrandöle* des Gasöltyps (siehe unter «Heizöl»).

Noch andere Anwendungen der Gasölfraktion sind als *Absorptionsmittel*, zum Beispiel zum Auswaschen von Benzol- und Naphthalindämpfen aus dem Leuchtgas und, auch in der Erdölindustrie selbst, zur Abscheidung von Dämpfen flüssiger Kohlenwasserstoffe aus Gasströmen (siehe Kapitel VII).

Schmiermittel

Ein Teil der in Flüchtigkeit auf das Gasöl folgenden Anteile geeigneter Erdöle wird weiter auf *Schmieröl* verarbeitet. Schmieröle sind somit *noch* höher siedende, nach ihrer chemischen Struktur besonders ausgelesene Erdölfraktionen. Sie werden jedoch nicht mehr nach Siedebereich, sondern nach Viskosität gehandelt. Man unterscheidet Schmieröl*destillate* (nach der Raffination als «pale» und «red oils» oder Neutralöle «Neutrals» bezeichnet) und *Rückstands*schmieröle (dunkle oder raffinierte Zylinderöle oder «Bright stocks»).

Wenn die Schmieröle mengenmäßig auch nur etwa 2% der Erdölprodukte ausmachen, so spielen Schmiermittel aller Art im heutigen mechanisierten Zeitalter doch eine äußerst wichtige Rolle. Schmierung ist überall dort vonnöten, wo zwei Körper möglichst ungehindert übereinandergleiten sollen. Fehlt sie, so entsteht unerwünschte Reibung und damit Wärme, Kraftverlust und Materialverschleiß. Daneben können Schmiermittel aber auch kühlend, abdichtend und korrosionsschützend wirken. Andere Öle dienen zum Beispiel medizinischen Zwecken oder zur elektrischen Isolierung.

Man unterscheidet zwei *Arten der Schmierung*, die Flüssigkeits- oder Vollschmierung und die Grenzschmierung. *Flüssigkeitsschmierung* herrscht, wenn die übereinandergleitenden Flächen (zum Beispiel Welle und Lager) durch einen relativ dicken Ölfilm getrennt sind. Die dann auftretende Reibung ist gering und hängt neben der Gleitgeschwindigkeit und dem Lagerdruck vor allem von der Viskosität, nicht aber der chemischen Natur des Schmiermittels ab. Flüssige Reibung tritt – genügend Schmiermittel vorausgesetzt – immer dann auf, wenn sich die Flächen mit einiger Geschwindigkeit und *mäßigem* Drucke übereinanderbewegen.

Im Ruhezustand wird das Öl jedoch oft ausgepreßt. Auch unter andern Betriebsbedingungen, zum Beispiel in Getrieben, stellen sich Verhältnisse ein, wo die Anwesenheit eines genügend dicken Ölfilmes, das heißt die Bedingung der flüssigen Reibung, nicht mehr gewährleistet ist. So werden zwei *langsam* und unter *hohem* Drucke übereinandergleitende Flächen im besten Fall nur einen sehr dünnen Ölfilm mitnehmen. Man spricht von *Grenzschmierung*. Die Reibung beträgt hier bereits ein Vielfaches der bei Vollschmierung auftretenden. Es hängt von der *chemischen Natur* des Öles, seiner «Schmierfähigkeit» (Oiliness) ab, ob noch eine genügende Schmierung gewährleistet ist oder ob schließlich die gefürchtete *trockene Reibung* und Anfressen der Werkstoffe auftritt.

Zu den wichtigsten Eigenschaften der Schmieröle gehören deshalb die Viskosität und – unter Betriebsbedingungen, wo dies maßgebend ist – das Verhalten im Gebiete der Grenzschmierung.

Einige Viskositätsdaten wichtiger Schmieröltypen sind in Tabelle XIX zusammengestellt. Weitverbreitet ist die auf der Viskosität beruhende Kennzeichnung der Automobilöle durch SAE-Zahlen[1].

Tabelle XIX. *Viskositätsbereiche einiger typischer Schmierölsorten*

	Viskosität in cSt bei		
	20° C	50° C	100° C
Spindelöl	38–45	11–13	3,2–3,6
Turbinenöl	130–325	30–60	7–12
Automobilöle SAE 5W-SAE 50	50–800	12–125	4–18
Flugmotorenöle	700–900	110–140	18–21
Dieselmotorenöle	200–550	40–90	8–15
Getriebeöle	260–5000	45–500	9–50
Naßdampfzylinderöle	–	450–550	40–55
Heißdampfzylinderöle	–	250–600	30–60
Bright Stock	–	250–500	30–50

Die Verwendung von Schmierstoffen in Maschinen so grundverschiedener Konstruktion und Arbeitsweise, wie zum Beispiel Uhren, Automobilen, Dampfmaschinen, Dieselmotoren, Wagenachsen, Metallbearbeitungsmaschinen sowie in Walz- und Drahtziehwerken, Transformatoren usw. erfordert eine sehr *weitgehende Spezialisierung*, so daß Hunderte von verschiedenen Sorten hergestellt werden müssen. Die wichtigsten bei der Auswahl zu berücksichtigenden Bedingungen sind Arbeitstemperatur, Gleitgeschwindigkeit der reibenden Flächen sowie der an der Schmierstelle herrschende Druck. Die verschiedenen Schmieröltypen werden in der Praxis aus einer beschränkten Zahl mehr oder weniger hoch raffinier-

[1] SAE = Society of Automotive Engineers (USA).

ter Destillat- und Rückstandsschmieröle verschiedener Provenienz in wechselndem Verhältnis und, wo nötig, unter Zusatz von «fetten Ölen» (tierischen und pflanzlichen Ölen) sowie sogenannten «Additives», das heißt Zusätzen, die der Verbesserung gewisser Eigenschaften dienen (siehe Seite 80, 248), aufgemischt (sogenannte «legierte» Öle).

Schmieröle verschiedener chemischer Zusammensetzung zeigen sehr verschiedene Eigenschaften. So wird zum Beispiel der *Einfluß der «Basis» des Roherdöls auf den Viskositätsindex*[1] der daraus herzustellenden Schmieröle von NELSON[2] wie folgt angegeben:

Erdölbasis	*Viskositätsindex (V.I.)*
Paraffinbasisch	90 bis 106 (bis 110)
Gemischtbasisch	65 bis 85
Naphthenbasisch	unter 0 bis 55

Da es sich bei den Schmierölen um hochsiedende, und deshalb auch höher molekulare, kompliziertere Kohlenwasserstoffe handelt, ist die Aufklärung ihrer chemischen Konstitution eine sehr schwierige Aufgabe.

Tabelle XX *«Ringanalyse» von Schmierölen*

Rohöl	SAE	Visk. bei 100° C in cSt	V.I.	Molek.-Gewicht	Zahl der Ringe pro Molekül	% aromat. Ringe	% naphth. Ringe	% Paraffine u. paraff. Seitenketten
Pennsylvanien	20	ca. 6	100	395	1.6	7	18	75
	40	ca. 14½	107	494	2.0	4	20	76
Rodessa	20	ca. 6	98	397	1.9	9	20	71
Mid Continent	20	ca. 7	67	377	2.2	11	24	65
Gulf	20	ca. 5	33	311	2.5	4	44	52
	40	ca. 11½	33	378	3.0	4	43	53
Kalifornien ..	20	ca. 7	–4	330	2.9	20	32	48

Den besten Einblick verschafft heute wohl die *Ringanalyse* von WATERMAN (siehe Seite 63), nach der man[3] für verschiedene amerikanische Schmieröle zum Beispiel die Daten von Tabelle XX bestimmt hat.

Daraus geht ebenfalls deutlich hervor, daß der V.I. mit der «*Paraffinizität*» der Öle zusammenhängt.

---

[1] Siehe S. 94.
[2] NELSON, *Petroleum Refinery Engineering*, loc. cit.
[3] *Science of Petroleum*, Vol. V (Oxford University Press, London, New York und Toronto 1953).

Andere Eigenschaften, wie zum Beispiel das Verhalten im Gebiete der Grenzschmierung, können durch geeignete Zusätze, sogenannte «Additives», stark beeinflußt werden. Während sich die Herstellung von Schmierölen anfänglich hauptsächlich auf die Abscheidung besonders wertvoller Anteile aus dem Erdöl verlegte, erwies es sich bei den im Zuge der Entwicklung der Motoren immer höher geschraubten Anforderungen schließlich nicht mehr als möglich, den Ölen allein durch Raffination *alle* gewünschten Eigenschaften zu erteilen. Ja, es stellte sich sogar heraus, daß eine besonders weitgehende Verbesserung in *einer* Richtung (zum Beispiel des V.I.) *andere* Eigenschaften (zum Beispiel die Stabilität) ungünstig beeinflussen kann. Deshalb müssen den Verbrennungsmotoren-Ölen heute vielfach «*Additives*» (Wirkstoffe) zugesetzt werden. Es sind dies Substanzen, die bereits in relativ geringen Dosen deren Eigenschaften wesentlich beeinflussen können. Sie verfolgen zum Beispiel folgende Zwecke:

Verbesserung des V.I.,
Verbesserung der Kälteeigenschaften,
Erhöhung der Oxydationsbeständigkeit (Inhibitoren),
Verminderung des Verschleißes stark beanspruchter Teile,
Verhinderung der Lagermetallkorrosion,
Erteilung einer schlammzerteilenden (dispergierenden) Wirkung (Detergentien), die das Festsitzen der Kolbenringe verhüten und einen saubern Betrieb gewährleisten sollen.

In diesem Zusammenhang unterscheidet man «*Regular-Öle*» ohne, oder nur mit natürlichen Oxydations-Inhibitoren und ohne «Detergents», die aber bereits Stockpunktserniedriger, milde Schmierfähigkeits-, sowie Viskositätsindex-Erhöher enthalten können. Sie eignen sich für die Verwendung in Motoren, die unter *gemäßigten Bedingungen* arbeiten, das heißt vorwiegend ältere Verbrennungsmotoren.

Für *schwierigere Betriebsverhältnisse*, das heißt vor allem für stärkere thermische Belastung in neuen, hochverdichteten Motoren, ist der Zusatz von chemischen «Additiven» zur Oxydationsinhibierung und der Bekämpfung der Korrosion unerläßlich. Solche Öle werden als «*Premium-Öle*» bezeichnet. Besondere schlammzerteilende Eigenschaften oder die Fähigkeit zum Freihalten der Kolbenringe unter erschwerten Bedingungen besitzen diese jedoch nicht.

Liegen aber Betriebsbedingungen vor, bei denen überdies noch die Gefahr *starker Verschmutzung* durch Treibstoffruß (Dieselmotor bei hoher Leistung) und des *Kolbenringverklebens* besteht, dann genügen auch die Premium-Öle nicht mehr. Es müssen dann die mit metallorganischen Dispergiermitteln (Detergents) versetzten «*Heavy-Duty-(HD-) Öle*» verwendet werden. Solche Zusätze können gleichzeitig auch eine neutralisierende Wirkung auf saure Verbrennungsprodukte ausüben und damit den korrosiven Verschleiß zurückdrängen. Bei Verwendung besonders stark schwefelhaltiger Treibstoffe werden selbst Öle mit 10–20% Inhibitor-Detergent, sogenannte «*Super-Heavy-Duty-Öle*», angewandt.

Auf die sehr unterschiedlichen Anforderungen, die an die große Zahl von *Spezialschmierölen* gestellt werden, kann hier nicht näher eingegangen werden.

Eine spezielle Klasse von Schmierstoffen auf Erdölbasis sind die *Konsistenzfette*. Sie werden durch Mischung von Schmierölen mit Metallseifen und andern aufsteifenden Mitteln hergestellt und haben je nach dem verwendeten Zusatz salbenartige bis faserige Konsistenz, verschieden hohe «Tropfpunkte»[1] und eine unterschiedliche Beständigkeit gegen den Einfluß von Wasser und Kälte bzw. Wärme.

Heizöle

Eine mengenmäßig vor allem in Europa außerordentlich wichtige Rolle spielen heute die *Heizöle*. Sie machen in gewissen Ländern bis und über 50% des Konsums an Erdölprodukten aus. Heizöle bestehen, neben den bereits besprochenen, zwischen etwa 170 und 370° C siedenden *Destillaten* (Gasöl), hauptsächlich aus den bei den Erdöl-Verarbeitungsverfahren anfallenden hochsiedenden, bei gewöhnlichem Druck nicht mehr unzersetzt destillierbaren, oft auch «gekrackten» *Rückständen* (siehe Kapitel XII), soweit diese keine «edlere» Verwendung finden. Daraus ergibt sich, daß sie eine sehr verschiedene Zusammensetzung aufweisen können.

Heizöl ist ein vorzüglicher, heizkräftiger und aschearmer Brennstoff, der vor allem in Europa in den letzten Jahren einen rasch zunehmenden

Abb. 37. Ölgefeuerter Offen-Herd-Stahlofen in Wales BP

[1] Siehe S. 98.

Anteil des Brennstoffmarktes erobert hat. So beläuft sich allein der Bedarf der OEEC-Länder auf über 50 Millionen Jahrestonnen. Der größte Verbraucher ist die Industrie, vor allem die eisenschaffende (Abb. 37), gefolgt von den thermischen Kraftwerken. Aber auch für Hausfeuerungen erfreut sich diese saubere, bequeme und leicht vollautomatisch zu gestaltende Feuerungsart rasch zunehmender Verbreitung. Als eine der ersten hat

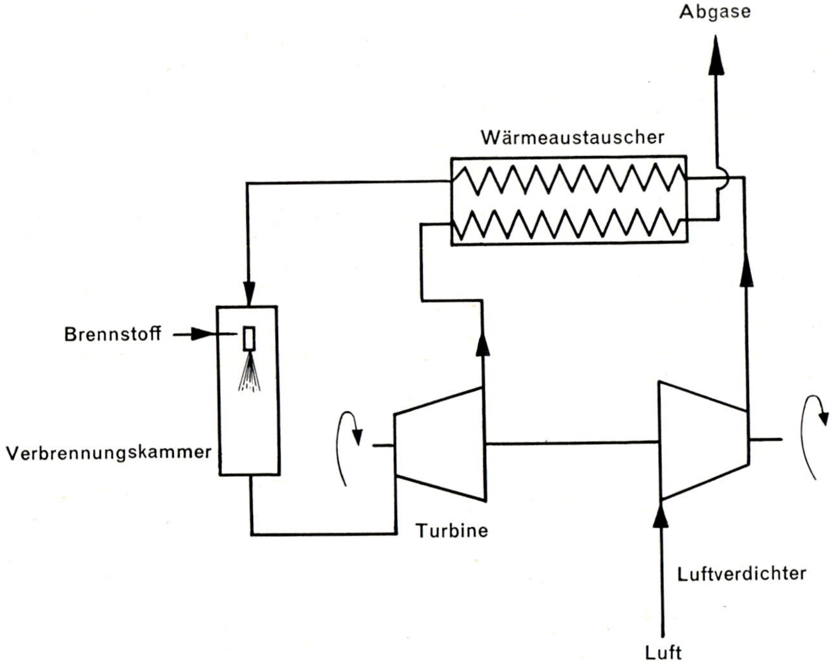

Abb. 38. Arbeitsschema Industriegasturbine

sich die Schiffahrt, der damit verbundenen Platzersparnis und einfachen Manipulation wegen, der Ölfeuerung bedient. Heute besteht die Welthandelsflotte neben etwa 34% Dieselmotorschiffen zu nicht weniger als 56% aus ölgefeuerten Einheiten.

Verwendungsmäßig muß man zwischen den dünnflüssigen, saubern und relativ schwefelarmen – aber entsprechend auch teureren – *Destillatheizölen* (Gasölen), die sich ohne Vorwärmung umschlagen und zerstäuben lassen, und den billigen, aber oft nicht ganz schlammfreien, wesentlich viskoseren und oft etwas schwefelreichen *Rückstandsölen* und Rückstandsöl/Destillat-Gemischen, die manchmal schon zum Umschlag, sicher aber zur guten Zerstäubung einer Vorwärmung bedürfen, unterscheiden. Erstere werden vor allem von kleinen, empfindlichen Anlagen, wo man

Wert auf eine billige Einrichtung und ein Minimum an Wartung legt, verwendet. Für Industriefeuerungen dagegen lohnt sich meist eine etwas elaboriertere Ausrüstung, die dann, zusammen mit dem dort doch vorhandenen Überwachungspersonal, auch die Verwendung zähflüssigerer Öle gestattet.

Heizölsorte und Brenner bzw. Feuerungsanlage müssen aufeinander abgestimmt sein. So können die kleinen, empfindlichen *Verdampfungs- oder Schalenbrenner*, wie sie in großer Zahl für Zimmeröfen und dergleichen Verwendung finden, in der Regel nur mit den besten Destillatheizölen (Straightrun Gasöl oder Petrol) störungsfrei betrieben werden. Große *Öldruck-* oder *Rotations-Zerstäubungsbrenner* verarbeiten nach entsprechender Vorwärmung jedoch auch schwerste Öle.

Verwendung finden Heizöle heute auch auf dem Gebiet der *Industriegasturbine*. Bei dieser wird der Brennstoff wie bei der Flugturbine (siehe Seite 75) in einer Brennkammer in vorverdichteter Luft verbrannt. Die Energie der Verbrennungsgase wird zum Antrieb einer Turbine verwendet. Es gibt sehr verschiedene Ausführungen und Kombinationen mit andern Verbrennungsprinzipien. Die einfachste ist in Abb. 38 schematisch dargestellt. Gasturbinen eignen sich besonders für Wärmekraftwerke. Sie können, wo verfügbar, jedoch vorteilhafter mit billigen gasförmigen Brennstoffen (zum Beispiel Erdgas) betrieben werden.

Bitumen (*Asphaltbitumen*)

«Naphthen-» oder «asphaltbasische» Öle liefern beim Abdestillieren der flüchtigen Anteile eine schwarze, erst weiche, plastische und klebrige, bei fortschreitender Destillation immer härter werdende Masse, *Bitumen* oder Asphaltbitumen genannt.

Solches Bitumen wird heute in großen Mengen als Bindemittel für den Bau von Straßendecken (Abb. 39) und ähnlichen Belägen, zur Herstellung von Dachpappen und Gewebeplatten für Isolierzwecke und auch als Klebe-, Anstrich- und Abdichtungsmittel (zum Korrosionsschutz, zum Beispiel auch von Pipelines) verwendet. Durch Lösen in Erdöldestillaten oder auch andern Fluxmitteln stellt man daraus weiter sogenannte *Road-oils*, *Cutbacks* und *Bitumenlacke* her. Erstere dienen zur Staubbekämpfung und als Bindemittel in speziellen Arbeitsverfahren. Auch die Cutbacks (die ein rasch, mittelrasch oder langsam verdunstendes Fluxmittel enthalten: Typen RC, MC und SC) verwendet man als Bindemittel im Straßenbau. Die Bitumenlacke dienen als Korrosionsschutzanstriche. Und schließlich stellt man aus Bitumen auch wässerige *Emulsionen* her, die sich (ohne Vorwärmung) als Binde- oder Klebemittel oder als Schutzanstriche eignen.

Abb. 39. Herstellung eines Bitumenbelages an der Axenstraße SHELL

Verschieden hergestellte Bitumentypen sind sehr verschieden *temperaturempfindlich*. Geblasene Bitumen werden mit steigender Temperatur nur langsam weich, während sich gekrackte Bitumen eher pechartig verhalten und einen mehr oder weniger plötzlichen Übergang vom festen in den flüssigen Zustand, fast einen «Schmelzpunkt» zeigen. Zur Charakterisierung der Temperaturempfindlichkeit haben PFEIFFER und VAN DOORMAAL[1] den *Penetrationsindex* eingeführt. Er wird aus der Penetration[2] bei 25° C und dem Erweichungspunkt *R* und *K*[3] ermittelt. Sie unterscheiden

Tabelle XXI. *Gebräuchliche Bitumensorten*

Penetration bei 25° C	Erweichungspunkt Ring und Kugel, °C	Duktilität bei 25° C, cm
	weiche Sorten	
280/180	34/43	über 100
	mittelharte Sorten	
100/10	45/75	über 100 bis 5
	harte Sorten	
13/1	75/130	6 bis 0
	geblasene Sorten	
45/7	70/140	1 bis über 4
	pechartige Sorten	
100/0	40/85	—

[1] PFEIFFER und VAN DOORMAAL, Nat. Petr. News, Tech. Sect. 23.2.38, 30, R 78–84.
[2] Siehe S. 97.
[3] Siehe S. 98.

N-, R- und Z-Typen, wobei die N-Typen den normalen, die R-Typen den wenig temperaturempfindlichen und die Z-Typen den stark temperaturempfindlichen Bitumen entsprechen. Für den richtigen technischen Einsatz muß die jeweils am besten geeignete Qualität ausgesucht werden.

Paraffin, Vaselin und Ceresin

Wie bereits in Kapitel IV erwähnt, sind die höher molekularen Paraffinkohlenwasserstoffe von C_{16} an aufwärts bei gewöhnlicher Temperatur *feste Körper*.

In der Erdölindustrie unterscheidet man *drei Gruppen* solcher fester Paraffinkohlenwasserstoff-Gemische: *Paraffin* (im engeren Sinne), Petrolatum oder *Vaselin* und *Ceresin*.

Bei der Abkühlung von Schmieröl*destillaten* aus paraffinbasischen Erdölen scheidet sich das wohlkristallisierte *Paraffin* ab, das sich leicht abfiltrieren läßt und je nach Schmelzpunkt etwa in folgenden Qualitäten gehandelt wird:

Tabelle XXII. *Paraffinsorten*

	Schmelzpunkt °C
Zündholzparaffin	35 bis 40
Weichparaffin	38 bis 45
Mittelhartes Paraffin	45 bis 50
Hartes Paraffin	50 bis 65

Aus Destillations*rückständen* erhält man ein salbenartiges (mikrokristallines) Produkt, *Petrolatum* oder Rohvaselin genannt. Durch Raffination stellt man daraus gelbes und weißes pharmazeutisches Vaselin mit einem Tropfpunkt von 35 bis 60° C her. Vaselin ist ein wichtiges Hautpflegemittel und ein Bestandteil der verschiedensten Salben. In der Technik dient es als *Schmier- und Rostschutzmittel.*

Neben diesen Produkten der Erdölaufarbeitung kommt auch in der Natur ein rohes *Erdwachs oder Ozokerit* vor, das man zum Beispiel in Spalten oder Gängen findet und auch abbaut. Aus gewissen Roherdölen scheidet sich ein ähnliches Produkt in den Steigleitungen der Erdölsonden ab. Durch Raffination wird daraus das *Ceresin* eines Schmelzpunktes von 65 bis über 80° C gewonnen. Ähnliche Produkte lassen sich nach geeigneten Verfahren auch aus hoch siedenden Erdölfraktionen herstellen. Ceresin wird ähnlich wie und als Zusatz zum Paraffin verwendet.

Petrolkoks

Gewisse Krackverfahren (siehe Kapitel XII) liefern einen festen, koksartigen Rückstand, der besonders als aschearmer Brennstoff Verwendung findet. Er wird aber auch zum Beispiel zur Herstellung von Elektroden für die Aluminiumindustrie benutzt.

Qualitätsbestimmende Eigenschaften

Eine der wichtigsten Eigenschaften der Erdölprodukte auf die sich, wie wir sahen, auch schon deren Einteilung stützt, ist die *Flüchtigkeit*, die sich vor allem in der

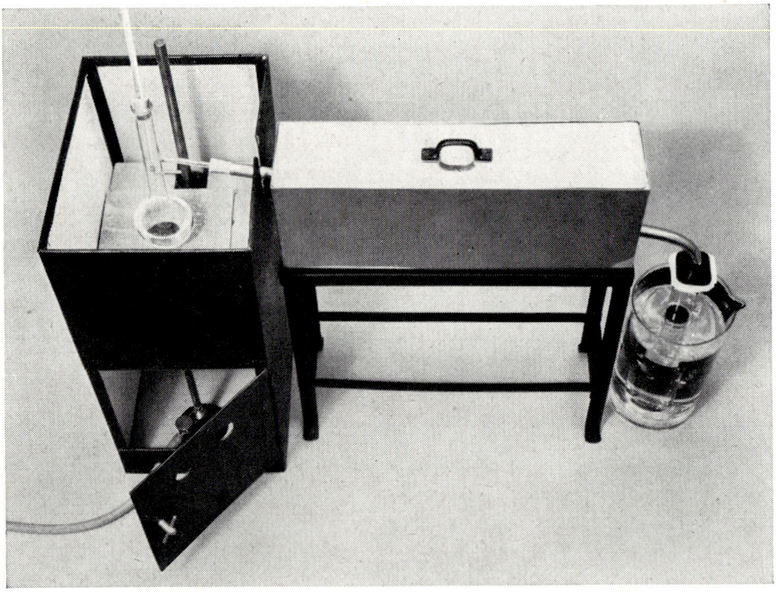

Abb. 40. Apparatur zur Durchführung einer Siedeanalyse

Siedeanalyse

äußert. Darunter versteht man ein planmäßiges Absieden einer Probe in der heute international standardisierten ASTM-Apparatur[1] (Abb. 40), wobei Siedebeginn und -ende sowie die Temperaturen notiert werden, bis zu welchen bestimmte Destillatmengen übergehen. Das Resultat wer-

[1] ASTM = American Society for Testing Materials.

tet man vorteilhaft zu einer *Siedekurve* aus, wie dies für einige typische Otto-Treibstoffe und Siedegrenzenbenzine in Abb. 41 geschehen ist.

Gerade auch für erstere erweist sich nämlich eine wohldosierte Flüchtigkeit als besonders wichtig. Der Treibstoff soll einmal genügend *leichtsiedende* Anteile enthalten, daß der Motor selbst in der Kälte rasch anspringt, aber auch wiederum nicht zuviel, damit im Sommer keine untragbaren Dampfblasenstörungen entstehen. Weiter bestimmt die *mittlere* Flüchtigkeit, ob der Motor rasch anwärmt und beschleunigt und sich der Treibstoff möglichst gleichmäßig über die verschiedenen Zylinder verteilt. Und der *obere Teil der Siedekurve* schließlich ist maßgebend für die

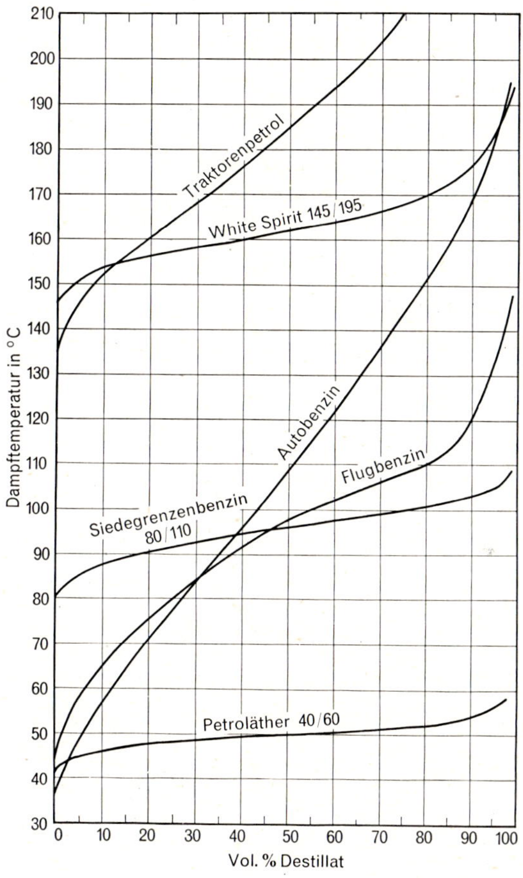

Abb. 41. Siedekurven von Otto-Treibstoffen

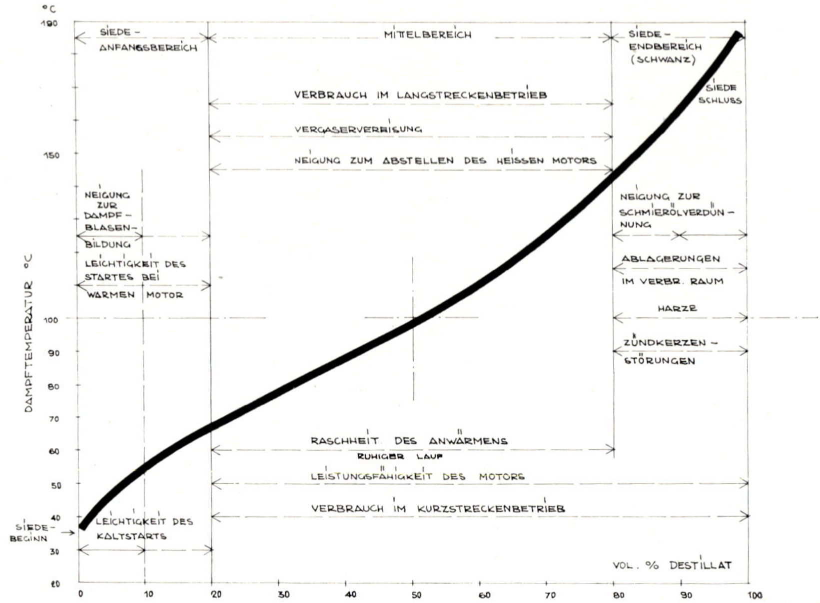

Abb. 42. GULF

Neigung zur Schmierölverdünnung und die Bildung von Verbrennungsraumrückständen (Abb. 42).

Siedeanalysen sind aber auch für Lösungsmittel und die meisten andern Erdöl*destillate* gebräuchlich und bilden oft ein wichtiges Qualitätskriterium.

Dampfdruck nach REID:

Speziell ein Maß für den Gehalt an sehr leichtsiedenden, zu hohen Verdampfungsverlusten und Dampfblasenschwierigkeiten Anlaß gebenden Anteilen ist die Bestimmung des Dampfdruckes im Verhältnis 1:4 in Luft (Abb. 43).

Abdampfrückstand – Harz:

Durch oxydative Polymerisationsvorgänge können sich in instabilen (zum Beispiel gewissen gekrackten) Produkten harzartige Alterungsprodukte bilden, die sich im Otto-Motor im Vergaser und vor allem an den Einlaßventilschäften absetzen (Abb. 44) und in ernsteren Fällen das Ventilspiel gänzlich blockieren können. In Fluggasturbine und Dieselmotor wie auch bei Ölfeuerungen führen sie zu Filter- und Düsenverstopfungen. Man bestimmt in der Apparatur nach Abb. 45 den Gehalt solcher Produkte an «Harz» durch rasches Abdampfen einer Probe in einem Strom überhitzter Luft oder Wasserdampf aus einem gewogenen Glasbecher.

Aber nicht nur das *heute* im Treibstoff vorhandene sogenannte *aktuelle* Harz ist von Bedeutung. Vor allem bei längerer Einlagerung interessiert auch der *potentielle* Harzgehalt, das heißt die *Lagerbeständigkeit* der Ware. Diese kann an Hand von Laboratoriums-Alterungsversuchen unter forcierten Bedingungen, das heißt bei erhöhter Temperatur und unter Sauerstoffdruck beurteilt werden.

Ein neues, sich vor allem bei Treibstoffen für Überschall-Flugzeuge ergebendes Problem ist jenes der *Wärmestabilität*. Man bewertet sie in einem speziellen Pumpversuch im ASTM/CFR Fuel Coker, bei welchem der Treibstoff mehrere Stunden über ein erhitztes Aluminiumrohr und

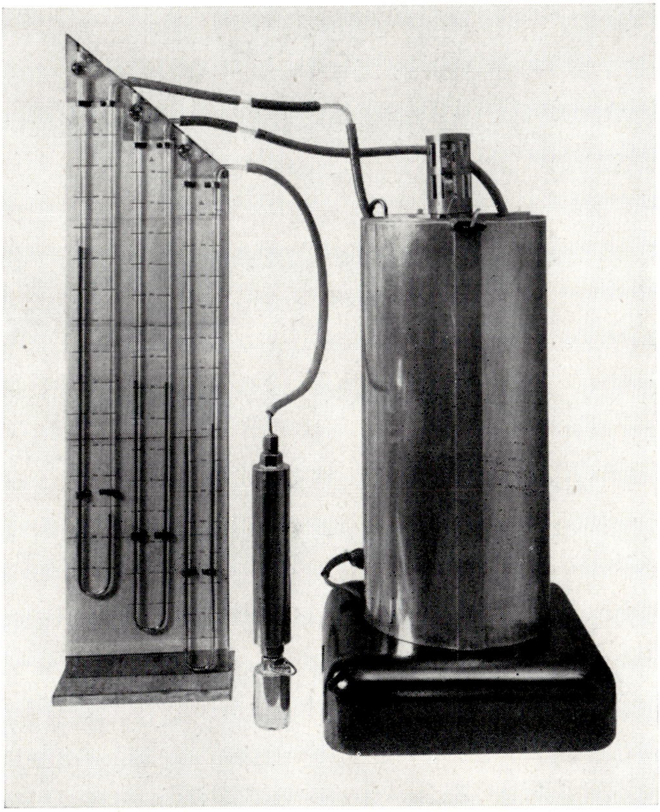

Abb. 43. Dampfdruckbestimmung nach Reid

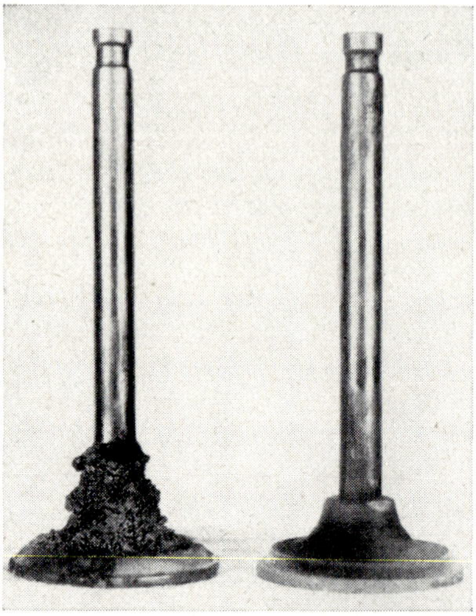

Abb. 44. Einlaßventil mit Harzablagerung
Sc. of Petr.

Abb. 45.

Abdampfrückstand «Harz» Metallblockbad
Probekännchen
Abdampfgläschen
Aufblasrohre
Meßzylinder
Temperaturregler

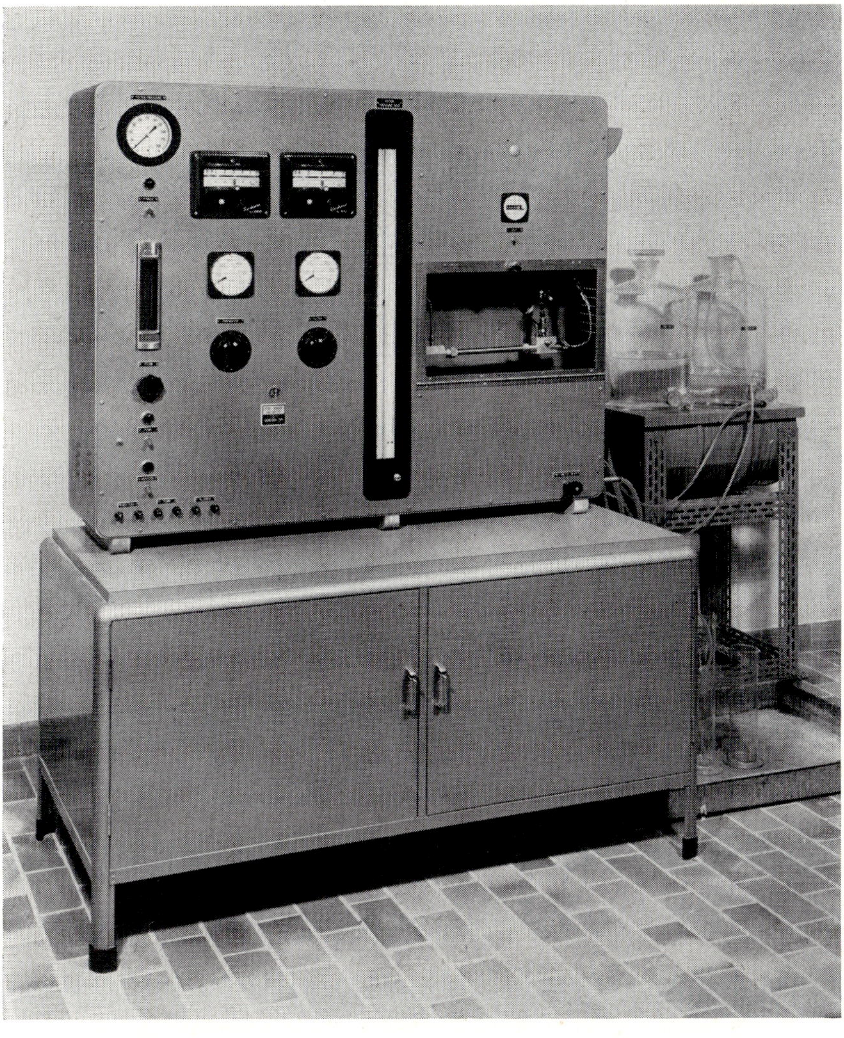

Abb. 46. CFR Fuel Coker zur Prüfung der Wärmestabilität von Flugturbinen-Treibstoffen

durch ein auf erhöhter Temperatur gehaltenes Filter gepumpt wird (Abb. 46).

Flammpunkt:

Ebenfalls von der Flüchtigkeit der Ware beeinflußt wird der *Flammpunkt*, das heißt die Temperatur, bei welcher sie sich bei langsamem Anwärmen bei Annäherung einer Flamme erstmals entzündet. Dieser ist damit ein Maß für die Brandgefährlichkeit und bestimmt auch die im Umgang zu beachtende feuerpolizeiliche Gefahrenklasse.

Gefährlichkeitsklassen[1]

I: Flammpunkt unter 21° C
II: Flammpunkt zwischen 21 und 55° C
III: Flammpunkt zwischen 55 und 100° C
IV: Flammpunkt über 100° C

Der Flammpunkt von Leicht-Benzinen liegt unter Zimmertemperatur. Für Sicherheits- und Flugpetrole werden Flammpunkte von mindestens 35–38° C, für Heizöle von mindestens 55 oder 65° C verlangt. Bei gewissen Schmierölen ist der Flammpunkt ein nützliches Qualitätskriterium, vor allem als Maß für den Gehalt an relativ niedrig siedenden Anteilen, das heißt für die Einheitlichkeit der Ware. Bei leichten Produkten wird der Flammpunkt in Europa meist nach Abel-Pensky, bei den höher siedenden nach Pensky-Martens (Abb. 47) oder auch im offenen Tiegel bestimmt.

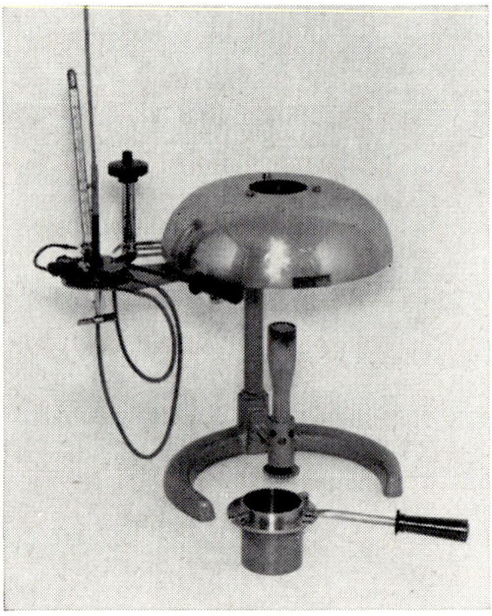

Abb. 47.
Flammpunkt nach Pensky-Martens

Eine ähnliche Bedeutung wie die Siedeanalyse bei den Destillaten hat für die Klassifizierung hochsiedender Produkte die

[1] Wegleitung für feuerpolizeiliche Vorschriften 1953 der Vereinigung Kantonal-Schweizerischer Feuerversicherungsanstalten.

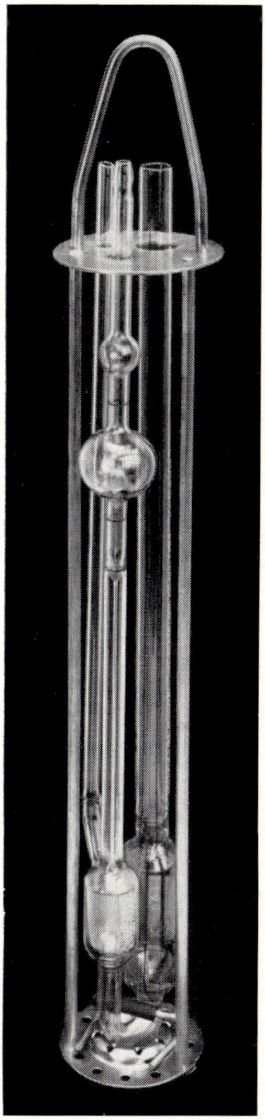

Abb. 48. Kapillarviskosimeter nach UBBELOHDE

Abb. 49. Thermostatisch reguliertes Wasserbad dazu

Viskosität oder Zähflüssigkeit.

Darunter versteht man den Widerstand, den eine Flüssigkeit der Verschiebung ihrer Teilchen entgegensetzt. Im absoluten (CGS) System unterscheidet man zwischen dynamischer und kinematischer Viskosität. Die *dynamische Viskosität* ist die Kraft, mit der sich die Flüssigkeit der mit einer Geschwindigkeit von 1 cm/s erfolgenden Verschiebung zweier im Abstande von 1 cm stehender Flüssigkeitsflächen von je 1 cm^2 widersetzt. Sie wird in Poise, P, bzw. Centipoise, cP, ausgedrückt. Zur Beurteilung des Fließverhaltens benötigt man die *kinematische Viskosität*, die man aus der dynamischen nach Division durch die Dichte des Öles erhält. Sie wird in Stokes, St, und Centistokes, cSt, ausgedrückt. Die Bestimmung erfolgt heute meist im Kapillarviskosimeter nach UBBELOHDE (Abb. 48 und 49) oder dem Höpplerschen Kugelfallviskosimeter. Einige Viskositätsdaten wichtiger Schmieröltypen sind in Tabelle XIX, Seite 78, zusammengestellt.

Neben diesem absoluten Zähflüssigkeitsmaß existieren in den verschiedenen Ländern leider immer noch mehrere *empirische Viskositäts-Maßstäbe*, wie zum Beispiel das Engler-, Redwood- und Saybolt-System. Die entsprechenden Viskosimeter bestimmen die Ausflußzeit einer gewissen Ölmenge unter genormten Bedingungen aus einer Düse. Sie leiden alle unter dem Nachteil einer fehlenden Proportionalität, indem der erhaltene Viskositätsmaßstab (besonders im Gebiet niedriger Viskositäten) verzerrt erscheint. Es besteht deshalb international das Bestreben, auf die *absoluten Einheiten* überzugehen. Zudem sind die zur Messung der absoluten Zähigkeit entwickelten Instrumente genauer als die älteren empirischen Methoden, was besonders zur Berechung des V.I. (siehe unten) wichtig ist. Die nach verschiedenen Verfahren bei derselben Temperatur bestimmten Viskositäten lassen sich, wie zum Beispiel in Abb. 50 graphisch dargestellt, ineinander umrechnen (siehe auch UBBELOHDE[1]).

Außer der Viskosität eines Schmieröls bei einer bestimmten Temperatur ist in gewissen Fällen auch die *Temperaturfunktion der Viskosität* von Bedeutung, dies vor allem dann, wenn das Öl im Betriebe sehr verschiedenen Temperaturen ausgesetzt ist. Bei der Erwärmung werden die Öle dünnflüssiger. Nun soll die Viskosität des Schmieröles hauptsächlich bei betriebswarmem Motor die richtige sein; das Schmiermittel darf aber auch bei kaltem Motor nicht zu zähflüssig werden. So soll sich zum Beispiel ein Automobil auch bei niedrigen Außentemperaturen flott starten lassen. Die Temperaturfunktion von Schmierölen verschiedener Provenienz ist verschieden. Zum Messen dieser Eigenschaft wurde von DEAN und DAVIS[2] der *Viskositätsindex* (V.I.) entwickelt. Die Methode beruht auf dem Vergleich der Temperatur/Viskositätskurve des zu bewertenden Öles mit denen zweier Bezugsöle, einem relativ günstigen (pennsylvanischen) Öl, dem man den V.I. von 100, und einem relativ tempe-

---

[1] UBBELOHDE, L., *Zur Viskosimetrie*, 6. Aufl. (S. Hirzel, Leipzig 1944).

[2] DEAN, E.W. und DAVIS, G.H.B., Chem. Met. Eng., 36, 618-9 (1929).

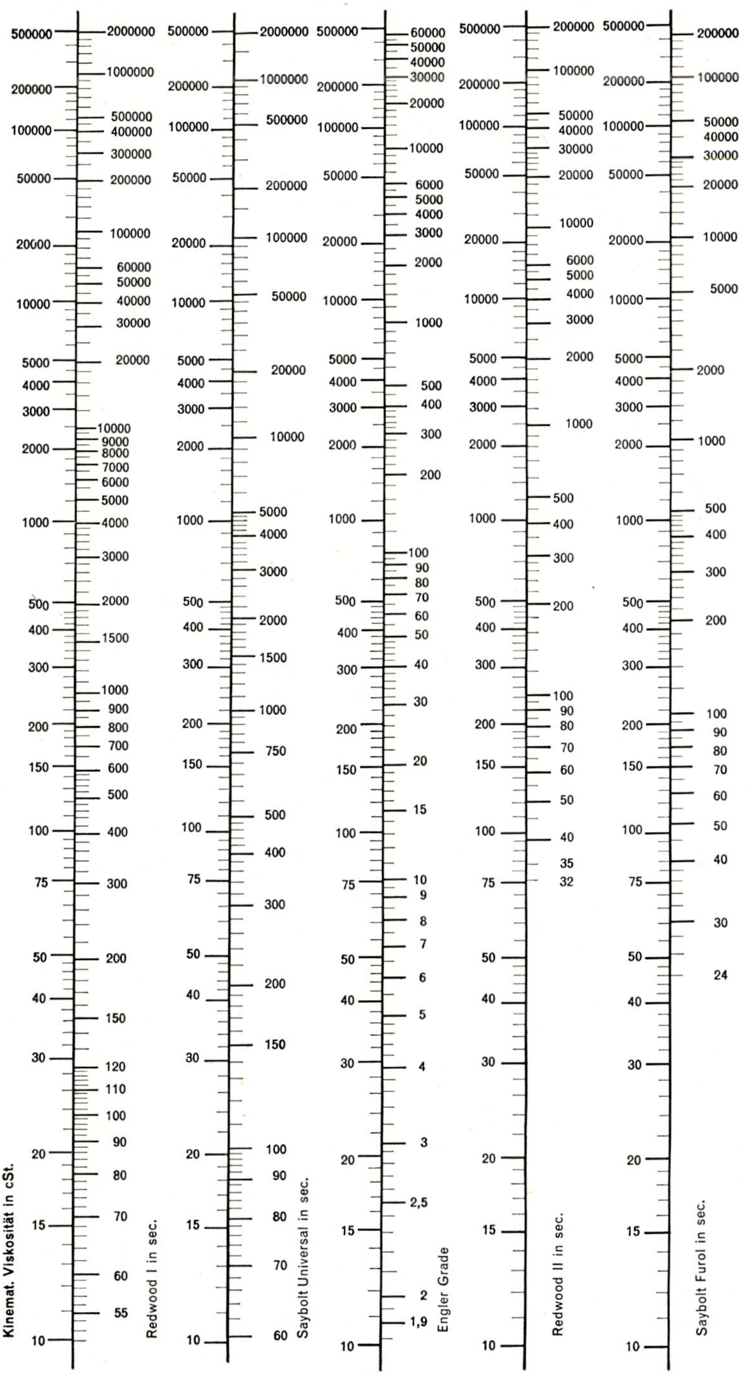

Abb. 50. Graphische Viskositäts-Umrechnungstabelle

raturempfindlichen (Gulf) Öl, dem man den V. I. von 0 zuordnet. Dabei wird sowohl inter- wie extrapoliert. Eine andere geeignete Bewertungsmethode ist die *Polhöhe* nach UBBELOHDE (siehe Anmerkung [1] Seite 94).

Die Temperatur/Viskositätsfunktion der Öle wird in einem geeigneten Raster (solange man sich nicht dem Stockpunkt nähert) zu einer Geraden. In einem solchen Meßnetz stellt die Abszisse den log der absoluten Temperatur, die Ordinate den Ausdruck log log $(\gamma + 0{,}8) = W$ dar. γ ist die absolute Viskosität in cSt. Die Temperatur/Viskositätsbeziehung

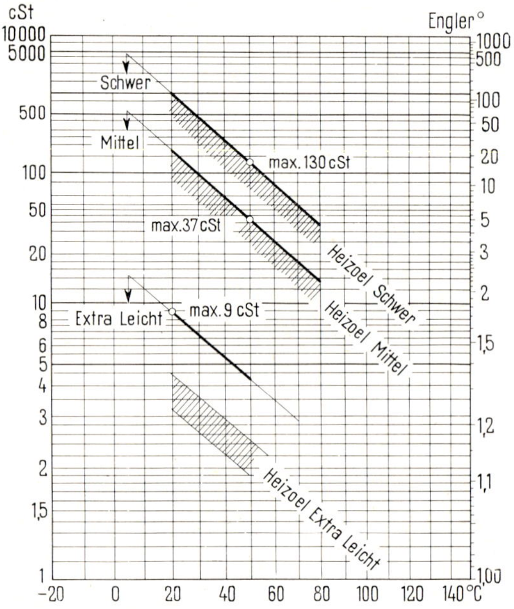

Abb. 51. Temperatur/Viskositätsbeziehung der in der Schweiz handelsüblichen Heizöle (1962)

eines Öles ist dann durch die Viskosität bei *zwei* Temperaturen oder die Viskosität bei *einer* Temperatur und dem V. I. (respektiv der Polhöhe) bestimmt. Man bedient sich dieser Darstellung vorteilhaft, um die Viskosität eines Öles bei beliebigen Temperaturen zu interpolieren. Abb. 51 zeigt die Temperatur/Viskositätsbeziehung der in der Schweiz heute genormten *Heizöle*.

Eine solche Darstellung erweist sich als besonders nützlich zur Beurteilung, ob ein Heizöl bei Zimmertemperatur noch pumpbar ist, bzw. bis zu welcher Temperatur es zum Umschlag und vor allem der guten Zerstäubung im Brenner vorgewärmt werden muß (siehe aber auch Kälteverhalten!).

Und schließlich ist die Zähflüssigkeit auch bei Diesel- und Flugturbinentreibstoffen zur Gewährleistung eines guten Zerstäubungsgrades wichtig, im letzteren Fall vor allem bei den dort zu erwartenden niedrigen Temperaturen.

Penetration, Duktilität

Ebenfalls als eine «Konsistenzmessung» kann die Bestimmung der *Penetration* von Bitumen und Konsistenzfetten betrachtet werden. Darunter versteht man die Eindringtiefe einer genormten, beschwerten Nadel

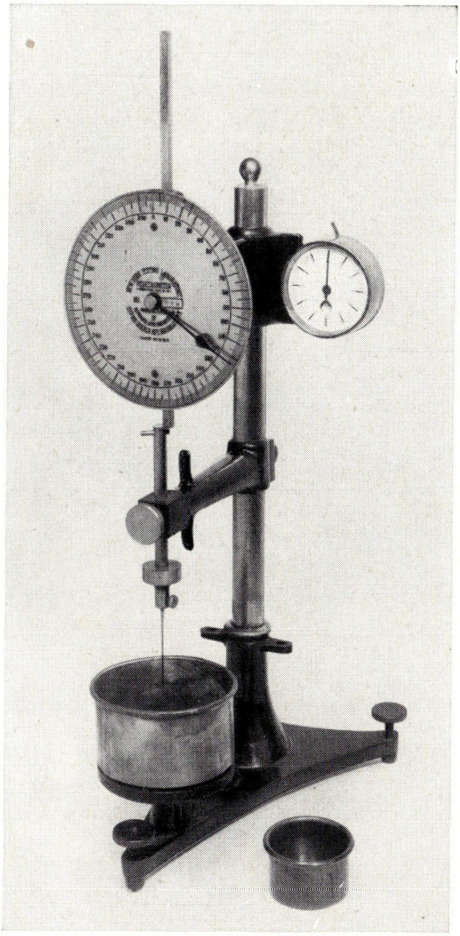

Abb. 52. Penetrometer zur Bestimmung der «Härte» (Penetration) eines Bitumens

(siehe Abb. 52), oder eines Konus (innert 5 s, bei 25° C) gemessen in $^1/_{10}$ mm. Eine weitere zur Beurteilung eines Bitumens wichtige Eigenschaft ist die Dehnbarkeit. Man gießt eine geschmolzene Probe in eine genormte Form und zieht den erhaltenen Körper nach dem Erhärten in einem Wasserbad mit vorgeschriebener, konstanter Geschwindigkeit aus, bis der Faden reißt. Die beim Bruch abzulesende Fadenlänge bezeichnet man als *Duktilität.*

Kälteverhalten:

Mit sinkender Temperatur beginnen sich aus den Produkten feste Anteile in Form von Kristallen abzuscheiden, die einmal zu Verstopfungen Anlaß geben können, schließlich aber die Ware auch als Ganzes, und schneller als dies die beschriebene Temperatur-Viskositätsfunktion voraussagen läßt, so weit verdicken, daß ihre Fließeigenschaften beeinträchtigt werden (Abb. 53) [1]. Den Beginn der Kristallabscheidung er-

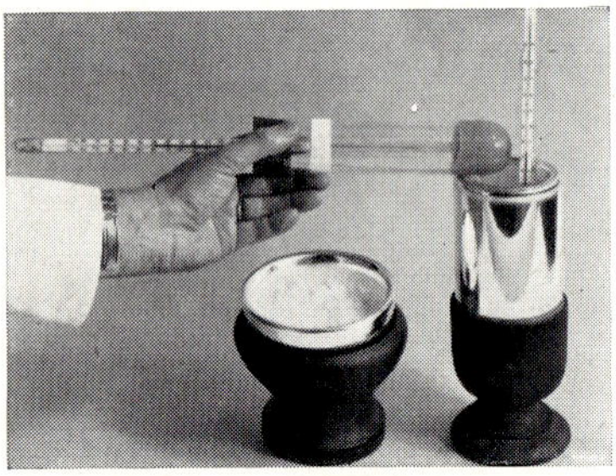

Abb. 53

faßt man prüftechnisch als *Trübungspunkt* (auch BPA = Beginn der Paraffinabscheidung, englisch Cloudpoint genannt), die gänzliche Erstarrung als *Stockpunkt* (oder Pourpoint). Ersterer ist für Flugtreibstoffe, Dieseltreibstoffe und leichte Heizöle wichtig; letzterer ist ein Qualitätskriterium für Dieseltreibstoffe, Heiz- und Schmieröle. Die Bestimmung erfolgt in einem mit einem Thermometer ausgerüsteten Probegläschen, das man zukzessiv in immer kältere Bäder (Abb. 54) taucht, während man schrittweise das Verhalten beobachtet.

Als diesen Begriffen umgekehrte Größen sind der *Schmelzpunkt* [2] der festen Paraffine, der *Erweichungspunkt Ring und Kugel* (R und K) von Bitumen und der *Tropfpunkt* von Konsistenzfetten zu betrachten, wor-

[1] Andere, paraffinfreie Produkte zeigen eher einen – wesentlich unschärferen – «Viskositäts-Stockpunkt».

[2] Die «Verflüssigungstemperatur».

Abb. 54. Stockpunktsbad mit vier verschiedenen Temperaturstufen (0, —18, —34 und —50° C)

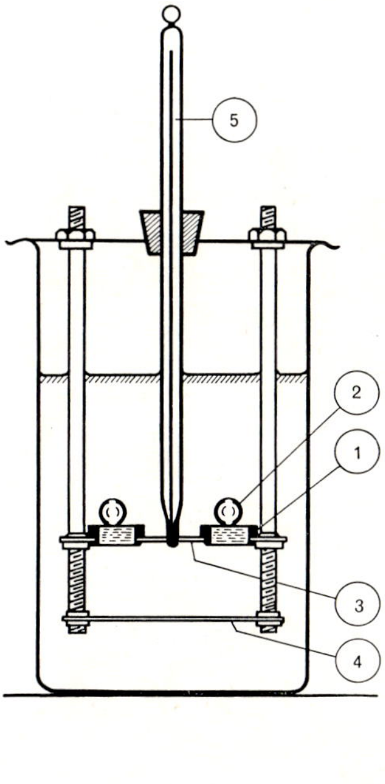

1 mit der Bitumenprobe ausgegossener Ring
2 Kugel
3 Ringträger
4 Platte
5 Thermometer

Abb. 55. Erweichungspunkt «Ring und Kugel»

unter man bei Bitumen die Temperatur versteht, bei welcher eine genormte, auf einen mit der Probe ausgegossenen Ring gelegte Kugel (Abb. 55) bei langsamem Erwärmen im Wasserbad durch diesen hinabsinkt, unter Tropfpunkt jene, bei welcher das in ein kleines, unten offenes Näpfchen eingefüllte Fett ausfließt.

Brenneigenschaften:

Eine für alle Treib- und Brennstoffe wichtige Größe ist die bei der Verbrennung frei werdende Wärmemenge, der *Heizwert.* Man bestimmt ihn durch Verbrennen einer Probe im Kalorimeter (Abb. 56) und Beobachten des Temperaturanstiegs eines dieses umgebenden Wasserbades. Ein Maß für die Qualität eines Leuchtpetrols ist der *Rußpunkt*, das heißt die maximale Flammenhöhe, mit welcher dieses in einem genormten Lämpchen ohne zu rußen brennt (Abb. 57). Er hat sich auch zur Beurteilung der Brenneigenschaften der Flugpetrole eingebürgert. Speziell die Neigung zur Dochtverkrustung und Belagsbildung am Lampenglas ergibt sich

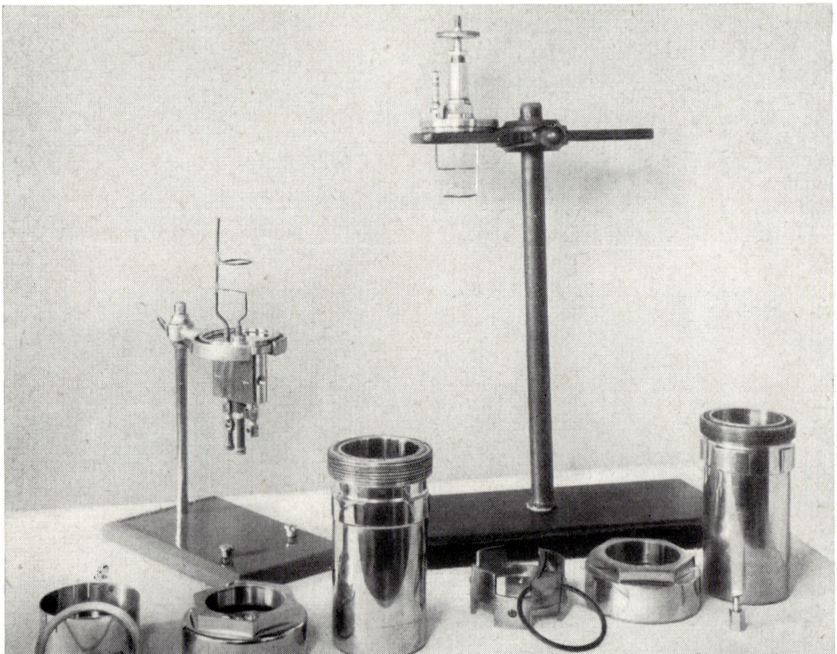

Abb. 56. Heizwertbestimmung: geöffnete kalorimetrische Bomben

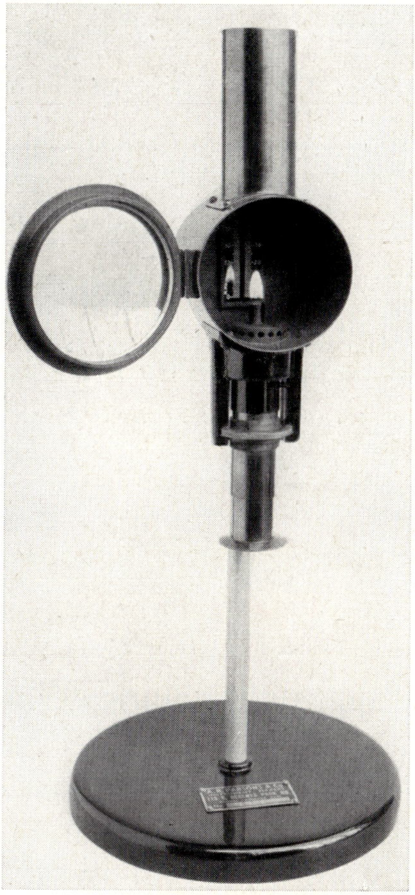

Abb. 57. Rußpunktsbestimmung

aus dem *24stündigen Brennversuch* in der IP-Lampe[1]. Die Neigung zur Koksbildung von Treib-, Brenn- und Schmierstoffen (Abb. 58) beurteilt man aus der *Verkokungszahl*. Sie wird durch rasches Abschwelen einer Probe aus mehreren ineinandergestellten Tiegeln (Abb. 59) bestimmt. Spezielle Aufmerksamkeit ist dem

Schwefelgehalt

zu widmen, weil er in der Praxis oft zu Beanstandungen führt (Geruchsbelästigung, Korrosionen). Man bestimmt ihn durch Verbrennen einer

[1] IP = Institute of Petroleum (England).

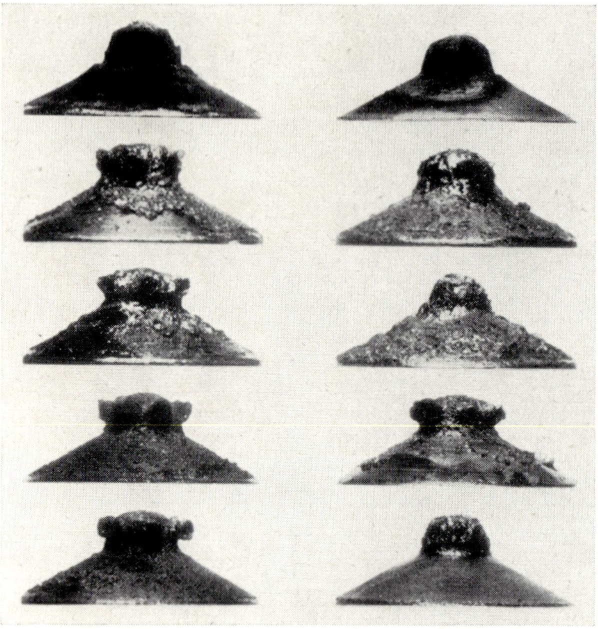

Abb. 58. Kokstrompeten an Diesel-Einspritzdüsen

Abb. 59. Verkokungszahl nach CONRADSON

Probe, bei leichtflüchtigen Produkten in einem Dochtlämpchen (Abb. 60), bei schwerer flüchtigen im Quarzrohr oder in der kalorimetrischen Bombe und Untersuchung der sauren Verbrennungsprodukte. Neben dem Totalschwefelgehalt ist oft auch jener an *Merkaptanschwefel* und *korrodierendem Schwefel* wichtig.

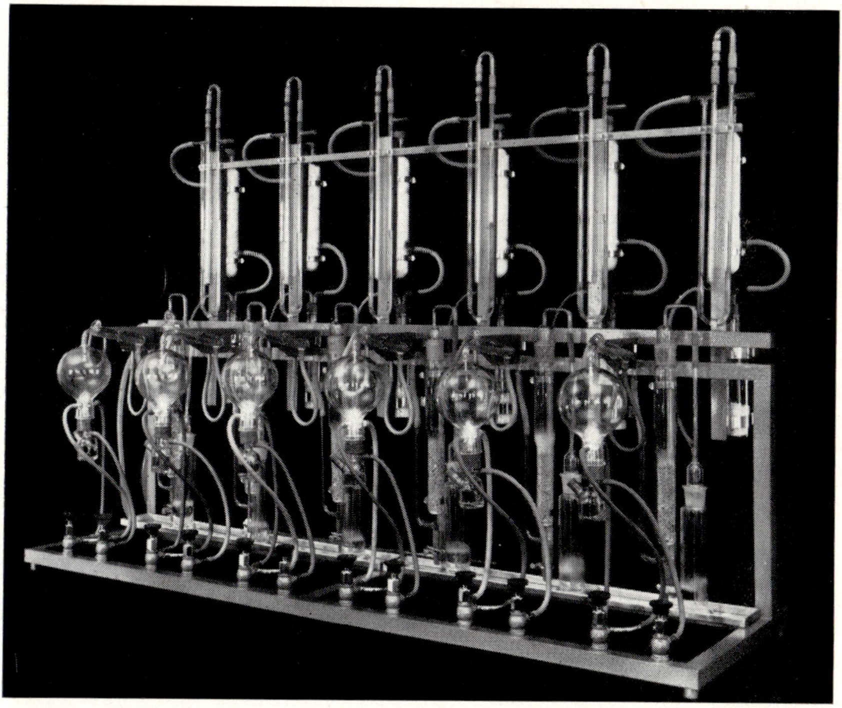

Abb. 60 Apparatur zur Bestimmung des Schwefelgehaltes nach der Lampenmethode

Handelte es sich bei den bisher beschriebenen Methoden hauptsächlich um die Bestimmung physikalisch-chemischer Größen, so lassen sich andere maßgebende Eigenschaften doch nur an Hand *motorischer Prüfungen* richtig beurteilen. Zu diesen gehört einmal die Bestimmung der

Klopffestigkeit

der Otto-Treibstoffe. Als «Klopfen» bezeichnet man ein im Betrieb auftretendes klingelndes bis hämmerndes Geräusch, das nicht etwa auf einen mechanischen Defekt, sondern auf eine Unregelmäßigkeit des Verbrennungsvorganges zurückzuführen ist. Es wird dadurch verursacht, daß ein

Teil des im Zylinder verdichteten und von der Zündkerze an einer Stelle entzündeten Treibstoff/Luft-Gemisches nicht gleichmäßig abbrennt, sondern spontan *verpufft*. Dabei entsteht eine Druckspitze, die zu einem Leistungsabfall und in ernsten Fällen zur Beschädigung von Kolben und Zylinder führt (Abb. 61).

Das Auftreten klopfender Verbrennung hängt einerseits von der Konstruktion, den Arbeitsbedingungen und besonders dem Verdichtungsgrad des verwendeten Motors, dann aber auch sehr ausgesprochen von der Treibstoffqualität ab. Je höher der Verdichtungsgrad, um so rationeller arbeitet der Otto-Motor und um so höher ist die damit zu erzielende Leistung. Im Laufe der Jahre wurden deshalb Motoren immer höherer Verdichtungsgrade gebaut. Sie verlangten aber auch immer klopffestere Treibstoffe.

Man prüft die *Klopffestigkeit* von Otto-Treibstoffen in speziellen genormten Einzylindermotoren, deren Verdichtungsgrad oder Überladung während des Betriebes verändert werden kann, und vergleicht sie mit jener von Bezugstreibstoffen. Als solche dienen das klopffeste Isooktan iC_8 (2,2,4-Trimethylpentan) und das klopffreudige Normalheptan C_7 (siehe Tabelle IV), denen man die «Oktanzahl» 100 bzw. 0 zuordnet, bzw. ein verschieden hoch aufgebleites Isooktan. Man unterscheidet Prüfmethoden, die mit *magerem* Treibstoff/Luft-Gemisch arbeiten, wie es bei sparsamem Autobetrieb und im Reiseflug verwendet wird, und solche, die ein

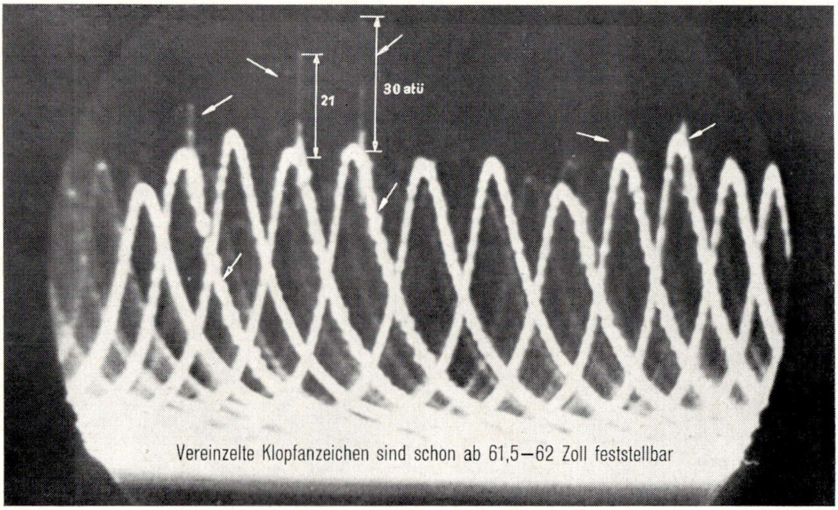

Abb. 61. Oszillogramm eines Flugmotors bei klopfender Verbrennung (deutlich sichtbare Druckspitzen)

Abb. 62. ASTM-CFR-Prüfmotor zur Bestimmung der Oktanzahl

fettes Gemisch (wie es zum Beispiel beim Flugzeug*start* zur Anwendung gelangt) verwenden. Das Resultat wird entweder als *Oktanzahl* (OZ) ausgedrückt und stellt dann den iC_8-Gehalt jenes Bezugstreibstoffgemisches dar, das unter den gewählten Prüfbedingungen dieselbe Klopffestigkeit ergibt wie der Prüfling, oder aber sie wird für Autobenzine «besser als iC_8» nach einer übereingekommenen Formel aus der Leistungszahl (siehe unten) extrapoliert. Man kennt heute drei unter etwas verschiedenen Bedingungen arbeitende Labor-Oktanzahl-Bestimmungen im magern Bereich: die «*Motor*»-, «*Research*»- und «*Aviation*»- (F–2, F–1 und F–3) Methoden. Die erstgenannte wird für Traktoren- und Automobiltreib-

Abb. 63. CFR F4-Motor zur Bestimmung der Leistungszahl von Flugbenzinen im fetten Bereich

stoffe, die zweite für Automobiltreibstoffe und die letzte, wie der Name andeutet, für Flugtreibstoffe verwendet.

Noch erschöpfendere Auskunft über das Klopfverhalten eines Autobenzins in dem in Frage kommenden Wagenpark auf der Straße, eventuell selbst als Funktion der Tourenzahl, liefert die Bestimmung der *Straßen-Oktanzahl* («Uniontown»- und «Borderline»-Methode).

Bei Flugbenzinen wird die Klopffestigkeit von Produkten «besser als iC_8» als *Leistungszahl* (LZ) angegeben. Diese stellt die mit dem Treibstoff im Prüfmotor bei schwachem Klopfen erzielbare Leistung, ausgedrückt in Prozent der unter denselben Bedingungen mit iC_8 erhältlichen Maximalleistung dar. Im Gebiet fetter Gemische wird nach der *Überlademethode* (F–4) gearbeitet. In den Abb. 62 und 63 sind zwei dieser heute international genormten Prüfmotoren wiedergegeben.

Die Klopffestigkeit der Kohlenwasserstoffe hängt, wie schon aus den Tabellen von Kapitel IV hervorgeht, einmal von der Molekülgröße (dem Siedepunkt) ab; dann spielt aber (besonders bei den Paraffinen und Olefinen) die Isomerie eine große Rolle und schließlich auch die Zugehörigkeit zu den besprochenen Kohlenwasserstoffamilien. Am «klopffreudigsten» sind im allgemeinen die normalen Paraffine, «klopffester» die

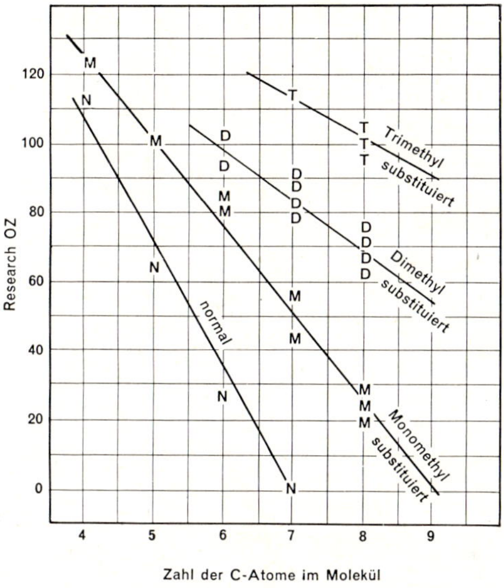

Abb. 64. Klopffestigkeit von normalen und Isoparaffinen

Naphthene, Olefine, Aromaten und besonders auch die verzweigten (Iso-) Paraffine.

In Abb. 64 nach Draeger und Mitarbeitern[1] ist dies für Paraffine und Isoparaffine des Benzinsiedebereichs und in Abb. 65 vergleichsweise für zwei Reihen mehr oder weniger verzweigter Paraffine und Olefine sowie die entsprechenden Naphthene und Aromaten gleicher C-Zahl graphisch dargestellt.

Die Klopffestigkeit der Automobil- und Flugtreibstoffe wird heute häufig durch Zusatz einer geringen Menge einer «*Klopfbremse*» erhöht. Am besten hat sich für diesen Zweck das Bleitetraäthyl $(C_2H_5)_4Pb$, abgekürzt Btä, bewährt. Automobiltreibstoffe enthalten meist etwa 0,2–0,8, Flugtreibstoffe 0,8–1,2 ml Btä/L. Man verwendet sogenanntes «Ethylfluid», das neben dem Btä noch etwas Äthylenbromid oder -chlorid enthält, so

[1] Draeger, A. A., Gwin, G. T., Leesemann, C. J. G. und Morrow, M. R., Petroleum Refiner, August 1951.

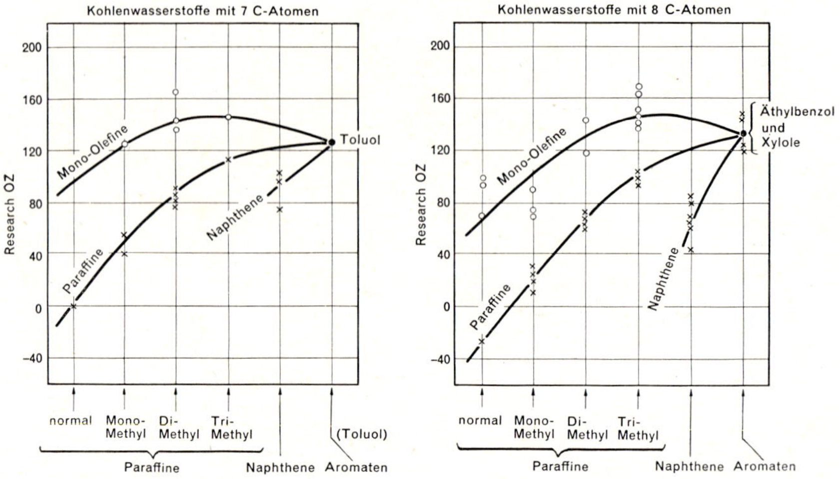

NB. Oktanzahlen über 100 sind Blendoktanzahlen, berechnet aus 20%igen Mischungen in OZ 60 Bezugstreibstoff

Abb. 65. Klopffestigkeit von C_6- und C_7-Kohlenwasserstoffen

daß die Reaktionsprodukte des Bleis den Motor als flüchtige Halogenide verlassen. Zur Kennzeichnung werden die giftigen gebleiten Otto-Treibstoffe auffallend gefärbt.

Tabelle XXIII. *Klopffestigkeit typischer Otto-Treibstoffe (Schweiz 1962)*

	«Mager»			«Fett»
	Motor OZ	Research OZ	Aviation OZ/LZ	LZ
Traktoren-White Spirit	45–50			
Traktoren-Petrol	50–60			
Autobenzin «Normal»	80–86	90–93		
Autobenzin «Super»	85–90	98–99		
Flugbenzin OZ 73*	75			
Flugbenzin OZ 80	82			
Flugbenzin 100/130			100–108	130
Flugbenzin 115/145			118–124	145

* Ungebleit.

Zündwilligkeit:

Das Hauptproblem beim Treibstoff des (schnellaufenden) Dieselmotors ist eine genügende «Zündwilligkeit». Jeder Treibstoff braucht eine kurze, aber meßbare Zeit, bis er nach dem Einspritzen in die verdichtete Luft entflammt (Abb. 66). Dieses Zeitintervall nennt man den *Zündverzug*. Je

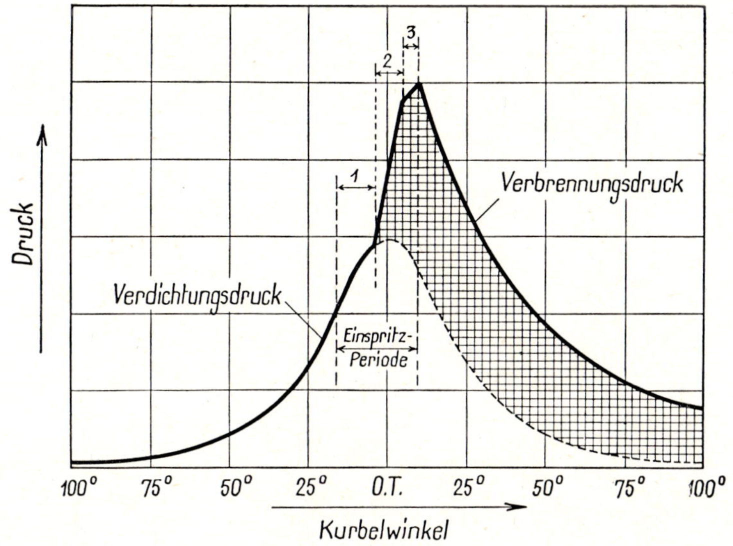

Abb. 66. Schematischer Druckverlauf im Dieselmotor mit den drei Verbrennungsphasen während der Treibstoffeinspritzung

1 Es wird Treibstoff eingespritzt, der sich aber noch nicht entzündet (Zündverzug).
2 Verbrennung des bereits im Moment der Zündung im Zylinder vorhandenen und des in diesem Zeitintervall noch eingespritzten Treibstoffs.
3 Verbrennung des restlichen noch eingespritzten Treibstoffs.

größer derselbe, um so mehr Treibstoff befindet sich im Momente der Entflammung bereits im Zylinder, um so heftiger wird die nun einsetzende Verbrennung, um so jäher damit der Druckanstieg und um so *rauher* der Gang der Maschine. Das rauhe Laufen des Dieselmotors wird auch Dieselklopfen genannt. *Ein guter Dieseltreibstoff darf deshalb nicht zu zündträge sein.*

Man bewertet auch Dieseltreibstoffe in geeigneten *Prüfmotoren* (Abb. 67) durch den Vergleich ihrer Zündwilligkeit mit der von Bezugstreibstoffgemischen. Als Bezugstreibstoffe dienen hier das zündwillige Cetan $C_{16}H_{34}$ und das zündträge α-Methylnaphthalin (vgl. Tabelle IV und IX), denen man die Cetanzahl von 100 bzw. 0 zuordnet. Ähnlich wie bei der Oktanzahlbestimmung der Otto-Treibstoffe bezeichnet man hier den Cetangehalt jenes Bezugstreibstoffgemisches, das unter den gewählten Versuchsbedingungen die gleiche Zündwilligkeit ergibt wie die *Cetanzahl* (CZ) der zu untersuchenden Probe.

Die Cetanzahl der Diesel-Kohlenwasserstoffe ist, wie die Oktanzahl der Otto-Treibstoffe, sowohl vom Siedepunkt wie auch weitgehend von der chemischen Struktur abhängig. Die Cetanzahlen einiger reiner Kohlen-

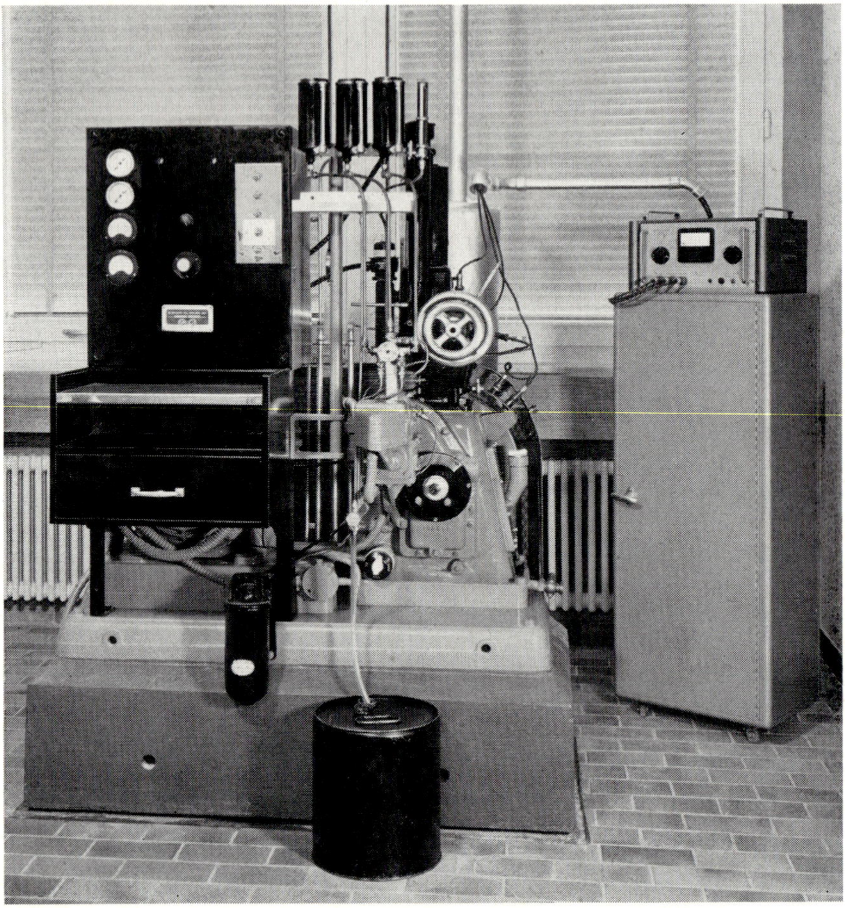

Abb. 67. Prüfmotor zur Bestimmung der Zündwilligkeit (Cetanzahl) von Dieseltreibstoffen

wasserstoffe sind in Tabelle XXIV zusammengestellt. Wie daraus ersichtlich, gehören die normalen Paraffinkohlenwasserstoffe zu den zündwilligsten Dieseltreibstoffen; ihnen folgen die Olefine, Naphthene und schließlich die zündträgen Aromaten. Es gilt ganz allgemein die Regel, daß klopffeste Otto-Treibstoffe zündträge Dieseltreibstoffe sind, und umgekehrt.

Die Zündwilligkeit des Treibstoffes ist besonders von Einfluß auf den *ruhigen Gang des Motors* und auf die *Kaltstarteigenschaften*, das heißt auf die niedrigste Temperatur, bei der der Motor mit dem Treibstoff noch ohne Hilfsmittel angelassen werden kann. Bis zu einem gewissen Grade beeinflußt sie, zusammen mit andern Eigenschaften des Treibstoffes, aber auch die Rauch- und Rückstandsbildung im Motor. Der «Cetanbedarf» verschiedener Dieselmotorentypen ist sehr verschieden. Besonders unempfindlich sind die großen, langsam laufenden Maschinen, die deshalb meist nicht mit teurem Gasöl, sondern billigeren Gemischen von Gas- und Rückstandsöl oder selbst reinen Rückstandsölen betrieben werden.

Tabelle XXIV.

Zusammenhang zwischen chemischer Konstitution und Zündwilligkeit (Cetanzahl)

Art des Produktes bzw. Kohlenwasserstoffes	Siedepunkt °C	Cetanzahl
Normale Paraffinkohlenwasserstoffe		
Dekan $C_{10}H_{22}$	174	77
Dodekan $C_{12}H_{26}$	216	87 1/2
Tetradekan $C_{14}H_{30}$	254	96
Hexadekan (Cetan) $C_{16}H_{34}$	287	**100**
Oktadekan $C_{18}H_{38}$	318	102 1/2
Olefine		
Deken-1 $C_{10}H_{20}$	171	60
Dodeken-1 $C_{12}H_{24}$	213	71 1/2
Hexadeken-1 $C_{16}H_{32}$	274	84
Naphthene		
Methylcyclohexan	101	20
Dicyclohexyl	239	47 1/2
Dekalin	186	42
Aromaten bzw. aromatische Produkte		
α-Methylnaphthalin	246	**0**
Steinkohlenteeröl		0
Motorenbenzol		2 1/2

Größtenteils nach HURN & SMITH, Ind. Eng. Chem., Dez. 1951.

Ähnlich den Klopfbremsen gibt es auch Zusätze, die die Zündwilligkeit der Dieseltreibstoffe verbessern, sogenannte *Zündbeschleuniger*. Als solche kommen vor allem Alkylnitrite, -nitrate und Peroxyde in Frage. Da aber zu einer genügenden Wirkung, im Gegensatz zum Bleitetraäthyl, relativ große Dosen (zum Beispiel 1–2 %) notwendig sind, haben sie in der Praxis in Europa bis heute noch wenig Eingang gefunden.

Neben den direkten motorischen Methoden kann die Zündwilligkeit – solange keine Zündbeschleuniger angewandt werden – bis zu einem gewissen Grade auch aus den physikalisch-chemischen Daten *errechnet* werden. Bekannt ist zum Beispiel der *Dieselindex:*

$$DI = \frac{API \times \text{Anilinpunkt } ^\circ F}{100}.$$

API = Gravity API (amerikanisches Dichtemaß).

Anilinpunkt = niedrigste Temperatur, bei der sich gleiche Teile Probe und Anilin klar mischen.

Die heute wohl zuverlässigste errechnete Bewertungszahl ist aber der *CFR-Cetanindex*, der aus dem spezifischen Gewicht und dem mittleren Siedepunkt (50%-Punkt der Siedeanalyse) mit Hilfe eines Nomogramms oder einer etwas komplizierten Formel abzuleiten ist.

Handelsübliche Dieseltreibstoffe für Schnelläufermotoren weisen Cetanzahlen von etwa 50–60 auf. Noch höhere sind nicht nur unnötig, sondern können den Verbrennungsablauf stören, weil der Treibstoff nicht richtig versprüht werden kann. Große Langsamläufer stellen an die CZ des Treibstoffs nur bescheidene Anforderungen.

Motorische Schmierölprüfungen:

Auch das praktische Verhalten von Motoren- und andern Schmierölen und -fetten läßt sich allein an Hand physikalisch-chemischer Prüfungen nur unvollkommen erfassen.

Deshalb wird zur Kontrolle der Oxydationsstabilität (Motor- und Filterverschlammung) für Automobilschmieröle der *Chevrolet-L-4-Test*, für Dieselschmieröle der *Caterpillar L-1-Test* durchgeführt, wobei man im letzteren Fall vor allem auch auf das Ringstecken achtet. Gleichzeitig erlauben solche Versuche die Bewertung anderer, zum Beispiel der Korrosionseigenschaften der Öle. Diese Prüfungen sind aber sehr zeitraubend und teuer, so daß sie sich nicht für eine Routineuntersuchung, sondern nur für die Kontrolle des Effektes verschiedener Fabrikationsverfahren und Additives eignen. An der Entwicklung eines einfacheren («Screening»-) Tests, zum Beispiel unter Verwendung des Petter-Motors, wird gearbeitet.

Andere motorische Verfahren dienen dem Studium der *Schmierfähigkeit* unter den Bedingungen der Grenzschmierung. Man beobachtet das Verhalten geeigneter, übereinandergleitender, mit dem Prüfling geschmierter und immer höher belasteter Probekörper. Als Maß für die Hochdruckeigenschaften der Öle dient dann zum Beispiel der *Grenzdruck*, bei dem Anfressen auftritt. Ein elegantes und vor allem für Getriebeöle angewandtes solches Instrument ist der in Abb. 68 dargestellte *Shell-Vierkugelapparat*. Andere, ähnliche Zwecke verfolgende sind die «*SAE extreme pressure lubricant testing*» die *Timken*- und die unter milderen Bedingungen arbeitende *Wieland*-Maschine.

Auch für Schmierfette wurden solche motorischen Versuche ausgearbeitet.

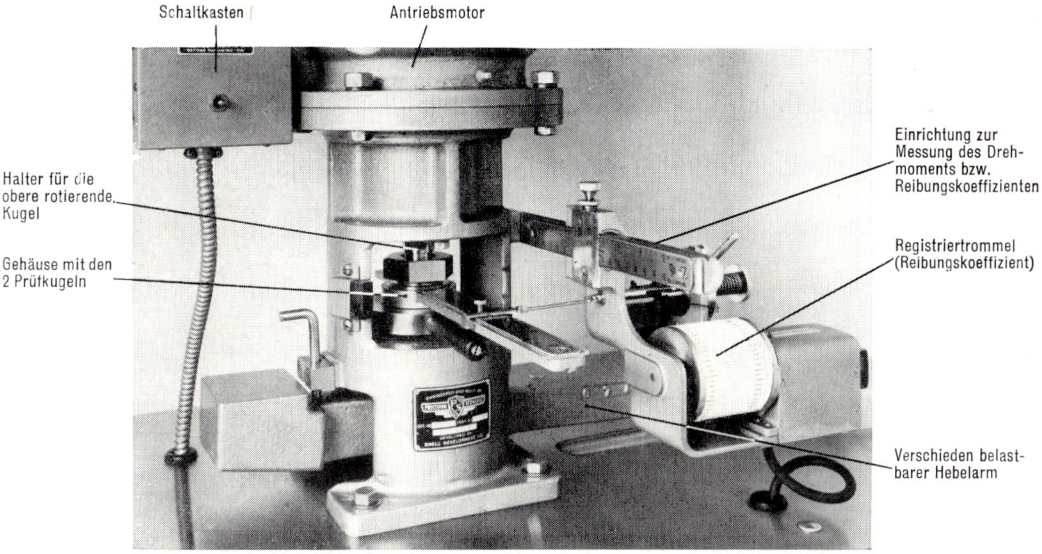

Abb. 68. Shell-Vierkugelapparat zur Prüfung der Schmierfähigkeit

Verschieden stark abgenützte Prüfkugeln

Ergänzende Literatur zu Kapitel V

Le Gaz en Europe, Production, disponibilités, consommation (Organisation Européenne de Coopération Economique, Paris 1960).

Denny, L. C., and Luxon, L. L., *The Handbook of Butane-Propane Gases*, 3. Aufl. (Jenkins Publications, Los Angeles 1951).

Philippovich, A., *Die Betriebsstoffe für Verbrennungskraftmaschinen*, 2. Aufl., aus: Die Verbrennungskraftmaschine, Band 1, Teil 1 (Springer, Wien 1949).

Jantsch, F., *Kraftstoff-Handbuch*, 6. Aufl. (Franckh'sche Verlagsbuchhandlung, Stuttgart 1960).

Bosch, *Kraftfahrtechnisches Taschenbuch*, 15. Aufl. (VDI-Verlag Düsseldorf 1961).

Spausta, F., *Treibstoffe für Verbrennungsmotoren*, 2. Aufl., 2. Band: Eigenschaften und Untersuchung der flüssigen Treibstoffe. Die gasförmigen Treibstoffe (Springer, Wien 1953).

Constant, H., *Gas Turbines and their Problems* (Todd Publishing Group, London 1953).

Symposium on Diesel Fuels, Special Technical Publication No. 167 (American Soc. for Testing Materials, Philadelphia 1954).

Georgi, C. W., *Motor Oils and Engine Lubrication* (Reinhold Publishing Corp., New York 1950).

Kara, W. H., *Grundlagen der Lagerschmierung*, Die Erdöl-Bücherei, Band 10 (Hüthig & Dreyer GmbH, Mainz, Heidelberg 1959).

Hobson, P. D., *Industrial Lubrication Practice* (Industrial Press, New York 1955).

Ruf, H., und Zehnder, E., *Heizöl*, Eigenschaften, Prüfung und Beurteilung (Verein industrieller Brennstoffverbraucher, Basel 1959, 3. Aufl.).

Hansen, W., *Heizöl-Handbuch für Industriefeuerungen* (Springer, Berlin, Göttingen, Heidelberg 1959).

Abraham, H., *Asphalts and allied Substances*, Vol. I–II, 5. Aufl. (van Nostrand Comp. Inc., New York 1945).

Nüssel, H., *Bitumen*, Die Erdöl-Bücherei, Band 9 (Hüthig & Dreyer GmbH, Mainz, Heidelberg 1958).

Warth, A. H., *The Chemistry and Technology of Waxes*, 2. Aufl. (Reinhold Publishing Corp., New York 1956).

Publikationen (Berichte) der Schweiz. Gesellschaft für das Studium der Motorbrennstoffe, Bern.

ASTM Standards on Petroleum Products and Lubricants. Methods of Testing, Specifications, Definitions, Charts and Tables (alljährliche Neuauflage) (American Soc. for Testing and Materials, Philadelphia 1961 usw.).

Significance of ASTM Tests for Petroleum Products, Special Technical Publication, No. 7-B der American Soc. for Testing Materials (Philadelphia 1955).

IP Standards for Petroleum and its Products, Methods for Analysis and Testing (häufige Neuauflagen) (The Institute of Petroleum, London 1961 usw.).

Sell, G., *Significance of Properties of Petroleum Products* (The Institute of Petroleum, London 1954).

Engine Test Methods for Rating Fuels (The Institute of Petroleum, London).

DIN Taschenbuch 20, Mineralöl- und Brennstoffnormen, 2. Aufl. (Beuth-Vertrieb GmbH, Berlin, Köln, Frankfurt 1960).

Prüfnormen und Qualitätsrichtlinien der Schweiz. Normenvereinigung, Zürich.

Zerbe, C., *Mineralöle und verwandte Produkte*. Ein Handbuch für das Laboratorium (Springer, Berlin, Göttingen, Heidelberg 1952).

A Glossary of Petroleum Terms, 3. Aufl. (The Institute of Petroleum, London 1961).

Verzeichnis technischer Ausdrücke (Verbrennungskraftmaschine) (engl., franz., deutsch, ital., holl., span., port.), (Shell International Petroleum Comp. Ltd., London 1960).

Fraktioniertürme für verflüssigte, gasförmige Kohlenwasserstoffe
Chemical Plant Stanlow, England

SHELL

II. TEIL

Physikalische Methoden der Erdölaufarbeitung

Einleitung

Rohes Erdöl, wie es aus dem Boden quillt, ist meist eine braunschwarze, übelriechende und Kohlenwasserstoffe verschiedenster Flüchtigkeit und chemischen Aufbaus, zusammen mit einem gewissen Prozentsatz an organischen Schwefel-, Stickstoff- und Sauerstoffverbindungen, enthaltende Flüssigkeit, die sich in dieser Form selten zur direkten Verwendung eignet. Es muss erst aufgearbeitet, *raffiniert* werden.

Eine erste Gruppe solcher, rein sortierender oder *physikalischer* Aufarbeitungsverfahren trennt das im Rohöl vorliegende Kohlenwasserstoff-Gemisch in Schnitte (Fraktionen) engeren Siedebereiches oder aber in Gruppen ähnlichen chemischen Charakters, womit häufig auch eine Qualitätsverbesserung der Produkte verbunden ist.

VI. DIE DESTILLATION

Kurze theoretische Einführung

Eine Flüssigkeit wird «*destilliert*», indem man sie zum Siedepunkt erhitzt, weiter so viel Wärme zuführt, daß sie sich in Dampf verwandelt und diesen dann unter Wärmeentzug wieder zu Flüssigkeit verdichtet oder «kondensiert». Eine Destillation, bei der gleichzeitig eine Trennung eines Flüssigkeits*gemisches* in «Fraktionen» oder «Schnitte» verschiedener Flüchtigkeit erzielt wird, nennt man eine *fraktionierte Destillation.* So dient die fraktionierte Destillation des Roherdöls (eines Siedebereiches von unter 0° C bis über 500° C) dazu, daraus Gruppen oder Fraktionen eines engeren Siedebereiches «herauszuschneiden»: Abb. 69 (siehe auch Abb. 80).

Man könnte sich vorstellen, daß eine solche Trennung sehr einfach in der Weise vor sich ginge, daß beim Erwärmen eines Flüssigkeitsgemisches

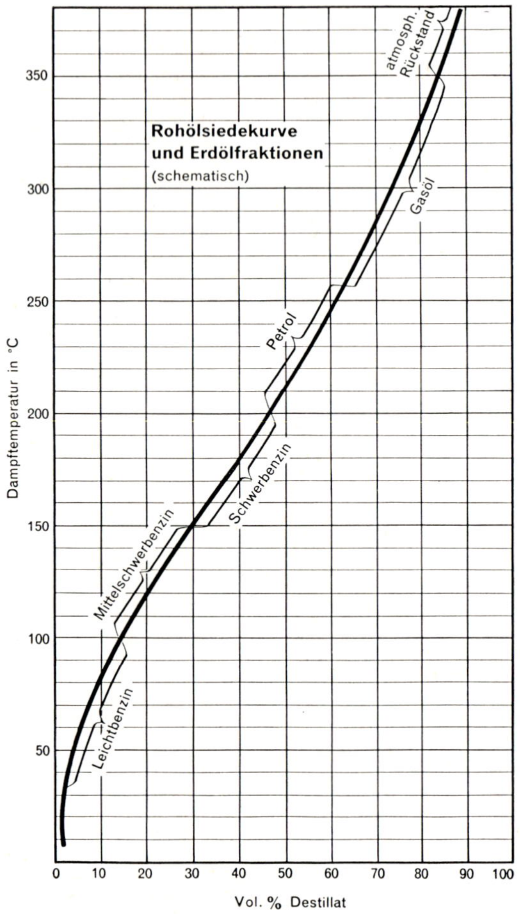

Abb. 69. Schematische Darstellung der Siedekurve eines Rohöls und der daraus herzustellenden Produkte (Fraktionen)

dessen Bestandteile sukzessive, gemäß ihrem individuellen Siedepunkte, wegdestillieren. Dies ist jedoch nicht der Fall. Der über einem Flüssigkeitsgemisch stehende Dampf enthält wiederum *alle* Bestandteile. Nur sind die leichtflüchtigen darin etwas angereichert. Der Grad der Anreicherung einer Komponente ergibt sich aus der *Gleichgewichtskonstante:*

$$K = \frac{y}{x} = \frac{\text{Mol \% der Komponente im Dampf}}{\text{Mol \% der Komponente in der Flüssigkeit}^{1}}.$$

[1] Mol % = Anzahl Moleküle der Komponente, bezogen auf 100 Moleküle Gemisch.

K berechnet sich bei idealen Lösungen[1] nach den Gesetzen von RAOULT und DALTON aus:

$$K = \frac{\text{Partialdruck der Komponente}}{\text{Totaldruck}}.$$

Für Gemische von Kohlenwasserstoffen, wie sie Erdöle darstellen, gelten diese Beziehungen aber nur bei niedrigen Drucken und für Gemische relativ enger Siedegrenzen. Außerhalb dieses Gebietes müssen für die Gleichgewichtsberechnungen statt der Drucke die von LEWIS vorgeschlagenen *Fugazitäten* (Fugacities), das heißt korrigierte Druckwerte, verwendet werden. Obige Beziehung nimmt dann die Form an:

$$K = \frac{y}{x} = \frac{f_F}{f_D} = \frac{\text{Fugazität der Komponente als reine Flüssigkeit}}{\text{Fugazität der Komponente als reiner Dampf}}.$$

Solche korrigierten Druckwerte oder Fugazitäten und die sich daraus ergebenden K-Werte sind für viele reine Kohlenwasserstoffe berechnet oder experimentell bestimmt worden.

In einem Zweikomponentensystem läßt sich die Beziehung zwischen Flüssigkeits- und Dampfzusammensetzung graphisch durch die *Gleichgewichtskurve* darstellen (Abb 70.). Die Krümmung der Kurve hängt von der relativen Flüchtigkeit der beiden zu trennenden Komponenten, das heißt dem Verhältnis der K-Werte, ab. Je verschiedener diese sind (je weiter die Siedepunkte der Flüssigkeiten auseinanderliegen), um so gewölbter

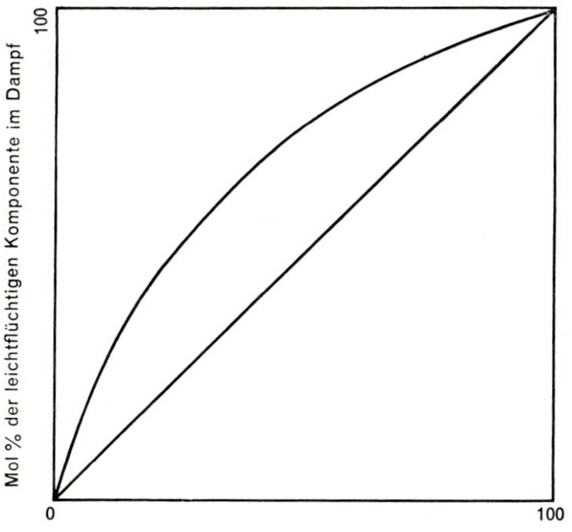

Abb. 70. Gleichgewichtskurve

[1] Ideale Lösung: eine solche für die die Beziehung gilt, daß der Partialdruck jeder Komponente dem Gehalte des Gemisches an dieser Komponente, ausgedrückt in Mol %, proportional ist.

die Kurve, um so größer die in *einer* Verdampfungsstufe zu erzielende Anreicherung der leichter siedenden Komponente im Dampfe. Umgekehrt, je geringer der Unterschied in Flüchtigkeit der Komponenten (je näher ihre Siedepunkte beisammen liegen), um so weniger reichert sich die leichter siedende in einer Verdampfungsstufe im Dampfe an, um so schwieriger wird die Trennung. Auch in günstigen Fällen genügt jedoch zu einer nur einigermaßen vollständigen Trennung eine einmalige Verdampfung nicht. Der Verdampfungs- und Kondensationsvorgang muß *mehrfach wiederholt* werden.

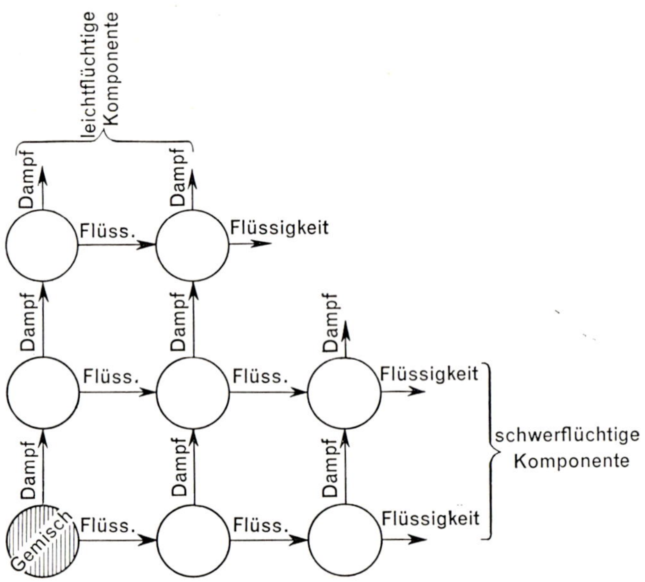

Abb. 71. Schematische Darstellung einer Trennung durch Fraktionierung

Unter fraktionierter Destillation versteht man deshalb die Trennung eines Flüssigkeitsgemisches mittels einer teilweisen Verdampfung und Kondensation des Dampfes, mit wiederholter Wiederverdampfung und Wiederkondensation, bis der gewünschte Grad der Trennung erreicht ist. Das Prinzip ist in Abb. 71 schematisch dargestellt.

Ein solcher vielstufiger, kontinuierlicher Verdampfungs- und Kondensationsvorgang läßt sich in der Praxis am einfachsten in einer sogenannten *Fraktionierkolonne*, einer Säule von übereinanderstehenden Gleichgewichtszellen (siehe Abb. 72), erreichen. Die Fraktionierkolonne muß so eingerichtet sein, daß zwischen dem aufsteigenden Dampfe und der herabströmenden Flüssigkeit ein inniger Kontakt gewährleistet ist. Dies erreicht man technisch am besten mit Hilfe von Fraktionierböden, das heißt untiefen, in die Kolonne eingebauten Schalen (Abb. 73). Sie werden von einer größeren Zahl von kurzen Rohrstutzen durchbohrt, über die Tassen oder Glocken gestülpt sind und durch welche der Dampf vom untern in den obern Raum gelangt. Die sich auf den Schalen sammelnde Flüssigkeit strömt durch Überlaufrohre auf den untern Boden hinab. Der aufsteigende Dampf «wäscht» sich jeweils in der auf dem Boden stehenden Flüssigkeit. Dabei findet der Phasenaustausch statt.

Die Fraktionierung geht somit wie folgt vor sich (siehe Abb. 72): Das im Ofen vorgewärmte Gemisch betritt die erste Gleichgewichtsstufe der Kolonne, wo es sich erstmals in Dampf und Flüssigkeit trennt. Ersterer steigt kolonnenaufwärts; letztere fließt zur nächstunteren

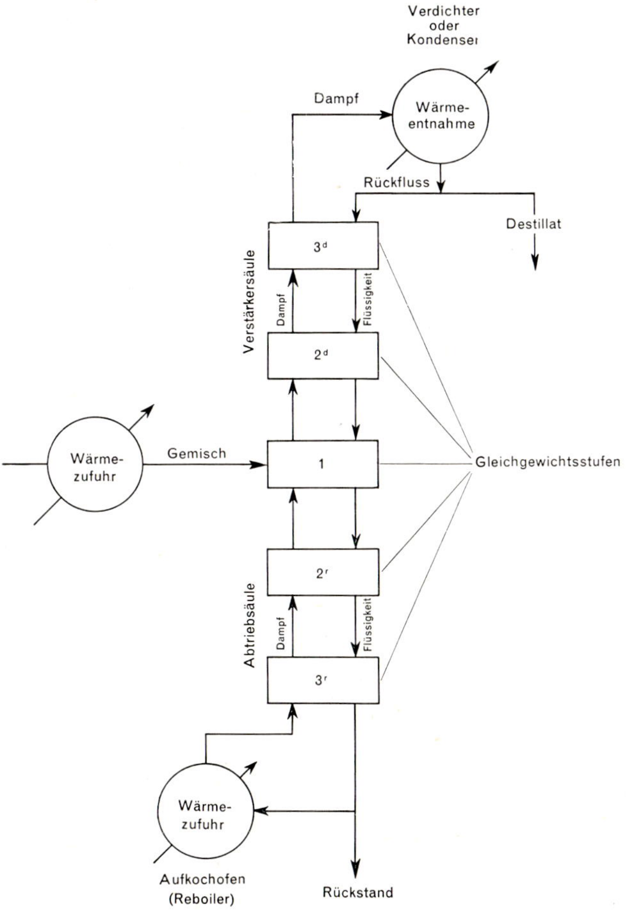

Abb. 72. Schema einer Fraktionierkolonne

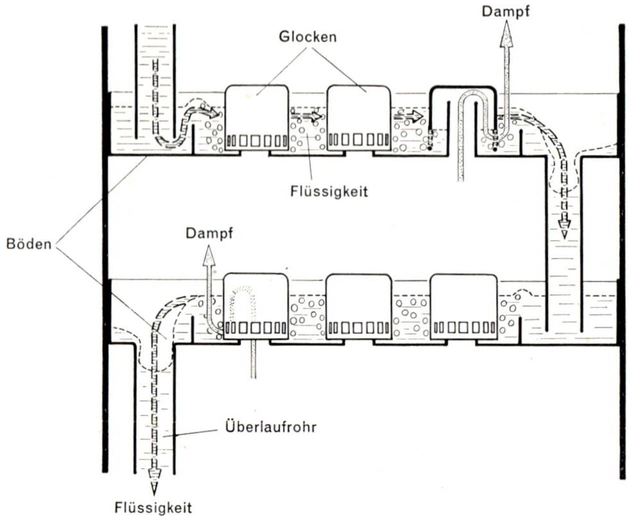

Abb. 73. Schema der Fraktionierböden

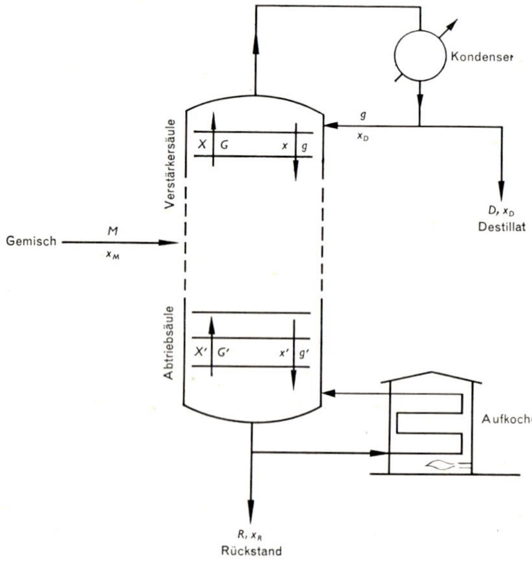

Abb. 74. Zeichenerklärung

Stufe hinab. Auf seinem Wege kolonnenaufwärts wird der aufsteigende *Dampf* auf jedem Boden mit der herabfließenden Flüssigkeit ins Gleichgewicht gebracht. Er läßt dabei jedesmal einen Teil der noch darin enthaltenen schwersiedenden Anteile zurück, bis zuletzt nur die gewünschte leichtflüchtige Komponente den Kopf der Kolonne verläßt. Diese wird nun in einem Kondenser zu Flüssigkeit verdichtet. Einen Teil derselben gibt man als Waschflüssigkeit oder «Rückfluß» auf den obersten Kolonnenboden zurück. Der Rest läuft als «Destillat» oder Topprodukt ab.

Aus der von Stufe 1 kolonnenabwärts strömenden *Flüssigkeit* wird auf jedem Boden durch den aufsteigenden Dampf noch ein Teil der darin enthaltenen leichtflüchtigen Anteile mitgenommen, so daß schließlich nur die gewünschte schwerflüchtige Komponente den Kolonnenboden erreicht. Ein Teil der Bodenflüssigkeit wird zur Erzeugung des zur Fraktionierung benötigten Dampfes durch einen Aufkochofen (englisch Reboiler) geschickt. Der Rest läuft als «Rückstand» (Bodenfraktion) ab. Den über dem Gemischeintritt liegenden Teil der Kolonne nennt man die *Verstärker-*, den darunter liegenden die *Abtriebsäule.*

Der in einer solchen Kolonne zu erzielende Trenneffekt hängt einmal von der Gleichgewichtskonstante, das heißt der *pro Stufe* zu erzielenden (von der Krümmung der Gleichgewichtskurve abhängenden) Anreicherung der leichtsiedenden Komponente ab. In der Verstärkersäule ist jedoch auch das *Rücklaufverhältnis:*

$$v = \frac{\text{Menge Rückfluß}}{\text{Menge Destillat}}$$

von großem Einfluß. Dies kommt in der *Gleichung der Verstärkergeraden* zum Ausdruck. Bezeichnet man nach THORMANN[1] in Abb. 74 mit

G = in der Verstärkersäule aufsteigende Dampfmenge pro Zeiteinheit
g = Rücklaufmenge pro Zeiteinheit
X = Gehalt des Dampfes an Leichtsiedendem
x = Gehalt der Flüssigkeit an Leichtsiedendem
D = Destillatmenge pro Zeiteinheit
x_D = Gehalt des Destillates an Leichtsiedendem

so gilt:

$$G = g + D$$
$$GX = gx + Dx_D, \text{ woraus: } (g + D)X = gx + Dx_D$$

$$\text{und:} \qquad X = \frac{g}{g+D}\,x + \frac{Dx_D}{g+D}\,.$$

$$\text{Setzt man } \frac{g}{D} = \frac{\text{Rücklaufmenge}}{\text{Destillatmenge}} = v = \textit{Rücklaufverhältnis},$$

$$\text{so wird: } X = \frac{v}{v+1}\,x + \frac{x_D}{v+1}\,.$$

[1] Die mathematischen Ableitungen dieses Abschnittes sind nur «skizziert»; für eine vollständige Behandlung siehe die einschlägigen Spezialwerke, zum Beispiel: K. THORMANN, *Destillieren und Rektifizieren* (Otto Spamer, Leipzig 1928), usw.

Dies ist die Gleichung der Verstärkergeraden. Im Gleichgewichtsdiagramm Abb. 75 eingetragen, beginnt diese (bei einem bestimmten Rücklaufverhältnis v und einer Destillatzusammensetzung x_D) bei $x = x_D$ auf der Diagonale, weist eine Steigung von $\frac{v}{v+1}$ auf und schneidet die Ordinate bei $\frac{x_D}{v+1}$.

Schlägt der Kondenser den *gesamten*, aus dem Kolonnenkopf aufsteigenden Dampf nieder, so ist die Zusammensetzung des Kondensates gleich der des Dampfes und auch gleich der des Rückflusses. Sie wird in Abb. 75 durch Punkt *1* auf der Diagonale wiedergegeben. Die Zusam-

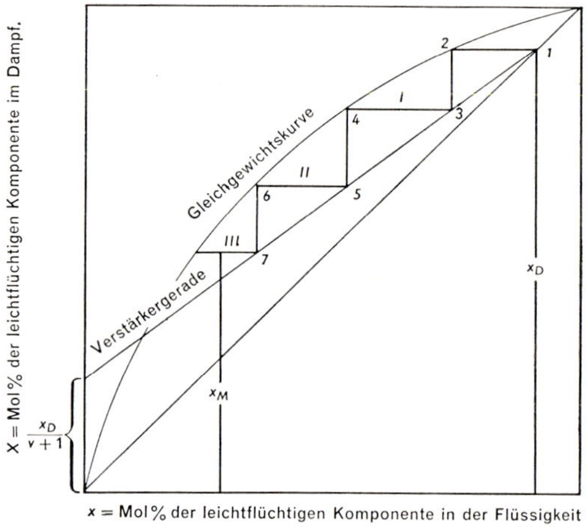

Abb. 75. Gleichgewichtsdiagramm mit Verstärkergerade

mensetzung aller von den Böden der Kolonne aufsteigenden Dämpfe findet sich nun auf der Gleichgewichtskurve, die der von den Böden herabfließenden Flüssigkeiten auf der Verstärkergeraden. So wird die Zusammensetzung des vom obersten Boden aufsteigenden Dampfes durch Punkt *2* wiedergegeben. Die mit ihm im Gleichgewicht befindliche, von Boden I herabfließende Flüssigkeit entspricht Punkt *3* auf der Verstärkergeraden. Punkt *4* auf der Gleichgewichtskurve ergibt die Zusammensetzung des von Boden II aufsteigenden Dampfes, Punkt 5 auf der Verstärkergeraden die der von ihm herabfließenden Flüssigkeit usw.

Auf diese Weise läßt sich für ein *Zwei*komponentengemisch der Trenneffekt der Verstärkersäule nach McCabe und Thiele sehr einfach *graphisch* ermitteln. Um zum Beispiel aus einem Gemisch der Zusammensetzung x_M ein Destillat der Zusammensetzung x_D herzustellen, wären bei dem Rückflußverhältnis v nach Abb. 75 nicht ganz 3 (ideale) Stufen

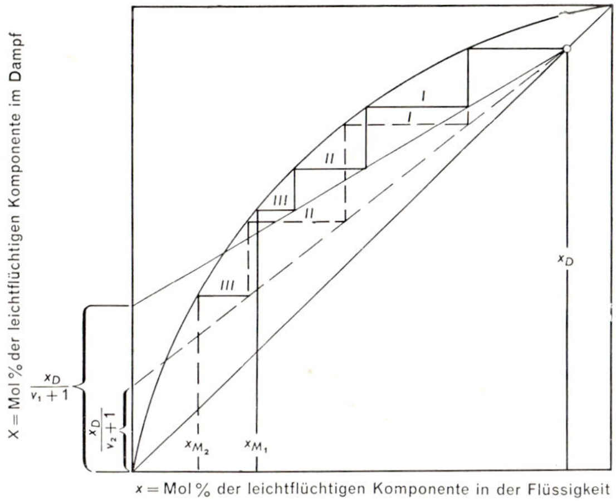

Abb. 76. Einfluß des Rücklaufverhältnisses

oder Böden nötig. In der Praxis ist der Wirkungsgrad der Böden allerdings nicht 100prozentig, so daß für den gleichen Trenneffekt etwas mehr *wirkliche* Böden erforderlich sind. Umgekehrt läßt sich mit Hilfe dieser Methode natürlich auch ermitteln, welche Anreicherung der leichtsiedenden Komponente mit Hilfe einer *vorhandenen* Kolonne (einer bekannten Zahl idealer Böden) möglich ist.

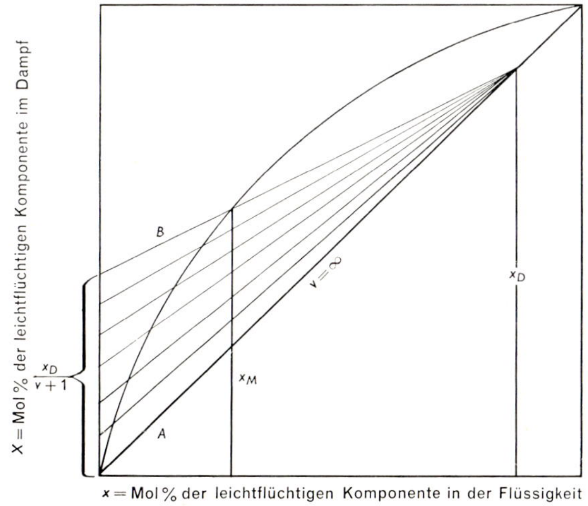

Abb. 77. Maximaler und minimaler Rückfluß

Das Rücklaufverhältnis v wirkt sich auf die Steilheit der Verstärkergeraden aus. Je kleiner v, um so größer wird der Ausdruck $\frac{x_D}{v+1}$, um so weniger steil wird die Verstärkergerade. Wie aus Abb. 76 ersichtlich, werden dann aber zu einer bestimmten Anreicherung der leichtsiedenden Komponente *mehr* ideale Böden benötigt. *Bei unendlich großem Rückfluß* (wenn alles Destillat in die Kolonne zurückgelegt wird) fällt die Verstärkergerade mit der Diagonale zusammen. Andererseits ergibt sich die Verstärkergerade des *minimalen Rückflusses*, bei dem die gewünschte Trennung überhaupt noch möglich ist, durch die Verbindung von x_D auf der Diagonale mit dem Schnittpunkt der Ordinate von x_M mit der Gleichgewichtskurve: Abb. 77. Die praktisch möglichen Lösungen liegen zwischen diesen Extremen.

In ähnlicher Weise sind in der *Abtriebsäule* das *Rückflußverhältnis v* und das Verhältnis u = «*Gemischmenge zu Destillatmenge*» auf die Fraktionierwirkung der Kolonne von Einfluß.

Bezeichnet man in Abb. 74 mit:

M = Menge des der Kolonne zugeführten Gemisches pro Zeiteinheit,
x_M = Gehalt des Gemisches an Leichtsiedendem,
G' = Menge des in der Abtriebsäule aufsteigenden Dampfes pro Zeiteinheit,
g' = Menge der herabströmenden Flüssigkeit pro Zeiteinheit,
X' = Gehalt des Dampfes an Leichtsiedendem,
x' = Gehalt der Flüssigkeit an Leichtsiedendem,
R = Menge Bodenflüssigkeit (Rückstand) pro Zeiteinheit,
x_R = Gehalt des Rückstandes an Leichtsiedendem,

so gilt:

$$g' = G' + R \text{ und } g'x' = G'X' + Rx_R, \text{ woraus:}$$

$$x' = \frac{g' - R}{g'} X' + \frac{R}{g'} x_R.$$

Unter Voraussetzung nun, daß die zu trennende Flüssigkeit der Kolonne auf Siedetemperatur vorgewärmt zugeführt wird und daß der Kondenser keine trennende Wirkung ausübt (das heißt allen Dampf niederschlägt), muß der Wärmeinhalt des in der Verstärkersäule aufsteigenden Dampfes dem des in der Abtriebsäule aufsteigenden gleich sein. Dann gilt:

$$G = G' \text{ und ferner:}$$
$$g' = M + g \qquad \text{und} \qquad M = R + D$$

so daß obenstehende Gleichung auch geschrieben werden kann:

$$x' = \frac{g + D}{M + g} X' + \frac{M - D}{M + g} x_R.$$

Führen wir noch ein:

$$v = \frac{g}{D} = \text{Rücklaufverhältnis und}$$

$$u = \frac{M}{D} = \frac{\text{Gemischmenge}}{\text{Destillatmenge}},$$

so wird:

$$x' = \frac{v+1}{u+v} X' + \frac{u-1}{u+v} x_R.$$ [1]

Dies ist die *Gleichung der Abtriebgeraden.* Analog der Gleichung der Verstärkergeraden für die Verstärkersäule gibt diese nun den Einfluß des Rücklaufverhältnisses v und der Beziehung $M/D = u$ auf den Fraktioniereffekt der *Abtriebkolonne* wieder.

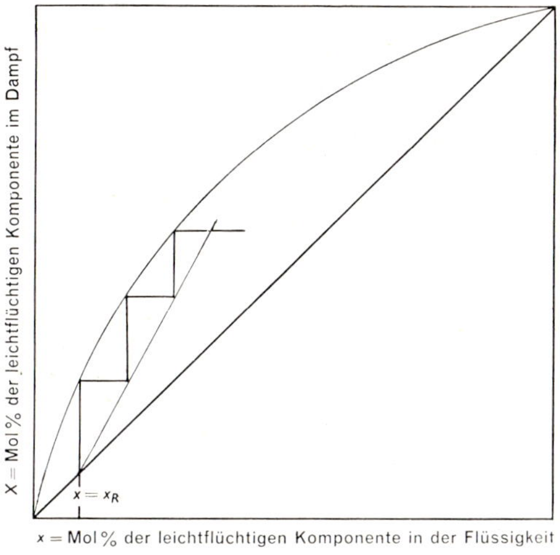

Abb. 78. Abtriebgerade

Die Abtriebgerade schneidet die Diagonale des Gleichgewichtsdiagramms (Abb. 78) bei $x = x_R$. Sie weist eine Steigung von $(M + g) / (g + D)$ auf.

Ausgehend von einer Kolonne mit n idealen Böden in der Verstärker- und m idealen Böden in der Abtriebsäule, einer Gemischzusammensetzung x_M, einem Rücklaufverhältnis v für die Verstärkersäule und dem Verhältnis $u = M/D$ läßt sich die damit zu erreichende Trennung bei bekannter Gleichgewichtskurve schließlich nach McCabe und Thiele wie in Abb. 79 skizziert ermitteln.

(Das Beispiel stellt den einfachsten Fall dar und gilt nur, wenn alle gemachten Voraussetzungen erfüllt sind.)

---

[1] Siehe K. Thormann, *Destillieren und Rektifizieren*, loc. cit.

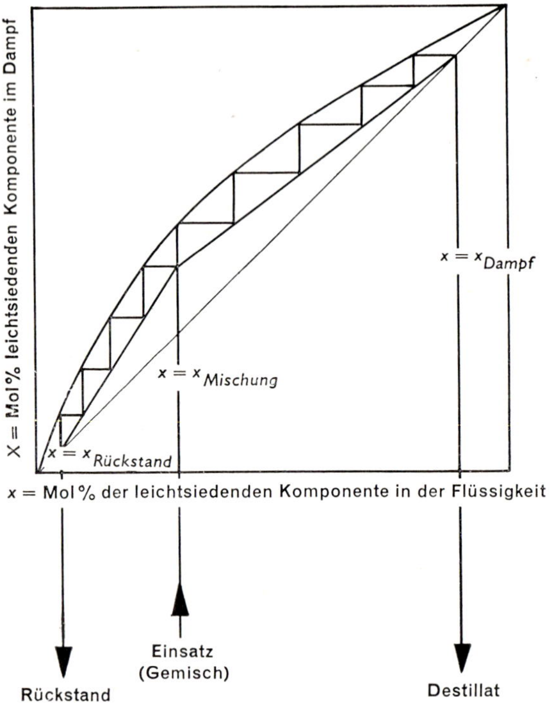

Abb. 79. Diagramm nach McCABE und THIELE

Das Trennen von Mehrkomponentengemischen, wie sie als Regel in der Erdölindustrie vorliegen, geschieht nach demselben Prinzip. Die Berechnung des mit einer bestimmten Kolonne zu erzielenden Trenneffektes bzw. der für einen gewünschten Trenneffekt benötigten Kolonne ist jedoch nicht so einfach. Für Mehrkomponentengemische gibt es keine bequeme graphische Methode mehr. Hier führen nur umständliche Gleichgewichtsberechnungen von Boden zu Boden und Materialbilanzen zum Ziele. Zwei Unbekannte, das Rücklaufverhältnis und die auf den Böden herrschende Temperatur müssen durch Probieren ermittelt werden.

Der Arbeitsgang zur Berechnung einer für einen bestimmten Zweck vorgesehenen Kolonne ist etwa folgender:

1. Ermittlung der für die gewünschte Trennung benötigten Zahl an theoretischen Böden.
2. Abschätzen des zu erwartenden Wirkungsgrades der wirklichen Böden.
3. Berechnung der erforderlichen Kolonnen- und Bödenmaße (Durchmesser der Kolonne, Abstand der Böden, Zahl der Glocken, Dimensionen der Überlaufrohre sowie der Öfen- [Gemisch- und Aufkochofen] und Kondenser-Dimensionen).

Einige praktische Fraktionierprobleme der Erdölindustrie

1. DIE ATMOSPHÄRISCHE DESTILLATION
(Englisch Topping)

Den Kern jeder Roherdöl-Verarbeitungsanlage bildet die unter atmosphärischem oder gewöhnlichem Drucke arbeitende Destillation. Ihre Aufgabe ist es, aus dem Roherdöl eine Anzahl mäßig bis gut fraktionierter Destillate geeigneten Siedebereiches herzustellen, aus denen sich dann, je nach Bedarf, die gewünschten Fertigprodukte oder Zwischenprodukte zur Weiterverarbeitung aufmischen lassen.

Der Trenneffekt der Anlage läßt sich aus der Siedeanalyse der entstehenden Fraktionen beurteilen. Überschneiden das (nach der üblichen Methode bestimmte) Siedeende der vorhergehenden und der Siedebeginn der darauffolgenden Fraktion, so ist die Trennung schlecht bis

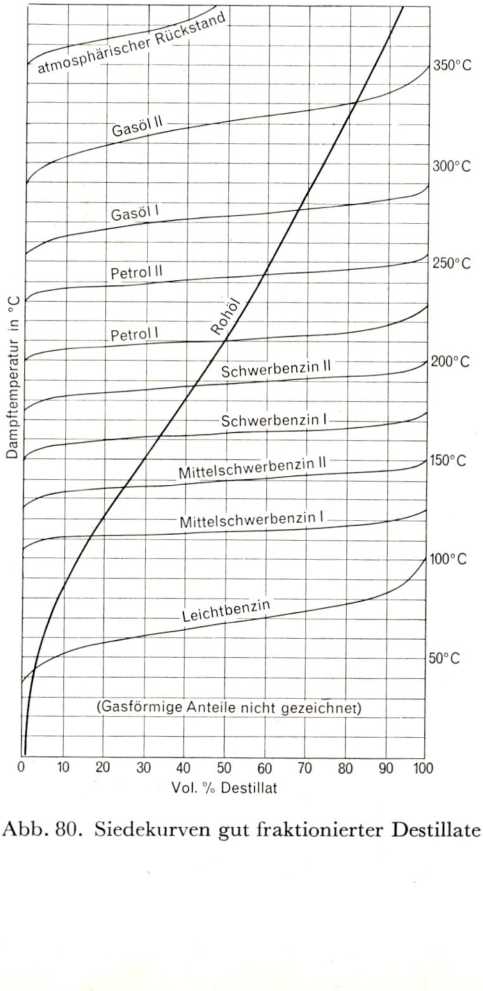

Abb. 80. Siedekurven gut fraktionierter Destillate

mäßig. Eine moderne, gut fraktionierende Einheit liefert Produkte, die in der ASTM-Siedeanalyse eine Siedelücke (Gap) aufweisen. Ein praktisches Beispiel der Trennung eines Roherdöls durch atmosphärische Destillation gibt Tabelle XXV und Abb. 80.

Tabelle XXV. *Produkte der Destillation eines Roherdöls unter atmosphärischem Druck* (ein Beispiel aus vielen verschiedenen Möglichkeiten)

Bezeichnung der Fraktion	Siedebereich °C
Leichtbenzin	35–100
Mittelschwerbenzin I	105–125
Mittelschwerbenzin II	125–150
Schwerbenzin I	150–175
Schwerbenzin II	175–200
Petrol I	200–230
Petrol II	230–255
Gasöl I	255–290
Gasöl II	290–350
Atmosphärischer Rückstand	über 350

Die Trennung eines Roherdöls in mehrere enger siedende Fraktionen kann im Prinzip bereits *in einer großen Fraktionierkolonne* bewerkstelligt werden.

Abb. 81 zeigt ein Schema einer solchen Anlage. Das Roherdöl wird in einem Röhrenofen so weit vorgewärmt, daß beim Eintritt in die Kolonne alle bis etwa 350° C flüchtigen Anteile in Dampf übergehen. Der aus Verstärker- und Abtriebsäule bestehenden Kolonne wird oben als Dampf das gewünschte leichtestflüchtige Produkt, vom Boden der flüssige Destillationsrückstand entnommen. Bei steter Beschickung und unveränderter Wärme-Zu- und -Abfuhr stellt sich dann ein Gleichgewicht ein, indem die Flüchtigkeit der sich auf den Fraktionierböden ansammelnden Flüssigkeiten von unten

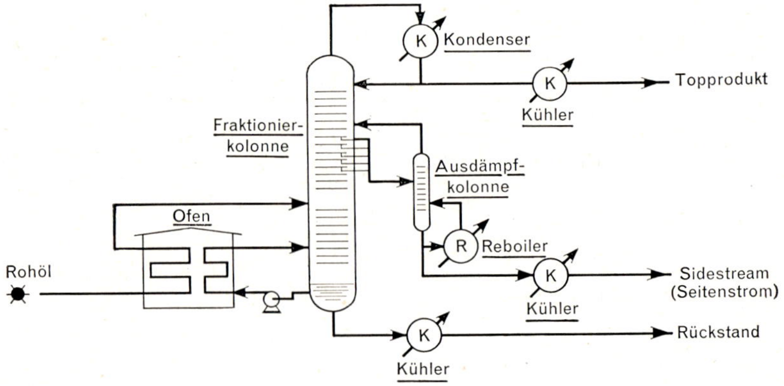

Abb. 81. Schema einer Einkolonnen-Destillationsapparatur für Rohölfraktionierung.

Abb. 82. Ansicht einer atmosphärischen Einkolonnen-Rohöldestillationsanlage. Hoher Turm: Fraktionierkolonne; rechts daneben (halbhoch): Ausdämpfkolonnen; kleiner Turm Mitte: Rohölstabilizer. Condor Raffinerie, Rho, Italien SHELL

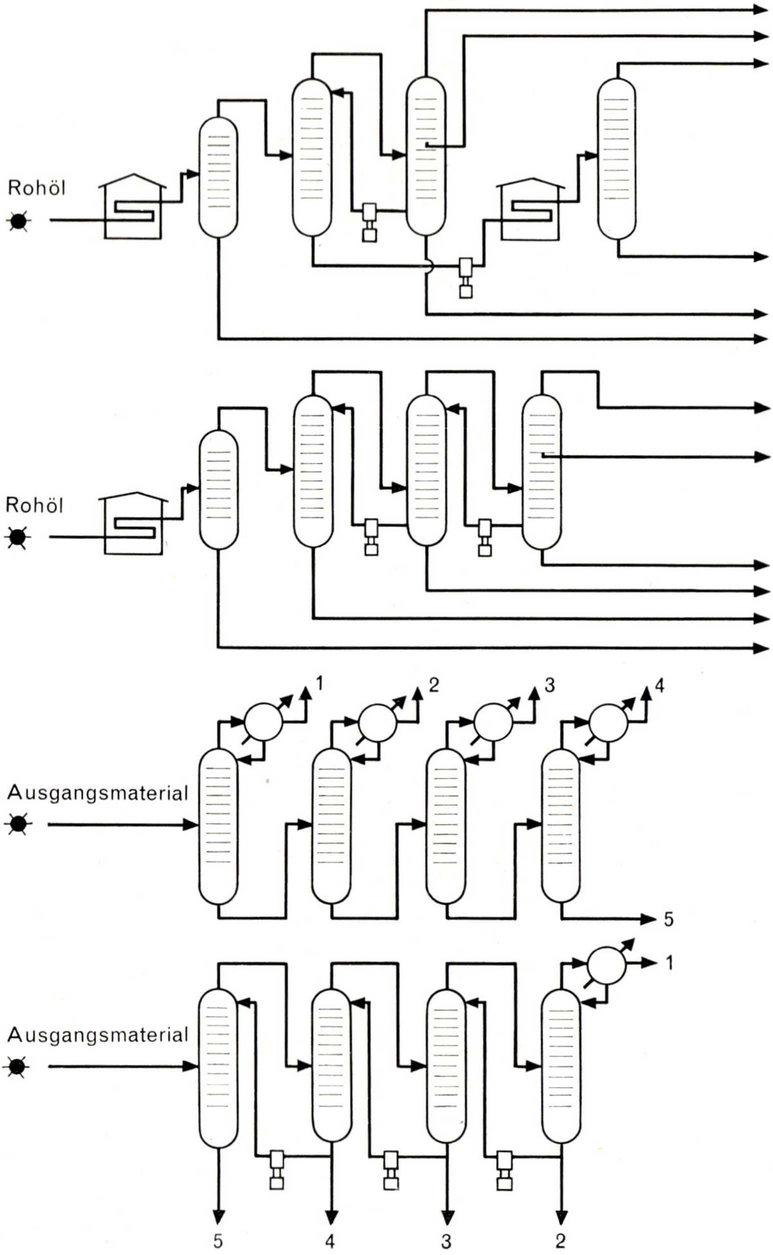

Abb. 83. Verschiedene Möglichkeiten für Mehrkolonnen-Apparate

nach oben stetig zunimmt. Man kann deshalb von den Böden der Kolonne Produkte einer zwischen der von Top- und Bodenprodukt liegenden Flüchtigkeit, sogenannte «*Sidestreams*» (Seitenströme), abzapfen. Doch sind diese, da fortwährend leichter siedende Anteile in der Kolonne nach oben wandern, schlecht fraktioniert. Sie müssen deshalb noch Ausdämpf- (englisch Stripping) Kolonnen zugeführt werden, in denen die zu niedrig siedenden Anteile mit Wasserdampf ausgetrieben und dann in die Hauptkolonne zurückgeleitet werden. Abb. 82 gibt einen guten Eindruck einer solchen Anlage.

Abb. 84. Mehrkolonnen-Destillationsapparatur für Rohöl (Topping Unit), Pernis, Holland

SHELL

Trotz der Verwendung von Ausdämpfkolonnen wird aber die Fraktionierschärfe in solchen Einkolonnen-Destillieranlagen nur eine mäßige sein. Eine bessere Trennung der Produkte erhält man in *Mehrkolonnenapparaten*. Bei diesen wird das Top- oder Bodenprodukt einer Kolonne von einer folgenden weiter zerlegt, bis die Endprodukte schließlich nur noch als Kolonnen-Top- und Bodenprodukte anfallen (Vermeidung von Sidestreams). Einige solche Möglichkeiten gibt Abb. 83. Es sind aber eine große Zahl verschiedener Varianten möglich. Abb. 84 zeigt eine Ansicht einer Mehrkolonnen-Roherdöldestillationsanlage.

2. DIE DESTILLATION UNTER DRUCK

Zur sauberen Trennung der bei gewöhnlichem Druck *gasförmigen* von den flüssigen Kohlenwasserstoffen und der Fraktionierung verflüssigter Erdgase muß eine *Destillation unter Überdruck* angewandt werden.

Diese Aufgabe stellt sich zum Beispiel bei der *Stabilisierung des Roherdöls und der Krackdestillate*, das heißt der Entfernung der zu leicht siedenden Anteile, die dem fertigen Benzin einen zu hohen Dampfdruck verleihen würden. Dazu müssen aus dem «wilden» Roherdöl die niedrigen Paraffine: Methan, Äthan, Propan und, soweit nötig, das Butan, und aus dem Krackdestillat zusätzlich auch die niedrigen Olefine: Äthylen, Propylen und die Butylene, abgetrennt werden. Siehe auch Abb. 85 und 86 sowie das Titelblatt von Teil II.

Bei dieser Operation können die leichtflüchtigen Anteile gleichzeitig in ein Heizgas C_2^- (Methan + Äthan), die C_3- oder PP-(Propan-Propylen), die C_4- oder BB-(Butan-Butylen) Fraktion und eventuell in ein Isobutan (iC_4)-reiches Destillat getrennt werden. Die PP- und BB-Fraktionen finden Verwendung als Flüssiggas oder zu chemischen Synthesen, die Isobutanfraktion zur Alkylierung (siehe Kapitel XV).

3. DIE DESTILLATION UNTER VERMINDERTEM DRUCK (VAKUUM)

Erhitzt man Erdölprodukte über etwa 370° C, so tritt eine «Kracken» genannte Zersetzung ein. Trotzdem ist es vielfach, zum Beispiel zur Herstellung von Schmierölen oder Bitumen, erwünscht, noch schwerer flüchtige Destillate als Gasöl abzutreiben. Man macht dann Gebrauch von der Tatsache, daß Flüssigkeiten bei vermindertem Druck (unter Vakuum) schon bei wesentlich niedrigerer Temperatur (und dann auch ohne Zersetzung) sieden als bei gewöhnlichem (atmosphärischem) Druck. So verdampft zum Beispiel ein bei 760 mm Hg bei 500° C siedender Kohlenwasserstoff bei einem Kolonnendruck von 20 bis 30 mm Hg, wie er in der Praxis bei solchen Vakuumanlagen üblich ist, schon bei 370° C.

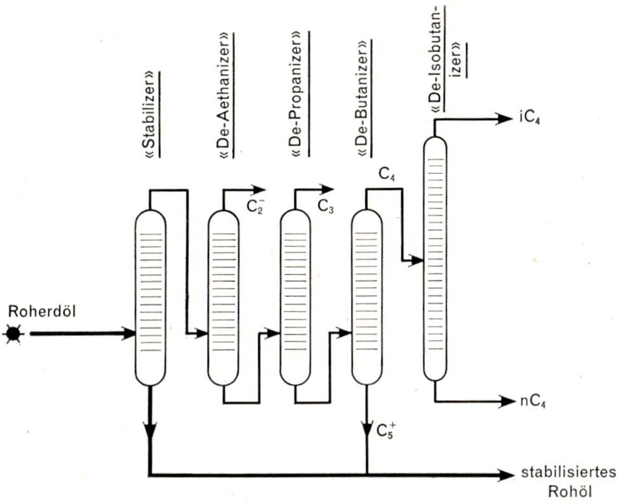

Abb. 85. Schema einer Rohölstabilisieranlage mit anschließender Fraktionierung der bei gewöhnlichem Druck gasförmigen Anteile

Abb. 86. Stabilizer (Anlage zur Abtrennung gasförmiger Kohlenwasserstoffe vom Benzin)

Abb. 87 zeigt ein *Schema* einer *Vakuum-Destillationsanlage*. Das Prinzip ist dasselbe wie für die atmosphärische Destillation. Das Vakuum erzeugt man durch Niederschlagen aller kondensierbaren Dämpfe mit Hilfe von kaltem Wasser in sogenannten barometrischen Kondensern, aus denen das Wasser durch ein 10 m hohes Barometerrohr direkt ins Freie abläuft. Die «Sidestreams» und das Bodenprodukt müssen aus der Kolonne weggepumpt werden. Nicht kondensierbare Dämpfe (geringe Mengen von Zersetzungsprodukten) werden mit Hilfe von Dampfstrahlpumpen abgesaugt. Das im Barometerkondenser erzeugte Vakuum soll sich rückwärts bis in die Verdampfungszone möglichst ungeschwächt auswirken. Vakuumkolonnen dürfen deshalb den Dämpfen nur einen geringen Strömungswiderstand bieten. Sie enthalten meist nur wenige oder keine Böden, sondern Siebplatten und haben einen relativ großen Durchmesser. Typisch ist auch, daß die Kolonnen über dem Öleintritt oft erheblich weiter werden. Eine Ansicht einer solchen Anlage zeigt Abb. 88.

4. DIE «SUPER»-FRAKTIONIERUNG

Darunter versteht man Trennungen von Kohlenwasserstoff-Gemischen, deren Siedepunkte nahe beisammen liegen. Für solche schwierige Trennungen müssen deshalb besonders hohe Kolonnen mit bis zu 300 Böden verwendet werden. Beispiele sind:

$C_2^{=}$ von C_2 $C_3^{=}$ von C_3 iC_4 von nC_4

$C_4^{=}$ und Butadien von C_4 iC_5 von nC_5, usw.

und in der erdölchemischen Industrie:

Äthylbenzol von Styrol und Xylolen
o-Xylol von *m*- und *p*-Xylol usw.

Tabelle XXVI gibt ein Beispiel der Kombination verschiedener Destillationsverfahren in der Aufarbeitung eines Roherdöls. Selbstverständlich sind die verschiedensten Varianten möglich.

5. BEISPIEL DER AUFARBEITUNG EINES ERDÖLS DURCH DESTILLATION

Tabelle XXVI

A. Gasabscheider

Verarbeitet das von den Brunnen produzierte Gemisch von Erdgas und Erdöl. Ergibt eine rohe Trennung in:

benzinhaltiges («nasses») Erdgas:	geht zur Absorption
«wildes» Roherdöl:	geht zur Stabilisierung

B. Absorber

Entbenzinierung des «nassen» Erdgases, ergibt:

«armes» Erdgas:	Heizgas
«wildes» Gasbenzin:	geht zur Druckdestillation

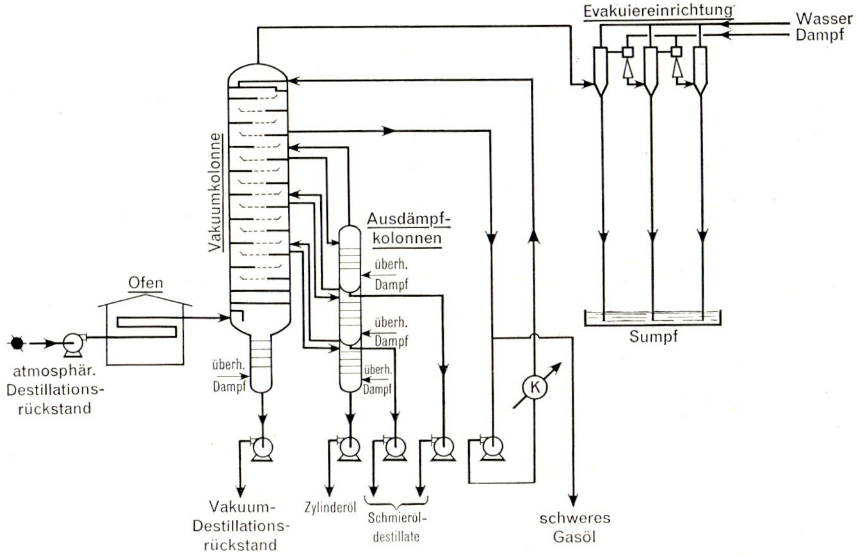

Abb. 87. Schema einer Anlage zur Destillation im Vakuum

Abb. 88. Hochvakuum-Destillieranlage LUMMUS

C. Destillation bei Überdruck

a) *Stabilisierung des Roherdöls*, liefert:

Gemisch C_1 bis C_5 (hauptsächlich gasförmige Kohlenwasserstoffe):	geht zur Fraktionierung der Erdgase
stabilisiertes Erdöl:	geht zur atmosphärischen Destillation

b) *Fraktionierung der Erdgase* (sowohl aus Rohöl wie aus Krackbetrieb) liefert:

«armes» Gas (C_1 bis C_3):	Heizgas
PP- (C_3—$C_3^=$-) Fraktion:	Flaschengas, Ausgangsmaterial zu chemischen Umwandlungen
BB- (C_4—$C_4^=$-) Fraktion:	Benzinkomponente, Flaschengas, Ausgangsmaterial zu chemischen Umwandlungen
iC_4 - Fraktion:	geht zur Alkylierung
C_5+- Fraktion:	Benzinkomponente

D. Destillation unter atmosphärischem Druck

Verarbeitet stabilisiertes Erdöl, ergibt:

<table>
<tr><td>Leichtbenzin[1]</td><td>35–100° C</td><td rowspan="2">Flugbenzinkomponente</td><td rowspan="3">Autobenzinkomponente</td><td rowspan="2"></td><td rowspan="5"></td><td rowspan="5"></td></tr>
<tr><td>Mittelschwerbenzin I</td><td>105–125° C</td></tr>
<tr><td>Mittelschwerbenzin II</td><td>125–150° C</td><td></td><td rowspan="3">Reforming Stock</td></tr>
<tr><td>Schwerbenzin I</td><td>150–175° C</td><td rowspan="2">White Spirit</td><td rowspan="7"></td></tr>
<tr><td>Schwerbenzin II</td><td>175–200° C</td></tr>
<tr><td>Petroleum I</td><td>200–230° C</td><td rowspan="2">Leucht- und Flugpetroleum</td><td rowspan="5"></td><td rowspan="4">Dieseltreibstoff</td><td rowspan="5">Heizölmischungen</td></tr>
<tr><td>Petroleum II</td><td>230–255° C</td></tr>
<tr><td>Gasöl I</td><td>255–290° C</td><td rowspan="2"></td></tr>
<tr><td>Gasöl II</td><td>290–350° C</td></tr>
<tr><td>Atmosph. Rückstand</td><td>über 350° C</td><td>Ausgangsmaterial zur Schmieröl-, Paraffin- und Bitumenherstellung</td><td></td></tr>
</table>

E. Destillation im Vakuum

Verarbeitet atmosphärischen Destillationsrückstand, ergibt:

a) Paraffinbasische Öle:

schweres Gasöl	wie oben und als Ausgangsmaterial für katalytische Krackanlagen
Paraffinöldestillat	Entparaffinierung liefert Schmierölgrundstoff und festes Paraffin
Rückstand	Zylinderöl, Entparaffinierung liefert rohen Zylinderstock oder Bright Stock und Petrolatum

b) Asphaltbasische Öle:

schweres Gasöl und Schmieröldestillat	zur Aufarbeitung als Schmieröl oder als Grundstoff für katalytische Krackanlagen
Rückstand	Bitumen

Destillationsprozesse aller Art spielen auch in den meisten noch zu besprechenden andern Veredelungsverfahren eine wichtige Rolle.

---

[1] Leichtbenzin dient heute vielfach auch als Einsatzmaterial für die erdölchemische Industrie.

Ergänzende Literatur zu Kapitel VI

THORMANN, K., *Destillieren und Rektifizieren* (Otto Spamer, Leipzig 1928).
A Source Book of Technical Literature on Fractional Distillation (bis etwa 1949), (Gulf Research & Development Co.).
ROBINSON, C. S., und GILLILAND, E. R., *Elements of Fractional Distillation*, 4. Auflage (McGraw-Hill Book Co., New York 1950).
LEHMANN, G. H., *Erdöl-Destillation*, ABC des Erdöls, Shell-Bücherei, Band 4 (Hüthig & Dreyer GmbH., Heidelberg-Mainz 1953).
KIRSCHBAUM, E., *Destillier- und Rektifiziertechnik*, 3. Auflage (Springer, Berlin, Göttingen, Heidelberg 1960).
HENGSTEBECK, R. J., *Distillation*, Principles and Design Procedures (Reinhold Publishing Corporation, New York 1961).

Siehe auch S. 304

VII. DIE ABSORPTION

Zur Gewinnung relativ kleiner Mengen von Dämpfen höher siedender, unter normalen Bedingungen flüssiger Kohlenwasserstoffe aus Gasgemischen eignet sich besonders die «*Absorption*» in einem Waschöl geeigneten Siedebereiches.

Wie aus dem Schema Abb. 89 ersichtlich, wird zum Beispiel das benzinhaltige «nasse» Gas dazu in einem *Absorber*, der ähnlich einer Destillationskolonne konstruiert ist, mit dem ausgedämpften Absorptionsmittel, zum Beispiel einem Gasöl, im Gegenstrom gewaschen. Die im Gemisch enthaltenen Anteile lösen sich dann im umgekehrten Verhältnis ihres Dampfdruckes. Die Absorption wird durch ein hohes Waschöl/Einsatzmaterial-Verhältnis, niedrige Temperaturen und erhöhte Drucke begünstigt. Oben aus der Kolonne entweicht das «trockene» (benzinfreie) Restgas.

Das mit Benzin beladene «reiche» Waschöl geht zur *Ausdämpfkolonne*, wo die absorbierten Anteile mit Dampf oder einem Spülgas wieder abgetrieben werden. Dieses «Strippen» wird durch ein hohes Spülgas-Verhältnis, erhöhte Temperaturen und niedrige Drucke begünstigt. Das Produkt verläßt den Kopf der Ausdämpfkolonne. Das «arme» Waschöl geht zum Absorber zurück.

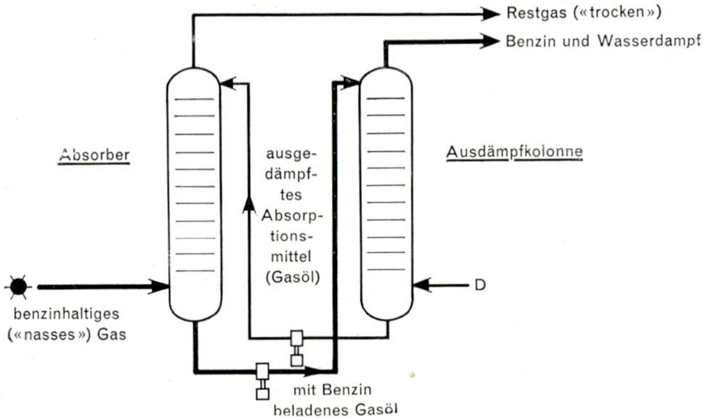

Abb. 89. Schema einer Absorptionsanlage

Wie die fraktionierte Destillation, muß auch das Absorbieren und Strippen zu einem genügenden Effekt in mehreren Stufen, das heißt wie hier geschildert zum Beispiel im Gegenstrom in genügend hohen und mit Böden ausgerüsteten Kolonnen, vorgenommen werden. Der untere Teil der Absorptionskolonne kann auch mit einem Aufkochofen ausgerüstet sein.

Ergänzende Literatur siehe Seite 158.

VIII. TRENNUNG DURCH KRISTALLISATION

HERSTELLUNG VON PARAFFIN, CERESIN UND PETROLATUM

Die hochsiedenden Fraktionen paraffinbasischer Erdöle enthalten feste Paraffinkohlenwasserstoffe, die den daraus herzustellenden Schmierölen einen zu hohen Stockpunkt verleihen. Sie müssen deshalb entfernt werden. Die eine (ältere) dazu zur Verfügung stehende Methode ist das *Ausfrieren.*

Aus relativ niedrig molekularen Schmieröl*destillaten* scheidet sich dabei *Paraffin* in wohlausgebildeten Nadeln oder hexagonalen Plättchen ab, das

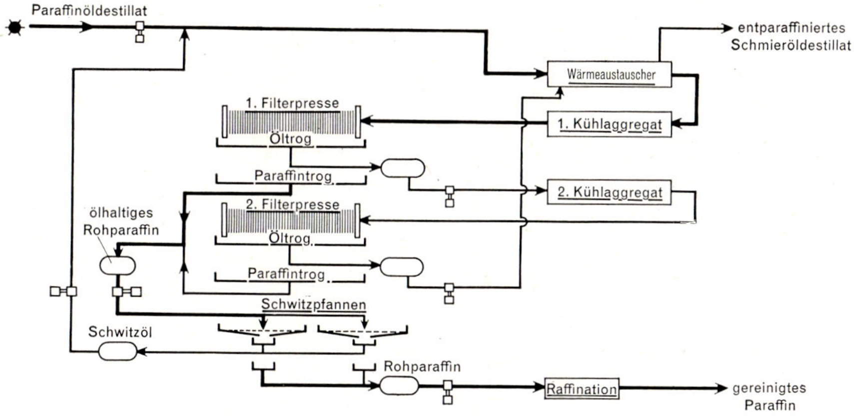

Abb. 90. Schema der Paraffinherstellung durch Ausfrieren

leicht abfiltriert werden kann. Aus höher siedenden *Rückstands*schmierölen erhält man jedoch feine Nadeln (sogenanntes «microcrystalline wax»), die wesentlich schwieriger abzutrennen sind. Diese noch stark ölhaltige, salbenartige Masse nennt man *Petrolatum.*

Die *Paraffinherstellung* erfolgt etwa nach dem in Abb. 90 dargestellten Schema. Ein mittels Vakuumdestillation hergestelltes und zur Erniedrigung der Viskosität mit Gasöl verdünntes Paraffinöldestillat (POD) wird erst im Wärmeaustausch mit dem kalten Filtrat und dann in besondern Kühlaggregaten (englisch Chillers) in einer oder mehreren Stufen (zum Beispiel erst auf etwa 0° C und dann weiter auf etwa –20° C) abgekühlt. Zuerst scheidet sich das höher molekulare, harte Paraffin und, je tiefer man kühlt, auch die weicheren Qualitäten ab. Ausgangsmaterial und Kühlbedingungen müssen so gewählt werden, daß ein möglichst grobkristallines, leicht zu filtrierendes Paraffin erhalten wird. Das Gemisch von Paraffinkristallen und Öl kommt in eine Filterpresse, wo es kalt durch mit Filtertuch bespannte Rahmen gepreßt wird (Abb. 91). Eine große Presse kann bis 500 solcher Rahmen enthalten. Das Tuch hält das Paraffin zurück, das sich in den Zwischenräumen sammelt. Das ablaufende entparaffinierte Öl der ersten Stufe wird weitergekühlt, das genügend entparaffinierte der zweiten zu Schmieröl verarbeitet. Von

Zeit zu Zeit unterbricht man die Filtration, öffnet die Presse und stürzt den noch 30 bis 40 % Öl enthaltenden Filterkuchen in eine unter der Presse laufende Rinne mit Schnecke. Er wird aufgeschmolzen und im Schwitzverfahren vom Öl befreit. Dazu wird die geschmolzene Masse auf untiefe, mit kaltem Wasser «abgedichtete» Siebböden ausgegossen (Abb. 92), wo sie erstarrt. Nach Ablassen des Wassers setzt man sie einer langsam ansteigenden Temperatur aus. Das im Kuchen enthaltene Öl und Weichparaffin schwitzen heraus und laufen durch die Siebböden ab. Das zurückbleibende Rohparaffin enthält noch etwa 0,5 % Öl. Zur Farbverbesserung wird es im geschmolzenen Zustande mit Säure und Lauge oder Bleicherde nachbehandelt.

Abb. 91. Filterpresse SHELL

Man unterscheidet *gelbes* und *weißes* Paraffin und nach dem Verwendungszweck: *Papier-, Kerzen- und Zündholzqualität.* Innerhalb der Gruppen werden die Paraffine nach Schmelzpunkt gehandelt. Zum Verkauf wird das Paraffin meist in Tafeln gegossen und in Säcke verpackt.

Das sich beim Abkühlen hochmolekularer Schmierölfraktionen (Zylinderöle) abscheidende feinkristalline *Petrolatum* kann nicht in Filterpressen und nachher durch Schwitzen vom Öl getrennt werden. Entweder verdünnt man das Schmieröl mit Benzin, kühlt und schleudert dann das ausgeschiedene Petrolatum in Zentrifugen ab, oder aber man wendet die im folgenden Kapitel zu besprechenden Extraktionsverfahren an.

Das Petrolatum wird auf salbenartiges *Vaselin* und hochschmelzendes *Ceresin* verarbeitet.

Einige wichtige englische Fachausdrücke bei der Paraffinherstellung:

slack wax:	ölhaltiger Rohparaffinkuchen aus der Filterpresse,
foots oil:	Schwitzöl,
crude scale wax:	durch Schwitzen vom Öl befreites Rohparaffin,
paraffin wax:	raffiniertes Paraffin.

Abb. 92. Schwitzpfannen SHELL

Ergänzende Literatur siehe Seite 158.

IX. DIE EXTRAKTION

Kurze theoretische Einführung

Die in Kapitel VI behandelten Destillationsverfahren erlauben aus dem Erdöl Fraktionen bestimmten Siedebereiches, einer für den Verwendungszweck angemessenen *Flüchtigkeit*, herzustellen. Sie beeinflussen den *chemischen* Aufbau der Produkte, das heißt deren Gehalt an Paraffinen (Olefinen), Naphthenen und Aromaten, normalerweise jedoch nur wenig. Diesem kommt aber, wie bereits in Kapitel V dargelegt, für die Qualität der Produkte eine große Bedeutung zu.

Die noch zu besprechende (chemische) *Nachbehandlung* andrerseits (siehe Kapitel XVIII), wie zum Beispiel die Raffination mit Schwefelsäure, vermag in gewissen Fällen – wie bei der Raffination der Schmieröle – wohl unerwünschte chemische Gruppen zu entfernen. Sie *entfernt* sie jedoch nicht nur, sie *zerstört* sie auch und verwandelt sie unter erheblichem Säureaufwand in einen wertlosen, ja oft lästigen Säureteer.

Eine wesentlich elegantere, beinahe verlustlos arbeitende Trennung in sogenannte Raffinate und Extrakte chemisch stark verschiedenen Charakters ergibt sich durch «*Extraktion*». Das Verfahren beruht auf der Behandlung des zu trennenden Flüssigkeitsgemisches mit einem «*selektiven Lösungsmittel*», das heißt einer Flüssigkeit, die mit dem zu behandelnden Material nur begrenzt mischbar ist, für die zu trennenden Gruppen ein möglichst verschiedenes Lösevermögen besitzt und sich nachher aus Extrakt und Raffinat wieder einfach abtrennen und zurückgewinnen läßt.

Das Ideal wäre selbstverständlich ein Lösungsmittel, das nur *eine* der zu trennenden Kohlenwasserstoffgruppen aufnimmt; solche gibt es aber nicht. Ähnlich der einmaligen Gleichgewichtsverdampfung bei der Fraktionierung ermöglicht auch die *einstufige Extraktion* keine vollständige Trennung, sondern nur eine *Anreicherung* der besser löslichen Komponente. Der Grad der Anreicherung ergibt sich aus dem *Verteilungskoeffizienten:*

$$K = \frac{\text{Vol. \% der Komponente im Extrakt}}{\text{Vol. \% der Komponente im Raffinat}}\,.$$

Daneben sind aber auch die *Extraktionsbedingungen* auf das Resultat von erheblichem Einfluß, besonders die Faktoren:

1. Anzahl idealer Extraktionsstufen,
2. Mengenverhältnis Lösungsmittel/Ausgangsmaterial,
3. Temperatur.

Der *Effekt der Extraktion* läßt sich vereinfacht am besten mit Hilfe eines *Dreieckdiagramms* überblicken. Die bei der einstufigen Extraktion eines

Erdölproduktes mit flüssiger schwefliger Säure (Edeleanu-Prozeß) auftretenden Verhältnisse sind zum Beispiel in Abb. 93 dargestellt. Man faßt das Erdölprodukt einfachheitshalber als ein Gemisch von Aromaten und «Nichtaromaten» (Naphthene + Paraffine) auf und hat es dann nur mit einem *Drei*komponentensystem (zwei Kohlenwasserstoff-Komponenten und dem Lösungsmittel) zu tun. Die reinen Komponenten entsprechen den Ecken des Diagramms: *A*, *B* und *C*.

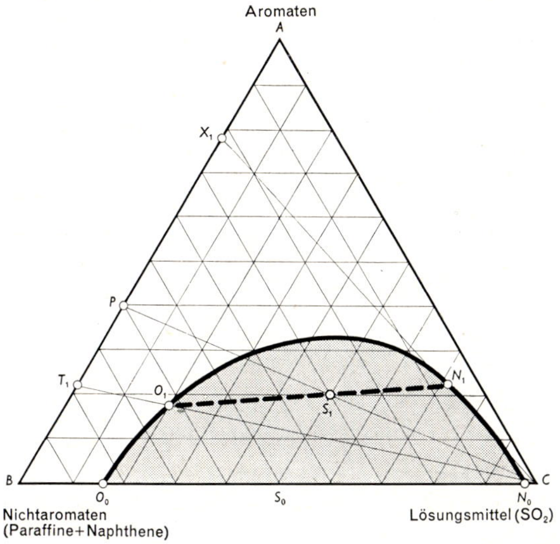

Abb. 93. Dreieckdiagramm der Extraktion

Gemische reiner Aromaten mit dem Lösungsmittel liegen dann auf *AC* (*A* und *C* sind in jedem Verhältnis mischbar). Auf *BC* liegen die Gemische reiner Nichtaromaten mit dem Lösungsmittel (*B* und *C* sind nur begrenzt mischbar; es tritt eine «Mischungslücke» O_0N_0 auf). Technische Erdölprodukte verschiedenen Aromatengehaltes entsprechen schließlich Punkten auf *AB*.

Dreikomponentensysteme, das heißt Gemische von Erdölprodukten mit dem Lösungsmittel endlich, liegen im Innern des Diagrammes, wobei die Lage des Punktes zugleich die Zusammensetzung des Gemisches angibt. So entspricht S_1 zum Beispiel einem Gemisch aus 20% *A*, 30% *B* und 50% *C*.

Wie aus dem Diagramm hervorgeht, sind Erdölprodukte der Zusammensetzung *A* bis X_1 unter den gewählten Bedingungen mit dem Lösungsmittel in jedem Verhältnis mischbar. Jene der Zusammensetzung X_1 bis *B* weisen jedoch eine Mischungslücke auf. Im hellen Teil des

Dreiecks liegen homogene, im getönten Zweiphasensysteme. Die Grenzlinie heißt *Binodalkurve.*

Man bestimmt die Form der Binodalkurve durch Titration einer bestimmten Menge eines Erdölproduktes bekannten Aromatengehaltes mit dem Lösungsmittel.

Die Extraktion besteht nun in der Behandlung des Erdölproduktes mit einer solchen Dosis an Lösungsmittel, die zur Bildung zweier Phasen führt. Mischt man zum Beispiel gleiche Teile P und C (Punkt S_1), so trennt sich das Gemisch in zwei Flüssigkeitsschichten (Phasen) der Zusammensetzung O_1 und N_1. Die Verbindungslinie $O_1S_1N_1$ heißt *Konjugationslinie.* (Ihre Neigung wird ebenfalls experimentell bestimmt). Durch Abdampfen des Lösungsmittels erhält man aus O_1 das «*Raffinat*» T_1 und aus N_1 den «*Extrakt*» X_1.

Die einstufige Gleichgewichtsextraktion des Kohlenwasserstoffgemisches P (40% A) mit einer gleichen Menge Lösungsmittel führt somit im vorliegenden Beispiel und unter den gewählten Bedingungen zu einem Raffinat mit nur etwa 22% A und einem Extrakt mit etwa 78% A. Die Tangente von C aus an die Binodalkurve ergibt die Zusammensetzung des Extraktes maximalen Aromatengehaltes; er wurde im vorliegenden Fall praktisch erreicht.

Eine geringere SO_2-Dosis ergäbe eine schlechtere, eine höhere eine bessere Trennung (die entsprechenden Konjugationslinien laufen ungefähr parallel), doch geht eine hohe Lösungsmitteldosis auf Kosten der Verarbeitungskapazität der Extraktionsanlage.

Der zu erzielende Trenneffekt ist stark von der Form der Binodalkurve abhängig, die von der Art des zu extrahierenden Erdölproduktes, dem gewählten Lösungsmittel und der Extraktionstemperatur beeinflußt wird.

In der Praxis wird, wie bei der Destillation, die Trennung nicht nur in einer, sondern *in mehreren Stufen*, respektiv hier durch eine *Extraktion im Gegenstrom*, vorgenommen. Technische Extraktionsanlagen entsprechen in ihrem Effekt zum Beispiel etwa drei idealen Stufen. Als Resultat erhält man bei gleicher Extraktzusammensetzung ein besser ausraffiniertes (aromatärmeres) Raffinat.

Technische Extraktionsverfahren

Die technische Durchführung der Extraktion bedingt ein (mehrstufiges) inniges Mischen des Extraktionsmittels mit dem zu extrahierenden Material, die Trennung der beiden entstehenden flüssigen Phasen und die Rückgewinnung und Reinigung des Lösungsmittels.

Dies kann, wie aus Abb. 94 ersichtlich, in wirklichen *getrennten Stufen* geschehen; sehr oft arbeitet man aber auch mit stehenden Zylindern, so-

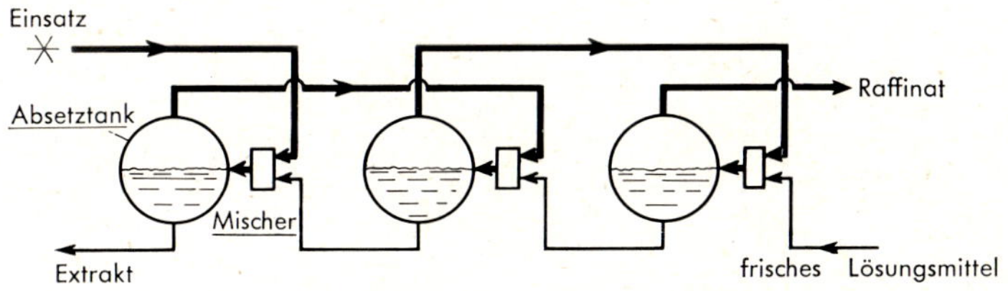

Abb. 94. Schema einer 3-stufigen Extraktion

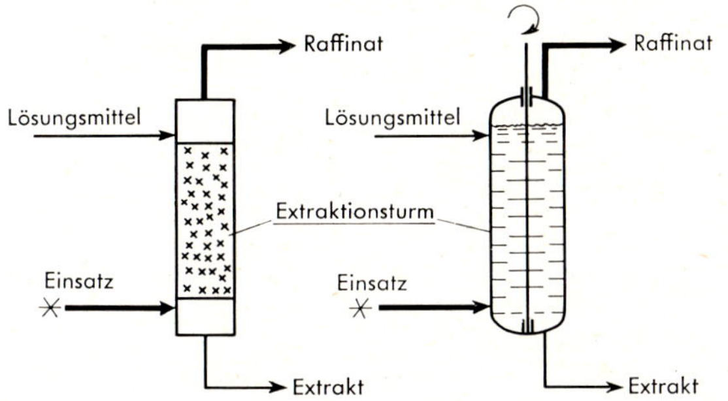

Abb. 95. Schema der Gegenstrom-Extraktion in einem Turm
a) mit Füllkörper b) mit rotierenden Scheiben

genannten *Extraktionstürmen*, die entweder mit einem Material großer Oberfläche (zum Beispiel Raschigringen) gefüllt sind, oder aber perforierte Böden und andere Schikanen, neuerdings auch rotierende Scheiben (sogenannte Rotating Disk Extractors) enthalten (Abb. 95).

Lösungsmittel und zu extrahierendes Material bewegen sich zufolge des Unterschiedes in der Dichte im Turm im Gegenstrom ab- bzw. aufwärts. Dem Kopf der Kolonne kann das ausraffinierte, relativ extraktionsmittelarme «Raffinat», dem Boden ein extraktionsmittelreicher «Extrakt» entnommen werden. Einen großen Raum nehmen schließlich die Einrichtungen zum Abtrennen und Reinigen des Lösungsmittels ein.

Extraktionsverfahren finden heute in der Erdölaufarbeitung eine weitverbreitete Verwendung zur Herstellung aromatischer Benzinextrakte, der Verbesserung der Brenneigenschaften der Leuchtpetrole und der Zündwilligkeit der Dieseltreibstoffe, der Vorbehandlung des Einsatzmaterials katalytischer Krackverfahren, der Entfernung von Schwefelwasserstoff und Merkaptanen und vor allem zur Herstellung hochwertiger Schmieröle.

1. DER EDELEANU-PROZESS
(Extraktion mit flüssigem SO_2)

Dieses 1908 von Edeleanu zur Verbesserung der Brenneigenschaften aromatischer Leuchtpetrole patentierte und seit 1911 in die Praxis eingeführte, als Pionier der Erdöl-Extraktionsprozesse anzusprechende Verfahren dient heute neben seinem ursprünglichen Zweck auch der Herstellung von Benzinextrakten (sogenanntem Benzex) aus besonders aromatreichen (aber seltenen) Benzindestillaten (Sumatra, Borneo), sowie der Verbesserung der Eigenschaften von Dieseltreibstoffen und Schmierölen.

Abb. 96 stellt ein stark vereinfachtes *Schema* einer Benzin-Edeleanu-Fabrik dar. Wie daraus ersichtlich, ist die eigentliche Extraktionsapparatur nur ein, wenn auch wichtiger Teil der gesamten Anlage. Sie besteht hier aus einem mit Raschigringen gefüllten Extraktionsturm. Das zu trennende Material wird diesem, nach Vorkühlung im Wärmeaustausch mit dem kalten Raffinat und Extrakt und in SO_2-Verdampfern (im Schema aus Gründen der Übersichtlichkeit nicht gezeichnet), etwas oberhalb des Bodens zugeführt. Es bewegt sich dann, seines relativ zum Extraktionsmittel niedrigen spezifischen Gewichtes wegen, im Turm aufwärts. Dieser wird mit dem vorgekühlten, flüssigen SO_2 berieselt. An der Oberfläche der Raschigringe findet ein intensiver Kontakt Platz. Dabei lösen sich vorzüglich die Aromaten des Ausgangsmaterials und werden, zusammen mit dem Hauptteil des Lösungsmittels, vom Boden der Kolonne als «Extrakt» abgezogen. Die paraffinisch-naphthenischen Anteile («Nichtaromaten») mit etwas darin gelöstem SO_2, das «Raffinat», verlassen den Kopf des Turmes. Der Rest der gezeichneten Apparatur dient der Rückgewinnung des Lösungsmittels, bzw. dem Ausdämpfen von Extrakt und Raffinat. Dann muß das gasförmige SO_2 durch Komprimieren und Kühlen wieder in flüssige Form übergeführt werden. (Siehe auch Abb. 97).

Wie im theoretischen Teil gezeigt, sind dem maximalen (auch in einer mehrstufigen Extraktion) zu erzielenden Aromatengehalt des Extraktes Grenzen gesetzt, die von der Form der Binodalkurve abhängen. Er be-

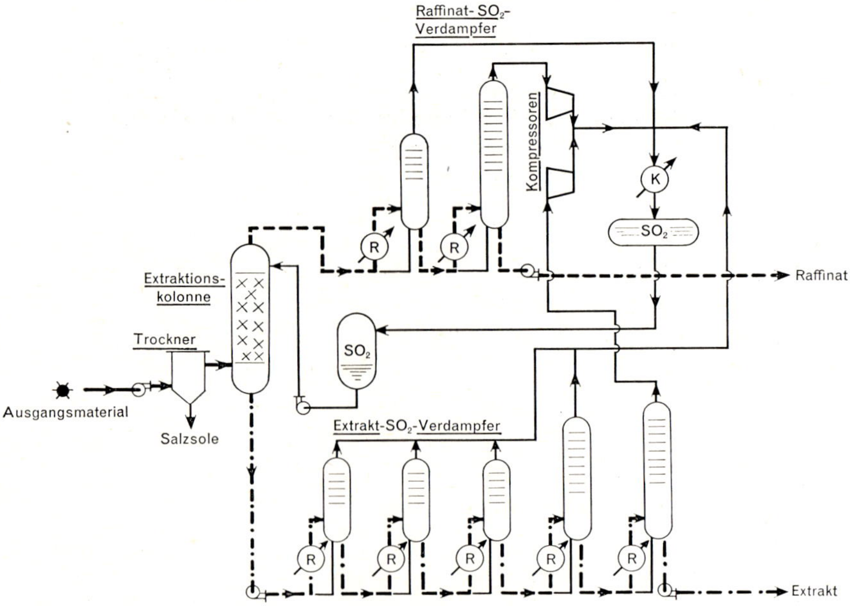

Abb. 96. Schema einer Edeleanu-Fabrik

trägt bei der Benzinextraktion zum Beispiel etwa 75–80%. Will man möglichst *reine* Aromaten herstellen, so kann man in einer *Nachextraktion* die Benzin-Nichtaromaten des Extraktes noch durch solche eines andern Siedebereiches verdrängen und anschließend durch Destillation einen besonders hocharomatischen «Superextrakt» herstellen, aus dem sich, so gewünscht, auch reines Benzol, Toluol und Xylole herstellen lassen.

Abb. 97. Edeleanu-Anlage, Curaçao, Westindien SHELL

Bei der Extraktion von Schmierölen erweist sich das Lösevermögen des SO_2 für höher molekulare Aromaten als ungenügend. Um allzu hohe Lösungsmitteldosen zu vermeiden, wird für solche Zwecke dem SO_2 deshalb manchmal (allerdings unter Einbuße an Selektivität) Benzol zugesetzt.

2. DAS UDEX-VERFAHREN

Ebenfalls der Herstellung aromatischer Benzinextrakte als klopffeste Autobenzinkomponenten oder aber reiner Aromaten für erdölchemische Zwecke (siehe Kapitel XXI) dient das *Udex-Verfahren*. Es verwendet als Extraktionsmittel ein etwa 8–12% Wasser enthaltendes Äthylenglykol. Im Gegensatz zum Edeleanu-Prozeß arbeitet die Udex-Extraktion ohne hohe Drucke und mit einem nicht korrosionsgefährlichen Lösungsmittel. Auch wendet man wesentlich höhere Temperaturen an (es werden somit keine Kühlaggregate benötigt). Gegenüber der noch zu beschreibenden extrahierenden Destillation (siehe S. 162) hat dieses Verfahren den Vorteil, daß auch Fraktionen relativ *weiten* Siedebereiches, die mehr als nur einen Aromaten enthalten, verarbeitet werden können.

Abb. 98 zeigt das *Schema* einer mit Extrakt-«Rückfluß» arbeitenden Anlage. Das Einsatzmaterial wird hier dem mittleren Teil des Extraktionsturmes zugeführt, den man oben mit dem Lösungsmittel (wässerigem Äthylenglykol) berieselt. Der Extrakt vom Boden des Turmes, der im untern Teil desselben noch mit reinem Extrakt nachgewaschen wird (sogenannter Extraktrückfluß), geht zur Lösungsmittelkolonne. Dort werden die extrahierten Benzinaromaten und das Wasser abgetrieben; das Bodenprodukt ist Äthylenglykol. Einen Teil des Extraktes schickt man als Rückfluß in den untern Teil des Turmes zurück; der Rest wird abgezogen.

Das noch etwas Lösungsmittel enthaltende Raffinat verläßt den Kopf des Extraktionsturmes und wird anschließend, zur Rückgewinnung des Äthylenglykols, noch mit

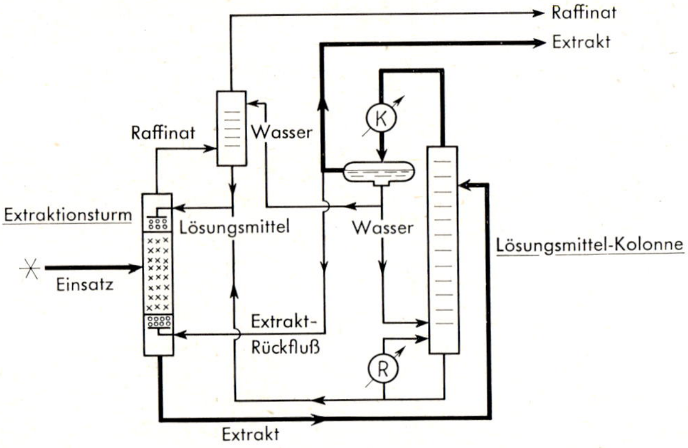

Abb. 98. Schema einer Udex-Extraktion

dem in der Lösungsmittelkolonne anfallenden Wasser gewaschen. Letzteres, kombiniert mit dem Äthylenglykol vom Boden der Kolonne, bildet das Extraktionsmittel und geht zum Turm zurück.

Durch eine Udex-Extraktion läßt sich zum Beispiel aus einem katalytischen Reformat (siehe Kapitel XIV) eine hochwertige, sehr klopffeste Autobenzinkomponente einer ROZ (ungebleit) um 100 oder aber, so gewünscht, ein für erdölchemische Zwecke geeignetes Gemisch mit über 99% Aromaten herstellen.

3. VERFAHREN ZUR SCHMIERÖLVEREDELUNG

Die heute wichtigste Anwendung finden Extraktionsverfahren jedoch bei der Herstellung hochwertiger Schmieröle aus gemischtbasischem Ausgangsmaterial. Über 90% der Schmieröle werden zum Beispiel in den

Abb. 99. Propan-Entasphaltierung LUMMUS

USA mit Hilfe von Extraktionsverfahren hergestellt. Es sind dazu drei verschiedene Veredelungen nötig:

a) das Entfernen der asphaltartigen Anteile,
b) das Entparaffinieren,
c) das Verbessern des Viskositätsindexes (V.I.).

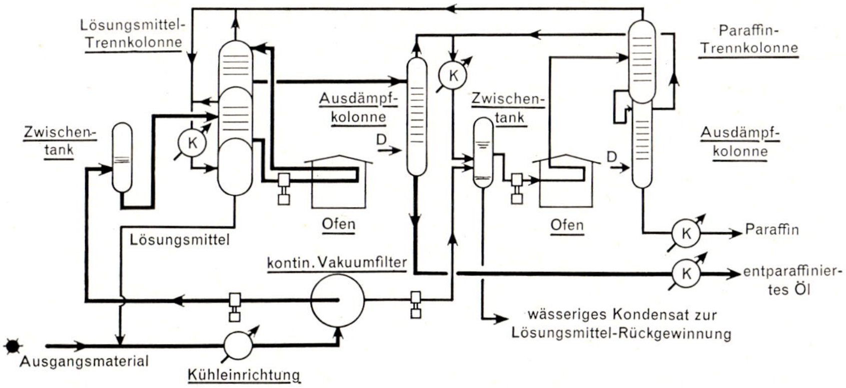

Abb. 100. Vereinfachtes Schema der MEK-Entparaffinierung

Abb. 101. MEK-Entparaffinierungsanlage LUMMUS

a) Das Ausfällen asphaltartiger Anteile: Als Lösungs- bzw. Fällungsmittel verwendet man flüssiges Propan. Moderne Anlagen arbeiten, ähnlich wie der beschriebene Edeleanu-Prozeß, in einem Extraktionsturm im Gegenstrom. Die asphaltartigen Anteile sind propanunlöslich und werden somit

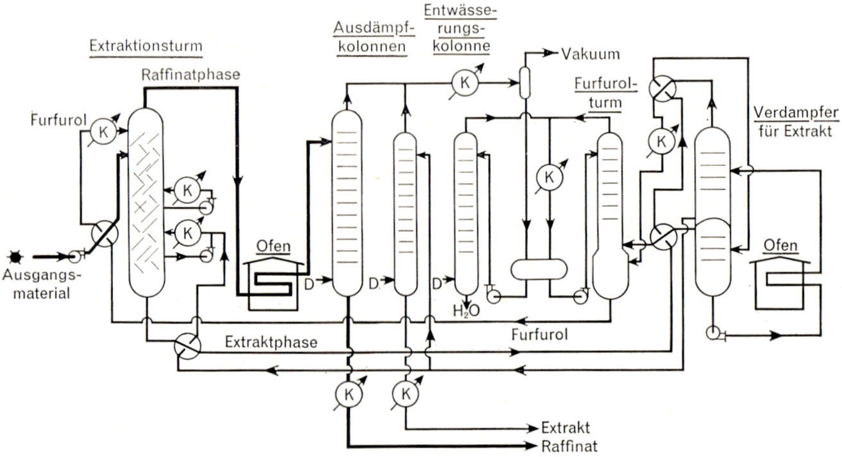

Abb. 102. Schema der Furfurolextraktion

Abb. 103. Furfurolextraktionsanlage LUMMUS

abgeschieden. Man erhält ein helles, sauberes Raffinat und ein relativ ölfreies Bitumen hohen Schmelzpunktes. Propan ist ein für Erdölraffinerien einfach und billig erhältliches Fällungsmittel und hat den Vorteil, sich seiner großen Flüchtigkeit wegen auch wieder leicht aus Raffinat und Extrakt abtreiben zu lassen. Durch das Entasphaltieren wird die Verkokungszahl des Öles zum Beispiel von etwa 10–15% auf etwa 1,5% reduziert. Abb. 99 ist eine Ansicht einer solchen Anlage.

b) Das Entparaffinieren: Dieses kann, wie bereits beschrieben (siehe Kapitel VIII), durch Ausfrieren geschehen. Mehr und mehr verwendet man jedoch für diesen Zweck heute Lösungsmittel. Das dabei anfallende *Paraffin* oder *Petrolatum* kann anschließend zu marktfähiger Ware aufgearbeitet werden, oder aber es dient zum Beispiel als Ausgangsmaterial für Krackverfahren.

Ein erstes solches «Solvent»-Entparaffinierungsverfahren benutzt ebenfalls *flüssiges Propan* als Lösungsmittel. Durch teilweises Abdampfen des Propans kühlt man die Lösung auf etwa —40° C, wobei sich das Paraffin abscheidet, und filtriert dann kontinuierlich mit Trommelfiltern. Dies sind als Filter ausgebildete, im Paraffinbrei rotierende Zylinder, auf deren Innenseite ein Vakuum herrscht. Öl und Lösungsmittel dringen ins Innere, während sich auf dem Filter eine Paraffinkruste festsetzt, die kontinuierlich gewaschen und abgeschabt wird. Der Stockpunkt des mit Hilfe von Propan entparaffinierten Öls liegt leider etwa 20° C über der Filtriertemperatur.

Ein anderes Entparaffinierungsverfahren benutzt als Lösungsmittel ein *Gemisch von Methyläthylketon (MEK) und Benzol*. Abb. 100 zeigt ein Schema, Abb. 101 eine Ansicht einer solchen Anlage. Die Ketone geben dem Lösungsmittelgemisch das zur guten Entparaffinierung erwünschte selektive Lösevermögen und liefern ein wohlkristallisiertes, leicht zu filtrierendes Paraffin; Benzol muß zugesetzt werden, um das Lösevermögen für die Ölanteile zu erhöhen. Der Stockpunkt des mit dieser Methode erhältlichen Raffinates ist etwa gleich der Filtriertemperatur.

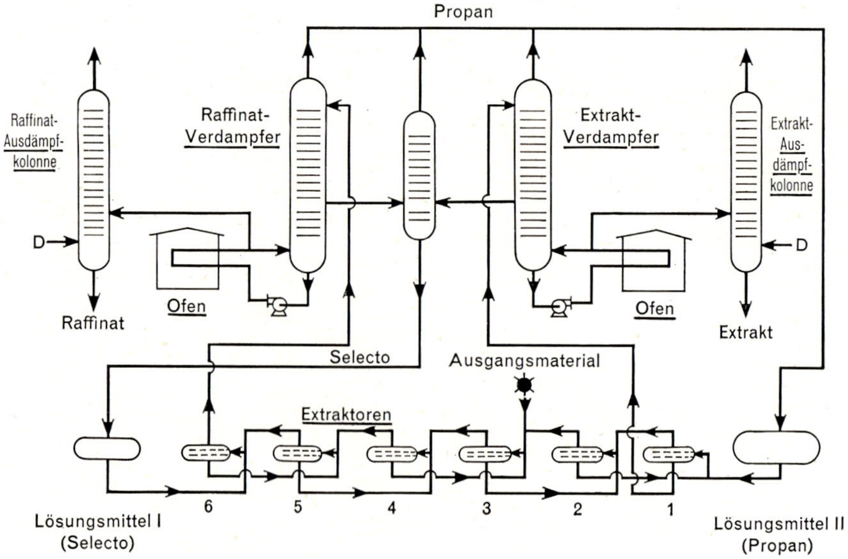

Abb. 104. Schema Duosol-Verfahren (stark vereinfacht)

Abb. 105. Drei der sieben Extraktoren einer Duosolanlage SHELL

Schließlich werden zum Entparaffinieren auch noch *chlorierte Lösungsmittel* angewendet. So benutzt das *Separator-Nobel-* (SN-) Verfahren Trichloräthylen und der *Barisolprozeß* ein Gemisch von Benzol und Äthylenchlorid.

c) Verfahren zur Verbesserung des Viskositätsindexes: Man unterscheidet die mit *einem* und die mit *zwei* verschiedenen Lösungsmitteln arbeitenden Verfahren.

Zu ersteren gehört der bereits besprochene *Edeleanu-Prozeß*, der aber bei der Schmierölveredelung von andern, wirksameren Methoden verdrängt wird. Die heute meistverwendeten sind der *Furfurol-* und der *Phenolprozeß*. Bei beiden wird das zu trennende Material mit dem Lösungsmittel im Gegenstrom behandelt, wobei die unerwünschten Anteile ins Lösungsmittel übergehen und ein hochwertiges Raffinat ensteht. Die Furfurolextraktion dient neben der Schmierölveredelung auch andern Zwecken. So läßt sich damit zum Beispiel die Cetanzahl von Gasölen erheblich verbessern. Eine Besonderheit neuerer Furfurolextraktionsanlagen ist die Anwendung eines *Temperaturgefälles* in der Extraktionskolonne, wodurch der Trenneffekt erheblich verbessert wird. Abb. 102 gibt ein vereinfachtes Schema, Abb. 103 eine Ansicht einer solchen Anlage. Ein ähnlicher Effekt wird bei der Phenolextraktion durch das *Einspritzen von Wasser* in den untern Teil der Extraktionskolonne erzielt.

Andere in diese Gruppe gehörende Verfahren sind der *Nitrobenzol-* und der *Chlorexextraktionsprozeß*, welch letzterer mit Dichloräthyläther als Lösungsmittel arbeitet.

Als sehr vielseitig brauchbar hat sich schließlich das mit *zwei verschiedenen*, sich im Gegenstrom zueinander bewegenden Lösungsmitteln arbeitende Verfahren, der *Duosolprozeß*, erwiesen. Hier wird, wie aus dem Schema Abb. 104 ersichtlich, in einem mehrstufigen Extraktionssystem Propan einerseits und «Selecto» (ein Gemisch von Phenol und Kresolen) andererseits verwendet. Im Propan löst sich das Raffinat, während asphaltartige Körper, die unerwünschten Aromaten und Naphthene sowie gefärbte Stoffe mit dem Selecto entfernt werden. Das zu trennende Material wird in einer mittleren Stufe zugesetzt. Abb. 105 zeigt eine Ansicht einer solchen Anlage.

Die praktische Bedeutung der verschiedenen besprochenen Schmierölextraktionsverfahren geht aus der Tabelle XXVII hervor.

Tabelle XXVII. *Schmieröl-Extraktionsanlagen in den USA*[1] *1959*

	Faß pro Arbeitstag	%
Entasphaltierung (mit Propan)	61 100	100
Entparaffinierung		
MEK	128 000	86
Propan	20 300	14
	148 300	100
V.I.-Verbesserung		
Phenol und Duosol	127 250	$61^1/_2$
Furfurol	69 500	$33^1/_2$
Chlorex	7 000	$3^1/_2$
Nitrobenzol	2 800	$1^1/_2$
	206 550	100

[1] Petroleum Refiner Juni 1960.

Die mit diesen Verfahren zu erzielenden Schmierölausbeuten hängen vom Ausgangsmaterial und dem gewünschten V. I. ab. Paraffinbasische pennsylvanische Öle z. B. liefern relativ hohe, gemischtbasische Mid-Continent-Öle wesentlich niedrigere Ausbeuten.

4. WEITERE ANWENDUNGEN DER EXTRAKTION

Da die in Kapitel XIII zu besprechenden katalytischen Krackverfahren ein möglichst asphalt- und metallfreies Einsatzmaterial benötigen, wer-

Tabelle XXVIII. *Extraktionsverfahren*

Name bzw. Lösungsmittel	Bedingungen		Zweck und Resultat
	Verhältnis Lösungsmittel/Öl	Temperatur °C	
Edeleanu .... schweflige Säure (SO_2)	1–3	+ 15 bis —30	*Extraktion der Aromaten:* Bei Petrolen: Verbesserung von Rußpunkt und Schwefelgehalt. Bei Benzinen: Herstellung klopffester Extrakte (Benzex). Bei Schmierölen: V.I.-Verbesserung. Bei Dieseltreibstoffen: CZ-Verbesserung.
Udex .... Glykol/Wasser[2]	8–15	150	*Isolierung reiner Aromaten* (aus kat. Reformat)
Furfurol	2–4	40–120[1]	*Schmierölverbesserung:*
Phenol	1–3	45–120[1]	V.I.-Erhöhung, Verbesserung von Farbe, Schwefelgehalt und
Nitrobenzol	$^1/_2$–2	0–20	Verkokungszahl sowie der Oxydationsbeständigkeit.
Chlorex .... Dichloräthyläther	—	0–50	Das Furfurolverfahren wird auch zur CZ-Verbesserung und zur
Duosol .... Propan + Selecto	$1^1/_2$–4 (je)	15–30	Erniedrigung des S-Gehaltes von Dieseltreibstoffen angewandt.
Entasphaltieren .... Propan	3–10	50–80	*Entfernen der asphaltartigen Anteile* aus einem Schmierölgrundstoff: Farbe- und Verkokungszahl-Verbesserung.
Decarbonizing			Herstellung eines asphalt- und metallfreien Ausgangsmaterials für katalytische Krackverfahren: Erniedrigung der Verkokungszahl
Entparaffinieren .... Propan	2–3	—35 bis —40	*Entfernen festen Paraffins:* Stockpunkt des Filtrates etwa 20° C über der Filtriertemperatur, Ölgehalt des Rohparaffins 6–8 %.
Methyläthylketon .... + Benzol oder Toluol	1–4	—5 bis —20	Stockpunkt des Filtrates etwa gleich der Filtriertemperatur.

[1] Temperaturgefälle in der Extraktionskolonne 15–40° C.
[2] Wassergehalt 8–12 %.

den Rückstandsöle vorher manchmal mit flüssigem Propan entasphaltiert, wie dies für die Schmierölherstellung bereits beschrieben wurde. Man nennt dies dann «*Decarbonizing*» («Entkohlung»).

Aber auch bei der Nachbehandlung der Produkte, wie sie in Kapitel XVIII beschrieben wird (zum Beispiel zur Auswaschung der Merkaptane) und in der in Kapitel XXI behandelten erdölchemischen Industrie kommen solche Extraktionsverfahren zur Anwendung.

In Tabelle XXVIII sind die wichtigsten Extraktionsverfahren nochmals zusammengestellt.

Ergänzende Literatur zu den Kapiteln VII, VIII und IX

Kalichevsky, V. A., *Modern Methods of Refining Lubricating Oils* (Reinhold Publishing Corp., New York 1938).

Treybal, R. E., *Liquid Extraction* (McGraw-Hill Book Comp. Inc., New York, Toronto, London 1951).

Sherwood, T. K., und Pigford, R. L., *Absorption and Extraction* (McGraw-Hill Book Comp. Inc., New York, Toronto 1952).

Alders, L., *Liquid-Liquid Extraction* (Elsevier Publishing Co., Amsterdam 1955).

Edgar, J. L., *Aromatics from Petroleum*, in: Introduction to Petroleum Chemicals (Pergamon Press, Oxford, London, New York, Paris 1961).

Siehe auch S. 304

X. DIE ADSORPTION

Allgemeines

Ähnlich wie gewisse *Flüssigkeiten* ein spezifisches Lösevermögen für bestimmte Kohlenwasserstoffgruppen aufweisen und damit die *Extraktionsprozesse* ermöglichen, von denen im vorigen Abschnitt die Rede war, so zeigen auch verschiedene *feste Substanzen* eine meist in der Reihenfolge: Aromaten (Schwefelverbindungen), Olefine, Naphthene, Paraffine abnehmende Affinität für Kohlenwasserstoffe. Auch diese Tatsache läßt sich zu Trennprozessen, den «*selektiven Adsorptionsverfahren*», ausnutzen.

Gewisse Kohlenwasserstoffmoleküle werden dabei an der Oberfläche solcher Stoffe preferentiell festgehalten. Letztere müssen deshalb vor allem eine große wirksame *Oberfläche* aufweisen; aber auch die *Stoffart* ist von Bedeutung. Bewährt haben sich Silicagel, Aluminiumsilikate, aktivierte Tonerde und Aktivkohle.

Solche Adsorptionsmethoden (wie zum Beispiel die Bleicherderaffination) sind im Dienste der Nachraffination schon lange bekannt, sollen in jenem Zusammenhang jedoch in Kapitel XVIII zur Sprache kommen. Hier wird nur auf die (vorläufig noch weniger häufige) Anwendung der Adsorption als eigentliches *Kohlenwasserstoff-Trennverfahren* eingegangen.

1. ENTBENZINIERUNG VON ERDGAS MIT AKTIVKOHLE

Eine der ebenfalls sehr alten Anwendungen der Adsorption in der Erdölindustrie ist die Gewinnung von Naturbenzin (Natural Gasoline) aus «nassem» Erdgas. Es wird dazu durch mit aktiver Kohle gefüllte Behälter geleitet bis sich diese mit Benzin gesättigt hat, worauf man auf eine frische Kammer umstellt und die erste zur Gewinnung des Benzins und Regenerierung der Kohle ausdämpft. Dieses intermittierende Verfahren hat sich aber im Laufe der Jahre gegenüber der in Kapitel VII beschriebenen kontinuierlichen *Absorption* in einem höher siedenden Kohlenwasserstoffgemisch nicht zu behaupten vermocht.

Interessanter sind die neuen *kontinuierlichen* Verfahren:

2. DER HYPERSORPTION-PROZESS

verwendet ein im Gegenstrom zum Einsatzmaterial durch die Apparatur (Turm) wanderndes, geschüttetes Adsorptionsmittel. Er eignet sich besonders zur Gewinnung von Äthylen und Acetylen aus verdünnten Gasströmen für die erdölchemische Industrie.

Die gekühlte Aktivkohle bewegt sich kolonnenabwärts. Das zu behandelnde Gasgemisch wird etwa in der Mitte zugeführt. In der obersten Sektion findet die *Adsorption* der gewünschten, zusammen mit etwas schwerer flüchtigen Anteilen statt. Das «arme» Gas verläßt den Kopf der Kolonne. Die Kohle sinkt weiter zur Abtreib- und Ausdämpfsektion, wo die adsorbierten Kohlenwasserstoffe, wenn gewünscht in mehreren Stufen, ausgetrieben werden. Die regenerierte und gekühlte Aktivkohle befördert man pneumatisch (durch «Gaslift») wieder oben in den Adsorber. Aus einem Teilstrom können in einem auf höherer Temperatur arbeitenden Ausdämpfapparat mitadsorbierte schwerere Kohlenwasserstoffe ausgetrieben werden.

Ein anderes solches Verfahren ist

3. DER AROSORB-PROZESS

Er dient vor allem der Anreicherung der Aromaten aus einem katalytischen Reformat (siehe zum Beispiel Iso-Plus-Houdriforming, Kapitel XIV).

Wie aus dem *Schema* Abb. 106 hervorgeht, leitet man das zu trennende Material durch mit gekörntem Silicagel beschickte Kammern. Die Aromaten werden dann aus dem Gemisch am Silicagel selektiv *adsorbiert*. Nach einiger Zeit stellt man auf eine frische Kammer um und bespült die an Aromaten angereicherte mit einem ebenfalls aromatischen, aber im Siedebereich vom Ausgangsmaterial verschiedenen «Desorbent» (Spülmittel). Die adsorbierten Benzin-Aromaten werden dann aus dem Silicagel verdrängt (eluiert) und können nachher durch Destillation abgetrennt werden. Die Spülflüssigkeit geht zum Prozeß zurück.

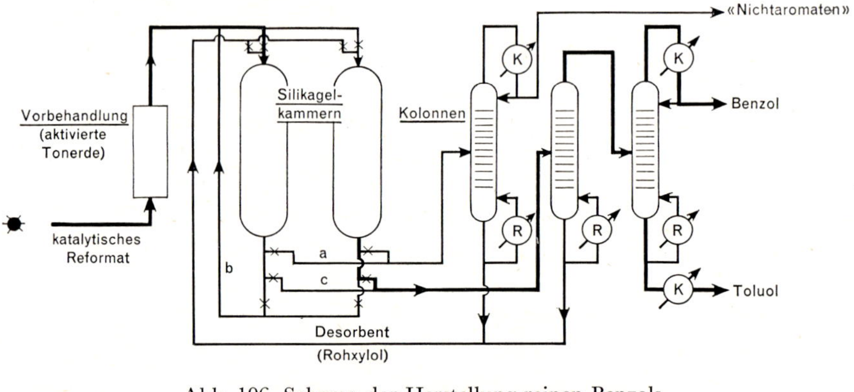

Abb. 106. Schema der Herstellung reinen Benzols und Toluols mittels des Arosorb-Verfahrens

a Weg des Gemisches Desorbent/Nichtaromaten (erstes Drittel des Zyklus);
b Umlaufleitung (zweites Drittel);
c Weg des Gemisches Desorbent/Benzol + Toluol (drittes Drittel).

4. MOLEKULARSIEBE

Erst neueren Datums ist die *stereo-selektive* Adsorption, bzw. die Verwendung sogenannter Molekularsiebe.[1] Es sind dies Adsorptionsmittel genau

[1] Siehe zum Beispiel BROWN, G. R., RIGHTMIRE, R. A. und STRECKER, H. A., *Gasoline Upgrading with the Use of Selective Adsorbents*, Paper 23, Section III, V. Welt-Erdölkongreß, 1959.

definierter Porengröße (zum Beispiel von 4 bis 5 Angström), die wohl die geradkettigen, nicht aber die verzweigten oder ringförmigen Kohlenwasserstoffe aufzunehmen vermögen. Als solche dienen Zeolithe, das heißt Aluminiumsilikate von Alkalimetallen, bei welchen ein Teil des Na gegen Ca ausgetauscht ist.

Das Adsorptionsmittel befindet sich stationär in Kammern, die sukzessiv von Adsorption auf Desorption und so nötig auf Reaktivierung umgestellt werden. Der Adsorptions-/Desorptionszyklus wird auf eine der folgenden Weisen erreicht:

- thermisch, indem der mit dem zu entfernenden Stoff angereicherte Zeolith aufgeheizt wird,
- bei nahezu konstanter Temperatur durch wechselnden Druck,
- durch Bespülen des angereicherten Zeolithen mit einem nicht oder nur wenig adsorbierbaren Gas (zum Beispiel H_2) oder einem Kohlenwasserstoffdampf,
- durch Verdrängen (Eluieren) des adsorbierten Stoffes mit einer ebenfalls adsorbierbaren Spülflüssigkeit, die sich vom Produkt leicht abtrennen läßt.

Mit solchen Verfahren können zum Beispiel Leichtbenzine in die wenig klopffesten *n*-Paraffine einerseits und die diesbezüglich hochwertigeren *i*-Paraffine, Naphthene und Aromaten andrerseits getrennt werden. Sie kämen vor allem in Kombination mit Isomerisierungs-, Reform- und Alkylierungsverfahren (siehe dort) in Frage. Die abgetrennten *n*-Paraffine könnten zum Beispiel als Ausgangsmaterial für die erdölchemische Industrie verwendet oder in den Flugturbinentreibstoff aufgemischt werden. Die stereo-selektive Adsorption kann aber natürlich auch auf andere Erdölfraktionen angewandt werden. Sie wird zum Beispiel zum Trocknen von Gasen und Flüssigkeiten, der Entfernung von Schwefelwasserstoff und niedriger Merkaptane aus Wasserstoffströmen und Naturgas usw. eingesetzt.[1]

Technisch bereits ausgearbeitete Verfahren dieser Art sind der *Molex-Prozeß* (UOP) und das *Texaco Selective Finishing*-Verfahren.

---

[1] SHERWOOD, P. W., *Molekularsiebe als neues Hilfsmittel für die Raffination*, Brennstoff-Chemie, 40, Nr. 11, 1959.

Ergänzende Literatur zu Kapitel X

MANTELL, C. L., Adsorption (McGraw-Hill Book Comp. Inc., New York, Toronto, London 1951).

Siehe auch S. 304

XI. KOMBINIERTE PHYSIKALISCHE TRENNVERFAHREN

In einigen Fällen, wo sich mit den beschriebenen *einfachen* physikalischen Trennverfahren der Destillation, Absorption, Kristallisation, Extraktion und Adsorption mit nützlichem Aufwand keine genügende Trennung erzielen läßt, führen manchmal *kombinierte* Verfahren zum Ziel:

1. DIE EXTRAHIERENDE DESTILLATION

(Englisch extractive Distillation)

Gemische von Kohlenwasserstoffen, deren Siedepunkte relativ nahe beisammen liegen, lassen sich oft durch eine konventionelle fraktionierte Destillation nur schwierig trennen. Unterscheiden sich die Komponenten jedoch zusätzlich in ihrer Löslichkeit in selektiven Lösungsmitteln, so kann manchmal eine *extrahierende Destillation* erfolgreich sein. Sie sei an Hand des wichtigsten Beispiels, der Herstellung reiner Aromaten (Benzol, Toluol) aus einem katalytischen Reformat (Kapitel XIV) etwas eingehender beschrieben:

Wie aus dem *Schema* Abb. 107 ersichtlich, muß das Einsatzmaterial erst durch eine konventionelle Fraktionierung in Schnitte engeren Siedebereiches, die nur noch *einen* Aromaten enthalten, aufgespalten werden. Das «aromatische Konzentrat» (zum Beispiel die Benzol-Fraktion) schickt man dann in eine zweite Kolonne, deren Rückfluß nun aber nicht, wie sonst üblich, aus der Topfraktion selbst, sondern aus einem schwerer flüchtigen, für Aromaten selektiven Lösungsmittel (Phenol, Anilin usw.) besteht. Es destillieren dann oben nur die vom Lösungsmittel nicht zurückgehaltenen «Nicht-

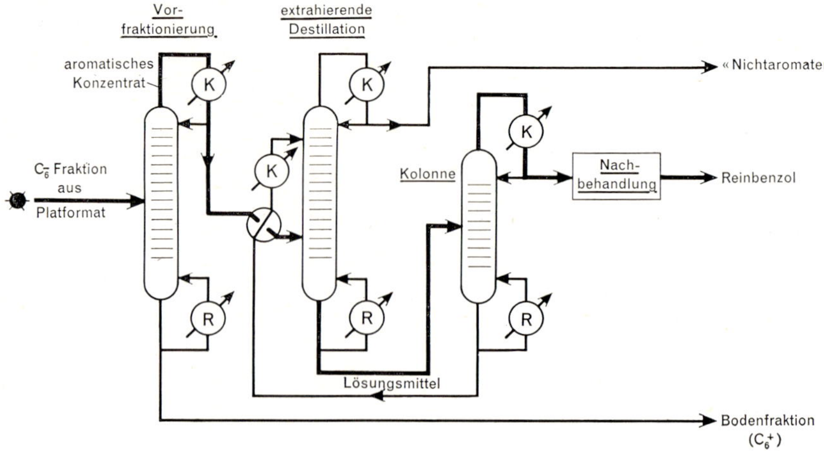

Abb. 107. Schema der extrahierenden Destillation

aromaten» ab, während der Aromat (hier Benzol), zusammen mit dem Lösungsmittel, die Kolonne am Boden verläßt. Er kann aus dem Gemisch durch eine weitere Destillation abgetrennt werden, während das Lösungsmittel in den Prozeß zurückkehrt.

Das Verfahren steht heute zur Herstellung reiner Aromaten in scharfer Konkurrenz mit dem Udex-Prozeß. Die extrahierende Destillation ermöglicht aber zum Beispiel auch die Trennung des gesättigten Butans von den Butylenen (C_4 von $C_4^=$) und jener von Butylenen vom Butadien ($C_4^=$ von $C_4^{\equiv}$) zum Beispiel mit Hilfe des *Phillips Furfurol/Wasser*- bzw. *Shell Aceton/Wasser*-Verfahrens.

2. DIE AZEOTROPE DESTILLATION

Eine weitere Möglichkeit ist die *azeotrope Destillation*, bei welcher man dem Gemisch zweier sonst nur schwierig zu trennender Komponenten vor der Destillation einen *Hilfsstoff* (englisch Entrainer) zusetzt, welcher mit der einen der Komponenten ein «azeotrop» niedrig siedendes Gemisch bildet, so daß sie sich nun leichter abtrennen läßt.

Ein Beispiel einer solchen azeotropen Destillation aus der erdölchemischen Industrie ist die Herstellung reinen Isopropylalkohols. IPA (Siedepunkt $82^1/_2$° C) und Wasser (Siedepunkt 100° C) sind durch gewöhnliche fraktionierende Destillation nicht zu trennen, weil sich ein bei 80° C siedendes Gemisch aus 87,7 % IPA und 12,3 % H_2O bildet.
Setzt man vorher jedoch den Hilfsstoff Benzol (Siedepunkt 80° C) zu, so entsteht ein bei $66^1/_2$° C azeotrop siedendes Gemisch aus 18,7 % IPA, 7,5 % H_2O und 73,8 % Benzol, und zurück bleibt reiner Isopropylalkohol.

Analoge Verfahren wurden zum Beispiel auch zur Herstellung reiner Aromaten entwickelt.

3. DIE EXTRAHIERENDE KRISTALLISATION

Dieses 1940 von F. BENGEN[1] entdeckte Verfahren erlaubt die Trennung eines Kohlenwasserstoffgemisches nach der *Struktur* der Moleküle. Als «Extraktions»-Mittel verwendet man Harnstoff $CO(NH_2)_2$, der mit den geradkettigen Paraffinen, und nur mit diesen, wohl definierte, abfiltrierbare feste Komplexe, sogenannte *Addukte* bildet, die sich nach Abtrennung wieder leicht in ihre Bestandteile trennen lassen. Man stellt sich vor, daß die spiralförmig gewundenen Harnstoffmoleküle (wie die Molekularsiebe) einen feinen, röhrenförmigen Kanal eines Durchmessers von wenigen Angström bilden, in welchen nur die geradkettigen, nicht jedoch die verzweigten oder gar ringförmigen Moleküle hineinpassen.

Ein Beispiel ist das in *Schema* Abb. 108 dargestellte *Verfahren der Deutschen Erdöl AG*, das zur Herstellung von Dieseltreibstoff und Spindelöl niedrigen Stockpunktes dient. Der Harnstoff wird in Wasser gelöst und das Einsatzmaterial mit Methylenchlorid (Siede-

[1] BENGEN, F., Deutsches Patent O.Z. 12438 vom 18.3.1940.

punkt 41° C) verdünnt, welches durch «Autorefrigeration» (das heißt seine Verdunstungskälte) dafür sorgt, daß die Mischung stets auf der für den Prozeß günstigsten Temperatur von 35–45° C bleibt. Es werden gleiche Teile Einsatzmaterial, Methylenchlorid und wäßrige Harnstofflösung intensiv gemischt, das entstehende Addukt auf einem Sieb abgetrennt und schließlich wieder in Paraffin und Harnstoff gespalten. Vom Sieb läuft ein entparaffiniertes Öl ab.

Eine größere Anlage dieses Typs wurde von der *SOC (Indiana)* zur Herstellung von Schmierölen besonders niedrigen Stockpunkts gebaut.

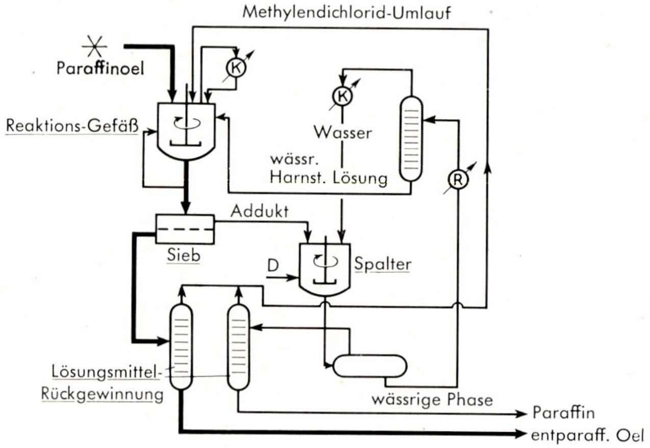

Abb. 108. Schema der Harnstoff-Extraktions-Anlage
der Deutschen Erdöl AG.

Katalytische «Wirbelbett»-Krackanlage, Pernis, Holland SHELL

III. TEIL

Chemische Methoden der Erdölaufarbeitung

Die besprochenen *physikalischen* Methoden erlauben es, aus dem Rohöl bestimmte Kohlenwasserstoffgemische abzutrennen; es kann damit jedoch sowohl mengen- wie auch qualitätsmäßig nur *das* herausgeholt werden, *was im Ausgangsmaterial bereits vorgebildet vorliegt.* Dies genügt aber schon lange nicht mehr.

Um die von Jahr zu Jahr und von Land zu Land wechselnden und sich qualitativ stets steigernden Bedürfnisse der Märkte befriedigen und *das ganze Rohöl* möglichst rationell ausnutzen zu können, müssen seine Bestandteile auch noch *chemisch*, das heißt durch einen *Eingriff in die Größe und Struktur* der Kohlenwasserstoffmoleküle, umgeformt werden. Ja man ist selbst für bestimmte Zwecke zur *Synthese*, dem künstlichen Aufbau, besonders hochwertiger Kombinationen übergegangen.

XII. DAS THERMISCHE KRACKEN UND DIE PYROLYSE

Allgemeines

Das älteste und ein auch heute noch sehr wichtiges Verfahren ist das «*Kracken*» (Spalten, englisch Cracking). Darunter versteht man vor allem das Aufspalten höher molekularer Kohlenwasserstoffgemische (Gasöle, Vakuumdestillate und auch Rückstandsöle) unter dem Einfluß erhöhter Temperatur (in der Praxis meist etwa 450 bis 550° C) und in neuerer Zeit von «Katalysatoren» (Reaktionsbeschleunigern), primär in kleinere Bruchstücke (vor allem Benzin, aber auch Gasöl und Gas) und sekundär, als Resultat zum Teil rückläufiger Reaktionen, in Kreislauföle, Teer und Koks. Es sollen unter diesem Titel aber auch noch die bei wesentlich höheren Temperaturen (650 bis 800° C) arbeitenden *Pyrolyse*-Verfahren zum Kracken von Erdgasen, Benzinfraktionen usw. zur Herstellung von Zwischenprodukten für die erdölchemische Industrie besprochen werden.

Das Kracken verdankt sein Entstehen ursprünglich dem sich mit der raschen Entwicklung des Otto-Motors stellenden Problem, aus dem Roherdöl genügende Mengen an *Benzin* herzustellen, ohne daß gleichzeitig unabsetzbar viel schwerer Rückstand entsteht. Es ist aber auch heute noch eines der wichtigsten Mittel, um die Raffinerieausbeuten den wechselnden Wünschen des Marktes anzupassen. Dazu erlaubt das Kracken aber auch noch eine wertvolle Verbesserung der Autobenzin-*Qualität* (Klopffestigkeit) und liefert schließlich, ursprünglich als Nebenprodukt, heute manchmal sogar als Hauptziel, das *olefinische Ausgangsmaterial zu chemischen Synthesen* aller Art.

Kurze theoretische Einführung

Das *thermische Kracken* besteht aus einer Reihe primärer (Spalt-) und sekundärer (Umwandlungs-) Reaktionen, die sich meist nur schwierig auseinanderhalten und verfolgen lassen. Zuerst wird, wie in Abb. 109 angedeutet, das hochmolekulare Einsatzmaterial zu wenigen, noch relativ großen Bruchstücken abgebaut. Daraus entstehen dann bei fortschreitendem Kracken das gewünschte Benzin, bald aber auch kleinste Spaltstücke, Gas. Bleiben diese Produkte den Krackbedingungen noch länger ausgesetzt, so stellen sich sekundäre Reaktionen ein, die rückläufig wieder zu höher molekularem «Teer» und schließlich «Koks» führen. Der zu beobachtende Endeffekt ist deshalb eine Überlagerung der verschiedensten solchen Reaktionen. Er ist weitgehend von der *Krackintensität*, die von Krackzeit und -temperatur bestimmt wird, abhängig. In der Praxis gilt es oft, die Bedingungen so zu wählen, daß möglichst viel des gewünschten

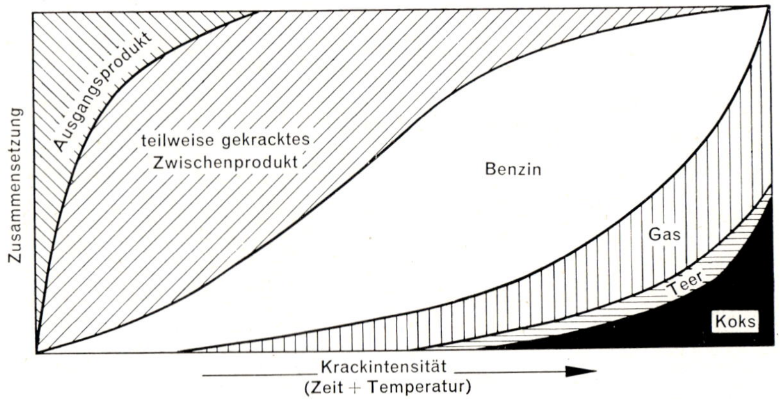

Abb. 109. Einfluß der Krackintensität auf die Umsetzung des Ausgangsmaterials (schematisch)

Refiner and Natural Gasoline Manufacturer

Benzins, daneben aber noch nicht ein zu großer Prozentsatz an Gas und Teer und möglichst wenig Koks entstehen.

Für die chemische Zusammensetzung und damit die Eigenschaften der *gekrackten* im Gegensatz zu den durch bloße Destillation aus dem Rohöl herzustellenden «*Straightrun*»-Produkte charakteristisch ist die Tatsache, daß das Aufspalten größerer (gesättigter) Kohlenwasserstoffmoleküle in mehrere Bruchstücke zwangsläufig zu einem *Wasserstoffmanko* führt. Gekrackte Produkte enthalten deshalb neben Paraffinen, Naphthenen und Aromaten auch mehr oder weniger viel ungesättigte (und deshalb reaktionsfähige!) *Olefine* und Diolefine (siehe Kapitel IV). Tabelle XXIX nach SACHANEN[1] gibt einige Beispiele für die Gruppenanalyse verschiedener Krackbenzine und Reformate (Kapitel XIV).

Für eine ausführliche Behandlung der Thermodynamik und Chemie der Krackreaktionen muß auf die einschlägige, zum Teil am Schlusse des Kapitels zusammengestellte Literatur verwiesen werden. Im folgenden sollen nur die wichtigsten Krackreaktionen der verschiedenen Kohlenwasserstoff-Familien skizziert werden:

Krackreaktionen der Paraffinkohlenwasserstoffe

Die *primär* wichtigsten Reaktionen sind a) die Aufspaltung in ein niedriger siedendes Paraffin und ein Olefin und b), in geringem Maße, auch Dehydrierung (Wasserstoffabspaltung). Schematisch kann dies an einem einfachen Beispiel wie folgt dargestellt werden:

a) $CH_3 \cdot CH_2 \cdot CH_2 \cdot CH_3 \dashrightarrow CH_4 + CH_3 \cdot CH = CH_2,$
$\dashrightarrow CH_3 \cdot CH_3 + CH_2 = CH_2,$

b) $CH_3 \cdot CH_2 \cdot CH_2 \cdot CH_3 \dashrightarrow H_2 + CH_3 \cdot CH_2 \cdot CH = CH_2,$
$\dashrightarrow 2H_2 + CH_2 = CH \cdot CH = CH_2.$

Die Tendenz zur Wasserstoffabspaltung nimmt mit steigendem Molekulargewicht des Krackgutes ab.

Sekundär können dann die gebildeten Olefine a) weiter zerfallen oder aber b) sich polymerisieren, zum Beispiel:

a) $CH_2 = CH \cdot CH_2 \cdot CH_2 \cdot CH_3 \dashrightarrow CH_4 + CH_2 = CH \cdot CH = CH_2,$
$\xrightarrow{+H_2} CH_4 + CH_3 \cdot CH_2 \cdot CH = CH_2,$

b) $CH_2 = CH_2 + CH_2 = CH_2 \dashrightarrow CH_3 \cdot CH_2 \cdot CH = CH_2$ (Dimer),
$CH_3 \cdot CH_2 \cdot CH = CH_2 + CH_2 = CH_2 \dashrightarrow CH_3 \cdot CH_2 \cdot CH_2 \cdot CH_2 \cdot CH = CH_2$ (Trimer).

Für einen Paraffinkohlenwasserstoff $C_{29}H_{60}$ (Nonakosan) könnte man sich den ganzen Vorgang stark schematisch und vereinfacht wie in Tabelle XXX dargestellt vorstellen.

[1] SACHANEN, A. N., *Conversion of Petroleum.*

Tabelle XXIX. *Chemische Zusammensetzung von Krackbenzinen und Reformaten* (Siedeende $204^1/_2$° C)

Verfahren	Ausgangsmaterial	Zusammensetzung Vol. %			
		Aromaten	Olefine	Naphthene	Paraffine
Thermisch	Gasöl				
«Gemischtphase» Kracken	paraffinisch	8	39	16	37
	naphthenisch	15	30	25	30
Reformen	gemischtes Schwerbenzin	15	20	30	35
«Dampfphase» Kracken	Gasöl	20	45	15	20
Polyformen	Schwerbenzin und Gas	22	36	18	24
Katalytisch	Gasöl				
Kracken bei 455° C	paraffinisch	15	16	23	46
	naphthenisch	22	13	32	33
Kracken bei 524° C	paraffinisch	40	5	19	36
Reformen	gemischtes Schwerbenzin	28	5	26	41

Krackreaktionen der Naphthenkohlenwasserstoffe

Hier sind die *primär* wichtigsten Reaktionen a) der Abbau paraffinischer Seitenketten, zum Beispiel:

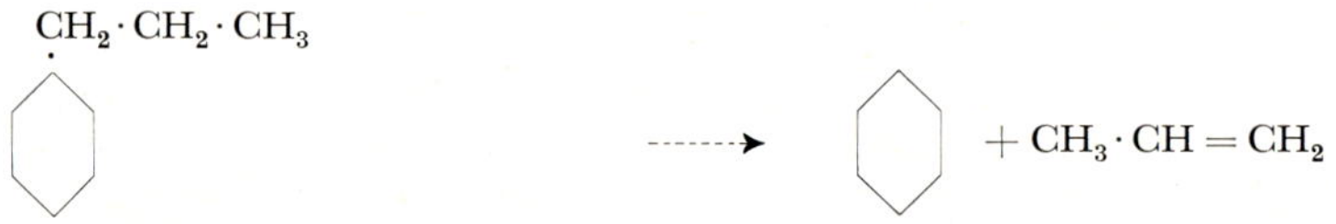

und b) die Dehydrierung zu Aromaten:

Krackreaktionen der Aromaten

Diese erleiden *primär* ebenfalls den Abbau paraffinischer Seitenketten, wobei Aromaten kurzer Seitenketten, Paraffine und Olefine entstehen.

Sekundär werden sie zu Teer und schließlich Koks kondensiert (zusammengeballt).

Tabelle XXX. *Krackreaktionen*[1]
(stark schematisch und vereinfacht)

Ausgangsmaterial: schweres Gasöl (Nonakosan)	($C_{29}H_{60}$) $C_7H_{15} \cdot C_{15}H_{30} \cdot C_7H_{15}$
mildes Kracken:	$C_7H_{16} + C_{14}H_{28} = CH_2 + C_6H_{12} = CH_2$ C_7H_{16}: Benzin; $C_{14}H_{28} = CH_2$: teilweise gekrackte Ware («Recycle stock»); $C_6H_{12} = CH_2$: ungesättigtes klopffestes Benzin
fortgeschrittenes Kracken:	$C_2H_6 + (C_4H_8 = CH_2 + C_8H_{18} + C_6H_{12} = CH_2) + CH_2 = CH{\cdot}CH = CH{\cdot}CH_3 + C_2H_4$ C_2H_6: Gas (gesättigt); $(C_4H_8 = CH_2 + C_8H_{18} + C_6H_{12} = CH_2)$: Benzinkohlenwasserstoffe; $CH_2 = CH{\cdot}CH = CH{\cdot}CH_3$: Diolefine (Harzbildner); C_2H_4: Gas (ungesättigt)
scharfes Kracken: (beginnende teilw. Polymerisation)	$C_2H_6 + (C_4H_8 = CH_2 + C_8H_{18}) + C_{12}H_{22} + C_2H_4$ C_2H_6: Gas (gesättigt); $(C_4H_8 = CH_2 + C_8H_{18})$: Benzinkohlenwasserstoffe; $C_{12}H_{22}$: Teer oder «Recycle stock»; C_2H_4: Gas (ungesättigt)

↓ zunehmende Krackintensität

[1] Nach Nelson, Petroleum Refinery Engineering

Unter gleichen Krackbedingungen gehen von den verschiedenen Kohlenwasserstoff-Familien die Paraffine am leichtesten Krackreaktionen ein; ihnen folgen die Olefine, Diolefine, Naphthene mit 6er- und 5er-Ringen. Am stabilsten oder «resistentesten» sind schließlich die Aromaten. Weiter lassen sich die höheren Paraffinkohlenwasserstoffe zum Beispiel erheblich leichter kracken als die niedriger molekularen. So krackt nach HENGSTEBECK[1] ein Gasöl etwa:

5 mal schneller als ein Schwerbenzin
50 mal schneller als Propan C_3
300 mal schneller als Äthan C_2
400 000 mal schneller als Methan C_1

In der Praxis dient als ungefähres *Maß für die «Krackbarkeit»* (Crackability) oder (in umgekehrter Bedeutung) «Refractoriness» (der dem Kracken gebotene Widerstand) bei Erdölfraktionen *ähnlichen Siedebereiches* der schon erwähnte Charakterisierungsfaktor K (S. 63). Er variiert von etwa 9 für stark aromatische (und deshalb schwierig zu krackende Ware, sogenannte «refractive Stocks») bis 12,5 für ein ausgesprochen paraffinisches (und deshalb relativ leicht zu krackendes) Material. Für Produkte *verschiedener* Siedegrenzen dagegen eignet sich besser[2] die *Funktion*:

$$C = \frac{T}{S}$$ wobei T = (volum-) mittlerer Siedepunkt in °F absolut
S = Dichte 60/60° F.

Tabelle XXXI gibt einige Werte von K und C für verschiedene Erdölprodukte.

Thermische Krackverfahren

Die ersten technisch brauchbaren Krackprozesse arbeiteten noch ohne Verwendung von Katalysatoren, waren somit rein *thermische* Prozesse.

1. VORLÄUFER

Bei den ersten in den 1910er Jahren entstandenen thermischen Krackverfahren wurde das Einsatzmaterial in parallelen Rohrsystemen und/oder von außen beheizten Blasen oder Reaktionskammern erhitzt. Man wandte nach heutigen Begriffen nur mäßige, 420° C nicht übersteigende Temperaturen an. Da das Reaktionsprodukt ohne Abtrennung des gebildeten Teeres den Krackbedingungen weiter ausgesetzt blieb, trat bald auch Koksbildung ein, die zum Unterbruch zwang.

[1] HENGSTEBECK, R. J., *Petroleum Processing*.
[2] SACHANEN, A. N., *Conversion of Petroleum*.

Tabelle XXXI. *Charakterisierungsfaktor K und Funktion C als Maßstäbe für die «Krackbarkeit» von Erdölprodukten*

Produkt	Charakterisierungsfaktor *K*	Funktion *C*
Paraffinbasisches Erdöl	11,7	—
Daraus hergestellte Produkte:		
Leichtbenzin	12,2	500
Schwerbenzin	11,6	530
Petrol	11,7	610
Gasöl	11,9	665
Paraffinöldestillat	12,3	865
Rückstand	12,0	728
Naphthenbasisches Erdöl	10,9	
Daraus hergestellte Produkte:		
Benzin		531
Petrol		620
Gasöl	11,3	637
Aromatische Produkte		
Benzol		405
Schwere Anteile aus Edeleanu-Extrakt (Resex)	10,1	542
Thermisch gekrackte Fraktionen		
Leichtöl (150 bis 365° C)	10,3	545
Schweröl (170 bis über 350° C)	10,9	625

Später lernte man dieses Problem auf verschiedene Weise zu umgehen:

2. VISCOSITY-BREAKING

Es ist dies ein *mildes Kracken* in Röhrenöfen mit nur einmaligem Durchsatz (once-through), so daß noch kein Koks entsteht, das Einsatzmaterial aber auch nur teilweise aufgespalten wird. Es bildet sich dabei nur relativ wenig (etwa 10%) und nicht sehr klopffestes Benzin. Doch gelingt es, die Viskosität und den Stockpunkt schwerer Rückstände bedeutend zu erniedrigen (daher Name!).

3. VERFAHREN MIT «SAUBEREM UMLAUF»
(clean Recycling)

Große Verbreitung fanden sogenannte *Gemischtphaseprozesse* mit «sauberem Umlauf». Das Einsatzmaterial wird im Ofen teilweise verdampft (so daß man in gemischt flüssiger und Dampfphase krackt, daher Name). Zur Vermeidung von Koksbildung in den Aufheizöfen begnügt man sich auch hier mit einem relativ niedrigen Umsatz von etwa 25 bis 30%, bei schweren Rückständen sogar nur 10 bis 15% pro Durchsatz. Das nur teilweise gekrackte Material wird jedoch, nach sorgfältiger Abtrennung des gebildeten Teeres, gemischt mit frischer Ware in den Prozeß zurückgeführt (clean Recycling). So erhält man zum Schluß doch Benzinausbeuten von 40 bis 55% auf Einsatzmaterial.

Um der besprochenen Tatsache Rechnung zu tragen, daß sich verschieden hoch siedende Fraktionen unterschiedlich leicht kracken lassen und somit beim gemeinsamen Kracken mittlere Bedingungen eingehalten werden müssen, welche für die hochsiedenden Anteile bald zu drastisch sind und zu Koksbildung führen, während gleichzeitig niedriger siedende nur unvollkommen aufgespalten werden können, hat man sogenannte *selektive Krackverfahren* entwickelt. Man trennt das zu spaltende Material erst durch Destillation in zwei bis drei Fraktionen verschiedenen Siedebereiches und unterwirft *jede für sich* den für sie günstigsten Krackbedingungen.

Im weiteren gibt es Gemischtphaseverfahren *mit* und *ohne Reaktionskammer*, wobei das Krackgut bei den erstgenannten nach dem Erhitzen in den Röhrenöfen noch einige Zeit in einer Reaktionskammer auf Krackbedingungen bleibt, während sich der Spaltprozeß bei letzteren ganz im Röhrenofen selbst abspielt. Verfahren *mit* Reaktionskammer sind der *Holmes-Manley-*, *Cross-*, *Dubbs-* und «*Tube and Tank*»-Prozess. *Ohne* Reaktionskammer arbeiten *Winkler-Koch-*, *Donelly-* und neuere *Cross*-Anlagen.

Von diesen sei das *Dubbs*-Verfahren etwas näher beschrieben. Abb. 110 zeigt ein Schema, Abb. 111 eine Ansicht einer solchen Anlage.

Das zu krackende Material, meist ein atmosphärischer Destillationsrückstand, wird in die Fraktionierkolonne gepumpt. Dort mischt es sich mit dem bereits teilweise gekrackten «Recycle Stock» (Umlauföl) und trennt sich in eine Bodenfraktion, das «Schweröl», und einen «Sidestream», das «Leichtöl». Beide werden durch separate Kracköfen geschickt und die Umsetzung anschließend in einer gemeinsamen Reaktionskammer bis zur gewünschten Intensität fortgesetzt. Dann wird der Druck in der Entspannkammer reduziert und die unter den dort herrschenden Bedingungen flüssige Phase, der Krackrückstand oder -teer, abgetrennt. Die Dämpfe kommen in die bereits erwähnte Fraktionierkolonne. Während sich das nur teilweise gekrackte Material mit dem frischen Krackgute vermischt und so zum Prozeß zurückkehrt, verlassen Benzin und Gas den Kopf der Kolonne. Nach einer rohen Trennung vom Gas wird das «wilde» Druckdestillat (englisch PD = Pressure Distillate) stabilisiert.

4. DAMPFPHASE-PROZESSE

Diese arbeiten, im Gegensatz zu den Gemischtphaseverfahren, mit einem *völlig verdampften* Krackgute. Als Einsatzmaterial kann man aber nur Petrole, Gasöle und eventuell Paraffin, aber keine Rückstandsöle verwenden.

Man mischt das in einem Röhrenofen aufgeheizte Krackgut mit einem separat hoch erhitzten Gas, so daß es augenblicklich verdampft, und führt das Gemisch dann zur Reaktionskammer. Als Beispiel eines solchen Verfahrens ist in Abb. 112 das *Schema* des *True-Vapour-Phase-Prozesses* wiedergegeben.

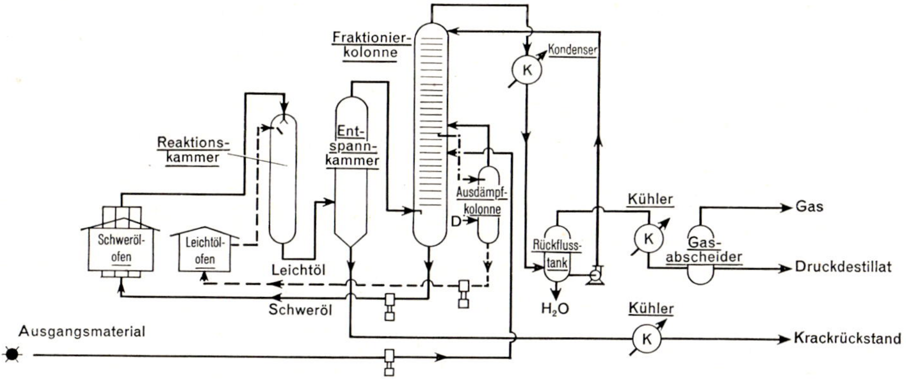

Abb. 110. Schema Dubbs-Prozeß

1 2 3 4

Abb. 111. Thermische Dubbs-Krackanlage, Pernis, Holland Shell
1 Röhrenofen; 2 Reaktionskammer; 3 Entspannkammer; 4 Fraktionierkolonne.

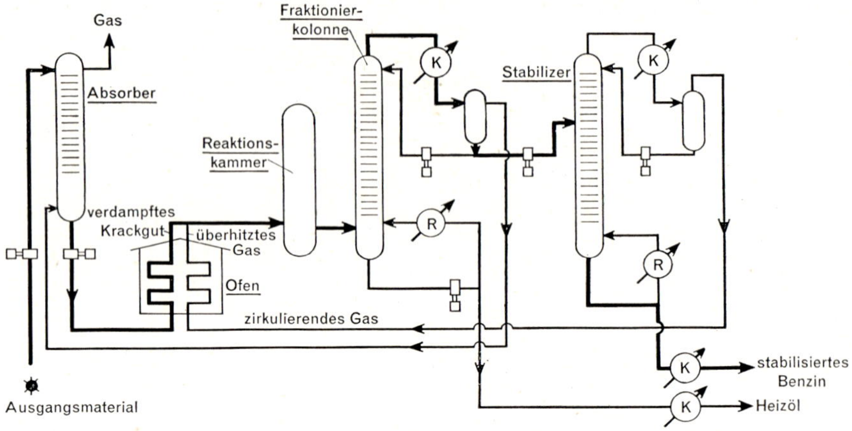

Abb. 112. Schema «True-Vapour-Phase»-Prozeß

Es werden relativ hohe, um 550 bis 660° C liegende Temperaturen und niedrige Drucke angewandt. Das entstehende relativ klopffeste Dampfphase-Krackbenzin ist stark ungesättigt und deshalb nicht immer sehr stabil. Ähnliche Verfahren sind der *Gyro-*, *DeFlorez-* und *Pratt-Prozeß*.

Das Dampfphasekracken ist heute in der Herstellung klopffester Automobiltreibstoffe weitgehend von den katalytischen Krackverfahren und zur Herstellung des olefinischen Ausgangsmaterials für die erdölchemische Industrie von den Pyrolysemethoden abgelöst worden.

5. DIE VERKOKUNG (COKING)

Eine weitere Möglichkeit, auch im einmaligen Durchsatz scharf zu krakken und dabei als Einsatzmaterial selbst schwerste Rückstände zu verwenden, sind die «*Verkokungs*»- (Coking-) Methoden. Sie verlegen die Koksbildung an einen Ort, wo sie keine Schwierigkeiten bereitet. Coking-Methoden haben in der letzten Zeit vor allem in den USA zur Eliminierung des dort schwerverkäuflichen Rückstandsöles steigende Bedeutung erlangt.

Bei der bereits länger bekannten *diskontinuierlichen* Methode erhitzt man das Einsatzmaterial in Röhrenöfen und führt es dann sukzessive einer Reihe von Kokskammern zu, wo die Aufspaltung in flüchtige Krackprodukte und Koks vor sich geht.

Ein solches Verfahren ist der im Schema Abb. 113 dargestellte *Delayed-Coking-Prozeß*. Hat sich eine Kammer mit Koks gefüllt, so wird die Produktion auf eine frische umgestellt, die gefüllte ausgedämpft und der Koks herausgebrochen.

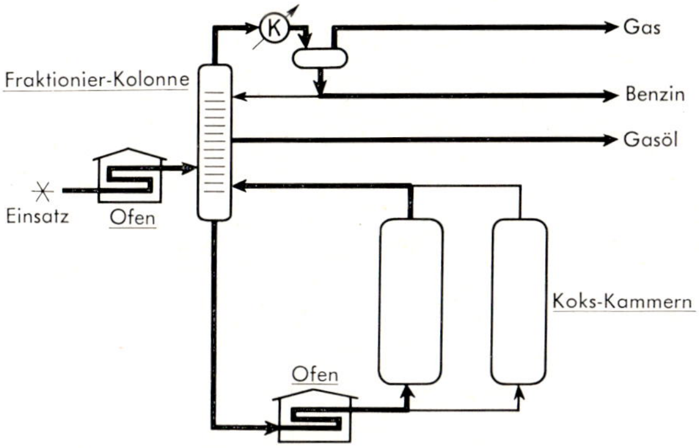

Abb. 113 Schema Delayed-Coking

Abb. 114. Kokskammern, Pernis, Holland SHELL

Abb. 114 zeigt eine Ansicht einer mit Kokskammern ausgerüsteten thermischen Krackanlage.

Eleganter sind die moderneren *kontinuierlichen Verkokungsverfahren.* Sie arbeiten mit einem Kreislauf geschütteter oder durch Gas in Bewegung gehaltener Koksteilchen (ähnlich den Katalysatorsystemen katalytischer Krackanlagen; siehe dort).

Abb. 115 ist ein *Schema* einer *Wirbelbett*-(Fluid-Coking-) Anlage, Abb. 116 eine Ansicht einer solchen. Die beiden wichtigsten Apparateteile sind der Reaktor, welchem das zu krackende Material zugeführt wird und aus dem man die flüchtigen Krackprodukte und den gebildeten Koks abzieht, und die Koks-Brennkammer, in welcher ein Teil des entstehenden Kokses unter Ausnützung der entstehenden Wärme (teils zur Aufheizung des Koksbetts, teils in einem Abhitzekessel) abbrennt. Den Rest kann man abziehen.

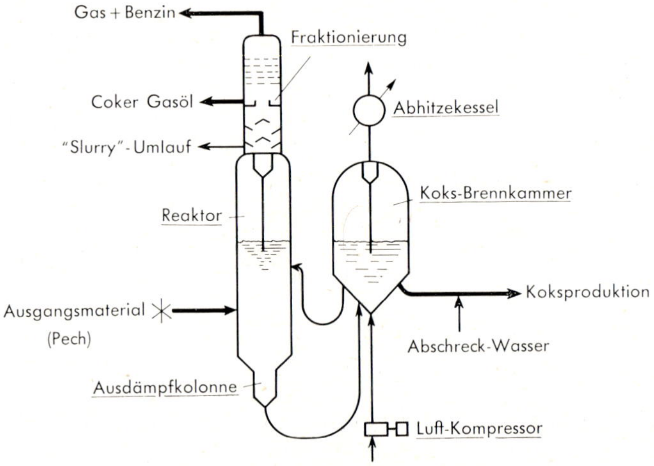

Abb. 115. Schema Fluid-Coking

Solcher Ölkoks enthält noch etwa 10% flüchtige Anteile und je nach Einsatzmaterial 2 bis 4% Schwefel und 0,1 bis 0,5% Asche. Es ist ein heizkräftiger, aschearmer fester Brennstoff, der zum Beispiel in einem anschließenden thermischen Kraftwerk ausgenutzt werden kann. Auch wird er zu Elektroden für die Aluminiumindustrie verarbeitet.

Mit einem Bett *geschütteter* Koksteilchen arbeitet der *Contact Cokingprozeß.*

Die Pyrolyse

Ebenfalls thermische Krackprozesse, wenn auch nicht mehr von der Erdölindustrie im engeren Sinne, sondern von der erdöl*chemischen* Industrie angewandt, sind die «*Pyrolyse*»-Verfahren. Sie arbeiten bei noch wesent-

Abb. 116. Ansicht einer Fluid-Coking-Anlage

lich höheren, um 700 bis 800° C liegenden Temperaturen und niedrigen Drucken und dienen der Herstellung niedriger Olefine und Aromaten meist aus Erdgas, aber auch flüssigen Kohlenwasserstoffgemischen, zum Beispiel dem heute anderweitig nicht mehr immer leicht zu verwertenden Leichtbenzin.

1. PYROLYSE IN RÖHRENÖFEN

Auch diese Krackreaktionen kann man in Röhrenöfen durchführen, wobei sich dann aber nur ein völlig verdampftes Einsatzmaterial verwenden läßt. Es muß rasch und nur für kurze Zeit auf die erforderliche Temperatur gebracht und anschließend abgeschreckt werden. Um die unerwünschte Ruß- und Koksbildung in den Rohren einzudämmen, wird Wasserdampf beigemischt, der mit dem Ruß unter Bildung von $CO + H_2$ reagiert.

Abb. 117 ist ein *Schema* einer solchen Anlage. Das zu krackende Raffineriegas wird mit dem abgeschreckten Pyrolysegas gemischt, mit Lauge gewaschen, angewärmt, katalytisch vom enthaltenen Acetylen befreit, getrocknet und anschließend fraktioniert, wobei Methan, etwas C_3+, das gewünschte Äthylen und Äthan erhalten wird, welches zum Pyrolyseofen geht. Im «Quench-Turm» wird das Reaktionsprodukt abgeschreckt.

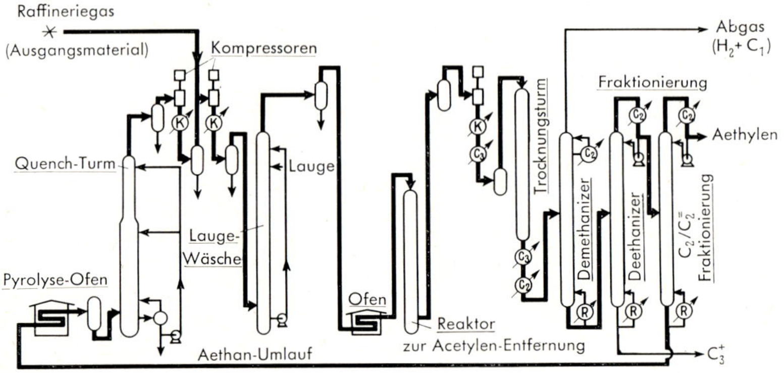

Abb. 117. Schema Pyrolyse

2. DIE «PEBBLE-HEATER»-VERFAHREN

Bei diesen werden zur Wärmeübertragung «Pebbles», Kugeln aus hitzebeständigem Material oder Koks verwendet, die sich unter eigener Schwere durch die Apparatur bewegen und die man mit einem Becherwerk oder pneumatisch unten aus dem Reaktor wieder oben in den Erhitzer befördert, wo unter Aufheizung der Pebbles der darauf abgesetzte Koks oder Ruß abbrennt. Im darunter befindlichen Reaktor findet dann die Spaltreaktion an den heißen Pebbles statt. Solche Verfahren sind der *Thermofor Pyrolytic Cracking* (TPC)-, *Phillips Pebble-* und der *Hoechst-Prozeß*.

3. ANDERE VERFAHREN

Der *Lurgi-Ruhrgas-Prozeß* schließlich arbeitet mit einem *Wirbelbett aus heißem Sand.* Auch wurde schon die Möglichkeit der Verwendung von *Regenerieröfen*, gefüllt mit feuerfestem Steinzeug und unter Anwendung abwechselnder Heißblase- und Produktionsperioden geprüft *Koppers-Hasche-Öfen*).

Arbeitsbedingungen und Ausbeuten

In Tabelle XXXII sind einige Angaben über die wichtigsten thermischen Krack-, Reform- und Pyrolyseverfahren (Merkmale, Krackbedingungen, Ausbeuten und Klopffestigkeit des entstehenden Benzins) zusammengestellt. Es ist dazu zu bemerken, daß diese in der Praxis je nach Ausgangsmaterial und Ziel stark variieren können, so daß meist nur ein relativ weiter Bereich angegeben werden kann.

Mit Pyrolyseverfahren können 75 bis 85% eines Äthaneinsatzes oder etwa 45% eines Propaneinsatzes, aus schwererem Material entsprechend weniger, in Äthylen umgesetzt werden. Unter besonders drastischen Bedingungen entsteht dabei neben Äthylen auch etwas Acetylen. Bei Verwendung von C_3 und schwerer bilden sich auch flüssige Krackprodukte.

XIII. KATALYTISCHES KRACKEN

Allgemeines

Obwohl man katalytische Prozesse in der chemischen Industrie längst kannte und auch bereits seit Jahrzehnten erwiesen war, daß sich Krackreaktionen mit Katalysatoren günstig beeinflussen lassen, hat es doch bis zum Ende der dreißiger Jahre gedauert, bis ein technisch brauchbares *katalytisches Krackverfahren* entwickelt werden konnte. Die Probleme, die sich lange einer praktischen Lösung widersetzten, waren, einen geeigneten Katalysator zu finden, diesen bei Temperaturen von über 400° C mit dem Einsatzmaterial in innige Berührung zu bringen und den Prozeß im übrigen so zu leiten, daß eine Koksbildung entweder vermieden, oder aber der Katalysator durch Abbrennen des Kokses regeneriert werden konnte.

Die katalytischen Krackverfahren (wie auch viele der noch zu beschreibenden katalytischen Reform- und andern Umwandlungsverfahren) sind Beispiele sogenannter *heterogener Katalyse*, indem der *Katalysator* in fester Form mit dem dampfförmigen oder flüssigen Krackgute in Berührung gebracht wird. Es handelt sich dabei um eine Oberflächenreaktion, weshalb auch der *aktiven Oberfläche* des Katalysators große Bedeutung zukommt. Sie kann bei guten Sorten 200 m^2/g und mehr betragen. Theoretisch ist die Katalysatorwirkung noch kaum genügend abgeklärt, so daß die Auslese auf mehr oder weniger empirischem Wege vor sich geht. Man kann sich etwa vorstellen, daß die Ölmoleküle an deren Oberfläche adsorbiert werden, daß sich dabei die innern Bindungen lockern und die Kohlenwasserstoffe deshalb leichter chemische Umwandlungs- (zum Beispiel Krack-)Reaktionen eingehen. Doch kommt es durchaus nicht nur auf die Oberfläche des Katalysators an. Die *chemische Zusammensetzung* einiger bewährter Krackkatalysatoren ist in Tabelle XXXIII zusammengestellt. Es sind dies einmal gewisse aktivierte natürliche Erden (zum Beispiel Montmorrillonit, behandelt mit verdünnter Säure) oder aber auf synthetischem Wege hergestellte Gemische von Aluminium-, Magnesium- und Siliziumoxyd. Man erhält sie durch Fällung aus den Lösungen ihrer Salze als Gel, welches ausgewaschen, getrocknet und auf etwa 540° C erhitzt wird. Solche synthetische Katalysatoren werden heute sowohl in den USA wie auch in Europa fabriksmäßig hergestellt. Neben der Aktivität sind auch Form und mechanische Eigenschaften (Widerstand gegen Abrieb) in der Praxis von Bedeutung. Künstliche Katalysatoren sind im allgemeinen zwar teurer, aber robuster und weniger temperaturempfindlich als die natürlichen und haben eine größere wirksame Oberfläche. Für Fließbettverfahren wurden sie erst in der Form kleiner Stäbchen (Pillen)

Tabelle XXXIII. *Typische chemische Zusammensetzung von Krack-Katalysatoren*[1]

Zusammensetzung der Asche Gew. %	Natürliche			Synthetische		
	Bentonit	«SR»	Kaolin	niedrigen Al_2O_3Geh.	hohen Al_2O_3Geh.	Si/Mg
Al_2O_3	18	40	45	13	25	—
SiO_2	74	60	53	87	75	?
MgO	5	—	—	—	—	30
CaO	3	—	—	0,01	0,01	—
Fe_2O_3	2	0,2	0,3	0,05	0,05	—
Na_2O, K_2O	0,3	0,04	—	0,02	0,02	—
......						
SO_4	4	2	0,1	0,4	0,4	—

Bemerkung:
- die Kieselsäure/Magnesia-Katalysatoren geben die höchsten Benzin- und Gasölausbeuten, aber ein weniger klopffestes Benzin,
- die Kieselsäure/Tonerde-Katalysatoren zwar das klopffesteste Benzin, aber in geringerer Ausbeute, und
- die Bentonit-Tone nehmen eine Zwischenstellung ein.

[1] Hengstebeck, *Petroleum Processing.*

von etwa 4 mm Länge und Durchmesser hergestellt. Heute haben die synthetischen des besseren Abriebwiderstandes wegen aber meist Kugelform (Durchmesser etwa 3 mm). Für Wirbelbettverfahren verwendete man erst ein feines Mehl, heute aber in der Regel die sogenannten «Microspheres», das heißt kleine Kügelchen eines Durchmessers von etwa 20–80 μ.

Als *Einsatzmaterial* eignet sich für katalytische Krackverfahren im allgemeinen nur ein «sauberes» (das heißt rückstand- und aschearmes) Destillat oder ein auf andere geeignete Weise von Bitumen- und Ascheanteilen befreites Material. Sonst entsteht beim Kracken zu viel Koks, bzw. wird der Katalysator zu schnell unwirksam. Man hat deshalb anfänglich nur Gasöle verwendet, während man nun heute Rückstandsölen eine der folgenden *Vorbehandlungen* angedeihen läßt:

- Vakuumdestillation
- Decarbonizing (Lösungsmittel-Entasphaltierung)
- thermisches Kracken auf Gasöl (Visbreaken, Gemischtphasekracken oder Verkoken)
- krackendes Hydrieren.

Als einzige Ausnahme kann das *Houdresid-Verfahren* auch direkt gewisse unbehandelte Rückstandsöle einnehmen. Es wird dort ein relativ grobkörniger Katalysator verwendet, der sich nur oberflächlich mit Metallasche bedeckt, und der Regenerator wird groß genug gewählt, daß er auch mit den relativ hohen anfallenden Koksmengen fertig wird.

Die wichtigsten *Variablen* katalytischer Krackverfahren, abgesehen von der Natur des Katalysators und der auch bei rein thermischen Verfahren wichtigen Krackintensität (Kracktemperatur und -zeit) sind:

a) Verhältnis: $\frac{\text{Menge Katalysator}}{\text{Menge Einsatzmaterial}} = \frac{K}{E}$

Je höher dieses Verhältnis, einer um so intensiveren Katalysatorwirkung ist das Einsatzmaterial ausgesetzt. Verfahren mit niedrigem K:E-Verhältnis ähneln mehr den thermischen Verfahren.
Das Verhältnis K:E bestimmt auch die Verweilzeit des Katalysators in der Reaktionszone. Mit zunehmender Verweilzeit nimmt die Aktivität desselben durch Koksablagerung ab.

b) «Space Velocity»: $\frac{\text{durchgesetztes Krackgut/h}}{\text{Menge Katalysator in der Krackzone}}$

Die «Space Velocity» (Durchsatzgeschwindigkeit) ist umgekehrt proportional zur Kontaktzeit und bestimmt den Durchsatz einer Anlage.

c) «Severity Factor»: $\frac{\text{K/E}}{\text{space velocity}} = \frac{(a)}{(b)}$

Dieser Quotient bestimmt die *Krackintensität.*

Die Kennzahlen berechnen sich entweder nach Volum oder Gewicht, je nachdem dies für einen Betrieb praktischer ist.

Die sich beim katalytischen Kracken abspielenden *chemischen Reaktionen* sind teilweise den bei den thermischen Verfahren geschilderten (S. 169) ähnlich, doch ergeben sich folgende wichtige Unterschiede:

Die *primäre Aufspaltung* paraffinischer Ketten erfolgt hier *mehr gegen die Mitte* der Moleküle, so daß weniger «armes» Gas (C_2 und leichter) und dafür mehr *flüssige* Reaktionsprodukte entstehen.

Es treten mehr *Isomerisierungs*reaktionen (Strukturänderungen in den Molekülen) auf. So enthält zum Beispiel das Krackgas gemäß Tabelle XL (S. 210) wesentlich mehr iC_4.

Besonders wichtig sind aber die Unterschiede in den *sekundären Krackreaktionen.* So werden beim katalytischen Kracken, wie aus Abb. 118 ersichtlich, die primär gebildeten Olefine weitgehend umgeformt, teils isomerisiert, dann aber auch eingreifender verändert. Es tritt Dehydrierung und Zyklisierung zu Aromaten, die Umsetzung zu «Koks» und schließlich auch Hydrierung, das heißt die Absättigung mit dem bei andern Reaktionen frei werdenden Wasserstoff, auf. Katalytisch gekrackte Produkte enthalten deshalb, wie aus Tabelle XXIX (S. 170) ersichtlich, wesentlich weniger Olefine als die thermisch gekrackten.

Es entsteht kein Krackteer, sondern ein sich auf dem Katalysator absetzender «Koks». Es handelt sich dabei aber nicht etwa um reinen Kohlenstoff, sondern um ein Kondensationsprodukt eines C/H-Verhältnisses von etwa 9:1, also eher etwa um einen bitumenartigen Rückstand.

Eine weitere wichtige Reaktion ist die *Abspaltung des* organisch gebundenen *Schwefels* als Schwefelwasserstoff H_2S, so daß auch aus stark S-haltigem Ausgangsmaterial ein relativ schwefelarmes und dazu recht *klopffestes Benzin* entsteht.

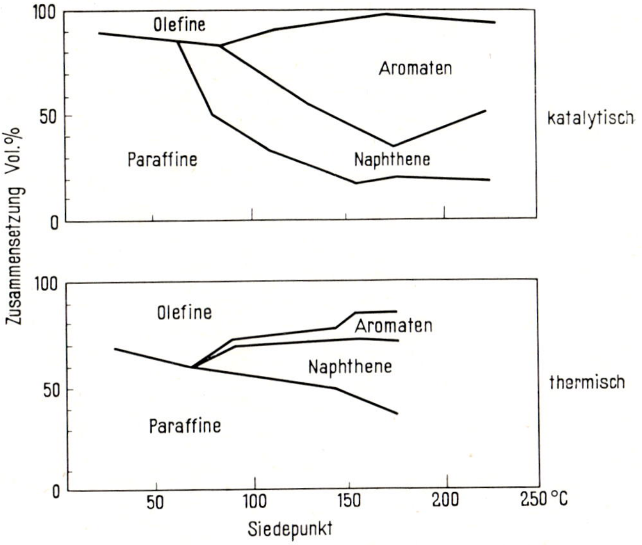

Abb. 118. Chemische Zusammensetzung thermischer und katalytischer Krackbenzine aus einem leichten Gasöl[1]

Die weiter noch anfallenden stark aromatischen *Kreislauföle* können als Heizöl Verwendung finden oder lassen sich neuerdings durch krackende Hydrierung wieder in ein geeignetes Einsatzmaterial für die katalytische Krackanlage verwandeln.

Die praktische Ausführung

Man unterscheidet die ältern, heute weitgehend überholten, absatzweisen Verfahren mit *stationärem* Katalysator («fixed bed»-Verfahren), bei welchen der Katalysator auch an Ort und Stelle regeneriert wird, so daß man während des Betriebes laufend und in relativ kurzen Intervallen von einer Kammer auf die andere umschalten muß, und die neueren kontinuierlichen Verfahren mit *bewegtem* Katalysator («moving bed»- und

[1] Aus Hengstebeck, *Petroleum Processing*.

«fluid catalyst»-Verfahren), die im Fließ- oder Wirbelbett arbeiten. Bei letzteren bewegt sich der Katalysator (entweder zusammen oder im Gegenstrom zum Einsatzmaterial) durch die Reaktionszone, wird dann abgetrennt und in einem separaten Behälter regeneriert.

Da man beim katalytischen Kracken die Koksbildung nicht scheut, kann man mit genügender Krackintensität arbeiten, so daß man bereits im einmaligen Durchsatz eine zum Beispiel 60prozentige Umsetzung und recht hohe Benzinausbeuten erreicht. Das gleichzeitig entstehende Kreislauf- oder Cycle-Öl ist wie gesagt stark aromatisch und deshalb gegen weitere Umsetzung resistent.

1. VERFAHREN MIT STATIONÄREM KATALYSATOR

Als ein Vorläufer der heutigen katalytischen Krackverfahren kann der 1915 ausprobierte, absatzweise in Behältern mit Rührwerk und mit $AlCl_3$ als Katalysator arbeitende *McAfee-Prozeß* betrachtet werden, der aber keine praktische Bedeutung erlangte.

Das erste erfolgreiche katalytische Krackverfahren war der 1936 in die Praxis eingeführte *Houdry-Prozeß*. Er gehört zu den mit stationärem Katalysator arbeitenden Verfahren.

Eine solche Anlage besteht, wie aus dem Schema Abb. 119 ersichtlich, aus einem Ofen zum Vorwärmen des Krackgutes, drei Katalysatorkammern oder drei Paaren solcher Kammern, einem Lufterhitzer, einer Gasturbine, die einen Luftkompressor antreibt, und der Fraktionierkolonne.

Das Ausgangsmaterial, das aus Schwerbenzin, Petrol oder Gasöl bestehen kann, wird erst im Wärmeaustausch mit dem heißen gekrackten Gasöl und dann weiter im Röhrenofen auf die erforderliche Temperatur gebracht. Diese hängt von der Natur der

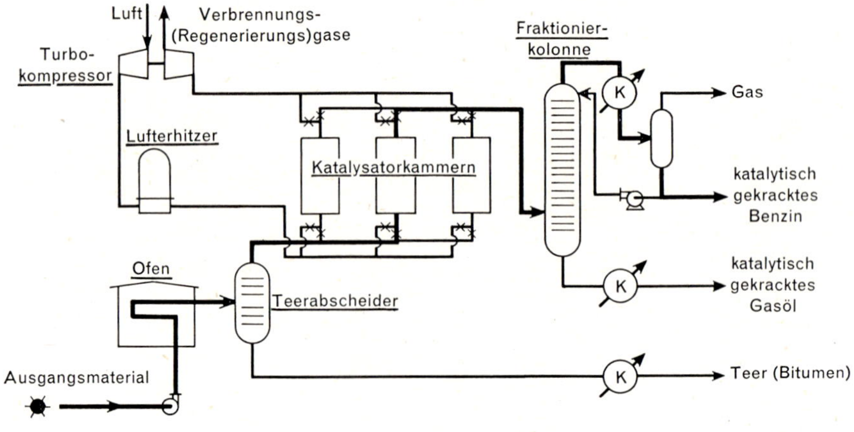

Abb. 119. Schema Houdry-Prozeß

zu krackenden Ware ab und kann 420 bis 480° C betragen. Automatisch gesteuerte Ventile leiten die Dämpfe nach einer der mit dem Katalysator in Pulver- oder Pillenform gefüllten Reaktionskammern. Diese sind zum Beispiel je 10 Minuten im Turnus im Betrieb. Dann werden sie ausgedämpft und mit heißer Luft geblasen, wobei der Koks, der sich auf der Katalysatoroberfläche gebildet hat, abbrennt und der Katalysator seine Aktivität wiedergewinnt. Er darf dabei aber nicht über etwa 600° C erhitzt werden. Die gute Beherrschung der Temperaturverhältnisse durch die ganze, an sich schlecht wärmeleitende Katalysatormasse war ein schwieriges Problem. Sie erfolgt beim Houdry-Prozeß durch Zirkulation einer Salzschmelze (zum Beispiel aus Alkalinitriten und Nitraten) durch Kühlrohre, die zur Vergrößerung der Oberfläche mit Rippen ausgerüstet sind. Wenn richtig regeneriert, behält der Katalysator seine Wirksamkeit über ein Jahr. Nach dem Regenerierprozeß werden Luft und Verbrennungsgase aus der Kammer durch Ausdämpfen verdrängt und diese dann wieder in Betrieb genommen. Der Zyklus wiederholt sich für jede Kammer automatisch alle 30 Minuten. Die heißen Regenerierungsgase treiben die Gasturbine an, die ihrerseits den Luftkompressor bedient. Die Wärme des zirkulierenden Salzgemisches wird zur Dampf- und Stromerzeugung herangezogen.

Ein anderes, ebenfalls mit stationärem (Bauxit-)Katalysator und Zusatz von Wasserdampf in Zyklen von sechs und mehr Stunden arbeitendes katalytisches Krack-, Reform- und Entschwefelungsverfahren ist der *Perco-Cycloversion-Process*.

Die Anlagen mit stationärem Katalysator werden heute aber mehr und mehr von den Fließverfahren verdrängt.

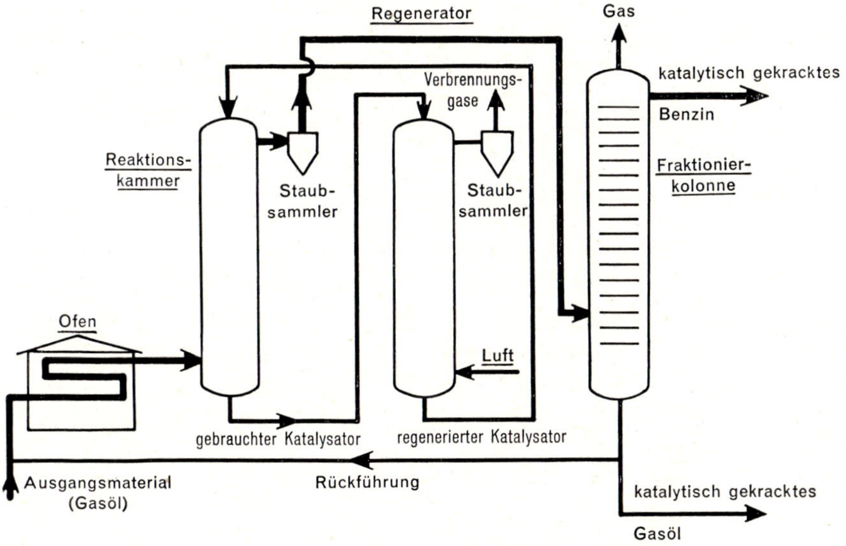

Abb. 120. Schema TCC-(Thermofor-Catalytic-Cracking-)Verfahren

2. VERFAHREN MIT BEWEGTEM KATALYSATOR

Es zeigte sich, daß man wesentlich billigere Anlagen bauen kann, wenn der Katalysator *kontinuierlich* in einem aus «Reaktor» und «Regenerator» bestehenden System umgewälzt wird. Im *Reaktor*, dem das Einsatzmaterial zugesetzt wird, finden die gewünschten Krackreaktionen statt, wobei sich der Katalysator mit Koks belädt und an Wirksamkeit einbüßt. Er wird deshalb laufend abgezogen und dann im *Regenerator* der Koks unter Ausnützung der Verbrennungswärme zum Aufheizen des Katalysators und eventuell zur Dampfproduktion abgebrannt. Dabei haben sich zwei Lösungen herausgebildet:

a) die sogenannten *Fließbett-* (moving bed) *Verfahren*, bei denen sich ein relativ grobkörniger, geschütteter Katalysator unter eigener Schwere durchs System bewegt und von dessen tiefstem Punkt in geeigneter Weise wieder oben in die Apparatur geschöpft wird, und
b) die *Wirbelbett-*(fluid catalyst) *Verfahren*, bei welchen ein feinkörniger oder staubfeiner Katalysator durch dauernde Agitation mit einem Gas oder Dampf in lockerer Form gehalten wird und sich dann wie eine Flüssigkeit bewegen läßt (daher englischer Name!).

Abb. 121. Thermofor-Catalytic-Cracking-Anlage

Abb. 122. Airlift-TCC-Anlage, Rho SHELL

Ein Verfahren des erstgenannten Typs ist der *Thermofor Catalytic Cracking (TCC)-Prozess.*

Ein *Schema* und eine Ansicht einer solchen Anlage sind in den Abb. 120 und 121 wiedergegeben. Das vorgewärmte Einsatzmaterial wird hier im Gegenstrom zum (perlen- oder pillenförmigen) Katalysator durch die Reaktionskammer geführt. Ein Becherwerk besorgt den Transport des gebrauchten Katalysators unten aus dem Reaktor oben in den Regenerator, wo durch Einblasen von Luft das Abbrennen des Kokses vor sich geht. Das Verfahren hat seinen Namen vom Regenerierofen besonderer Konstruktion, dem *Thermofor Kiln*, welcher in 7–10 abwechselnden Brenn- und Kühlzonen eine schonende Regenerierung unter genau kontrollierbaren Bedingungen gewährleistet. Die Verbrennungs-

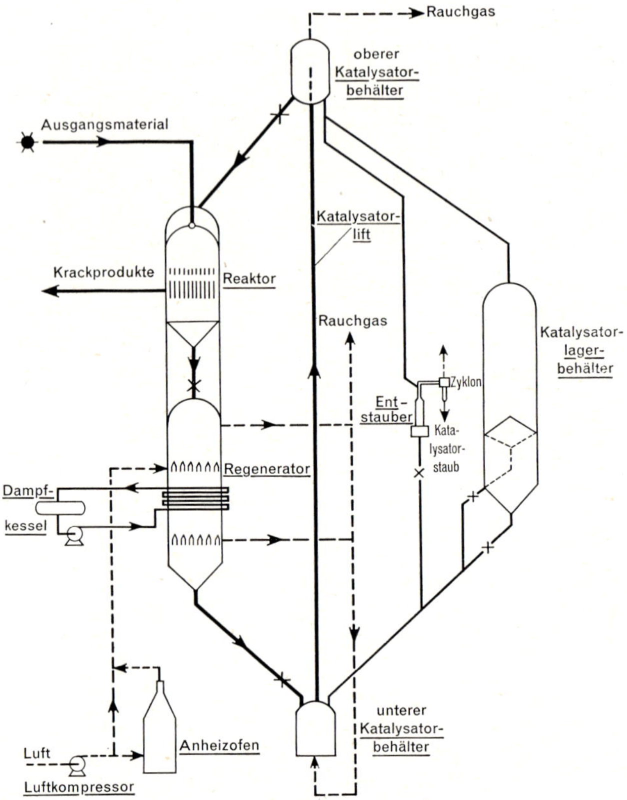

Abb.123. Schema Houdriflow-Prozeß

wärme führt man soweit notwendig durch Zirkulation von Wasser durch Kühlspiralen ab, wobei gleichzeitig Dampf erzeugt wird. Den regenerierten heißen Katalysator schöpft ein zweites Becherwerk wieder oben in den Regenerator.

Moderne Weiterentwicklungen des TCC-Verfahrens sind der *Airlift-TCC-* und *Houdriflow-Prozeß* (siehe Abb. 122 und Schema Abb. 123), bei welchen Reaktor und Regenerator nun in einem Turm übereinander gebaut sind, so daß der Katalysator nur noch *einmal* gehoben werden muß, was dann überdies hier nicht mehr mit den bei den hohen Temperaturen störungsanfälligen Becherwerken, sondern *pneumatisch* (durch «gaslift») geschieht.

Die eleganteste Lösung des Problems brachten aber die mit einem «fließenden» festen, durch einen Gasstrom aufgewirbelten Katalysator arbeitenden *Wirbelbett-* oder «*Fluid Catalyst*»-(FCC)-*Verfahren.* Es wird hier ein mehlfeiner oder «Microsphere» Katalysator verwendet.

Die aus dem *Schema* Abb. 124 ersichtliche Arbeitsweise ist wie folgt: Der etwa 600° C heiße regenerierte Katalysator sinkt unter eigener Schwere aus dem Regenerator durch ein Standrohr bis zum Punkt, wo ihm das leicht vorgewärmte zu krackende Material zugefügt wird. Katalysator und Einsatzmaterial stehen etwa in einem Mengenverhältnis von 15 bis 20:1. Die fühlbare Wärme des Katalysators wird zum Verdampfen des Einsatzes ausgenutzt, und es steigt ein Gemisch von Öldampf und Katalysatorteilchen in die Reaktionskammer (Reaktor). Dort sinkt der Katalysator zu Boden und bildet ein durch fortwährend aufsteigenden Dampf «kochendes» Bett (Wirbelschicht) einer gleichmäßigen Temperatur von etwa 460–510° C, in dem die Krackreaktion stattfindet. Die nach Wunsch einzustellende Höhe des Bettes bestimmt die Reaktionszeit. Der Druck beträgt nur etwa 0,5 bis 1,5 atü. Der mit Koks beladene, gebrauchte Katalysator wird kontinuierlich aus dem Reaktor abgezogen, ausgedämpft und mit Hilfe eines Luftstromes in den Regenerator gehoben. Diese Luft dient gleichzeitig zum Abbrennen des Kokses, wobei sich der Katalysator auf etwa 600° C erhitzt. Trotz der großen Wärmeentwicklung läßt sich die Temperatur auf wenige °C genau konstant halten. Die Regenerierungsabgase werden in einem Zyklon vom größten Teil des mitgerissenen Katalysators befreit. Dann wird ihre Wärme zur Dampferzeugung ausgenutzt. Verwendet man einen pulverförmigen Katalysator, so wird schließlich auch noch der feine Staub in einer Cottrell-Anlage (elektrische Entstaubung) zurückgewonnen. Die gekrackten Dämpfe aus dem Reaktor trennt man ebenfalls in einem Zyklon vom mitgerissenen Katalysator und leitet sie dann zur Fraktionierkolonne. Vom Boden dieser Kolonne wird noch etwas feiner Katalysatorschlamm abgezogen und in den Prozeß zurückgeführt. Die Öldämpfe trennt man, wie üblich, in Gas, Benzin und leichtes und schweres Gasöl. Das Gasöl kann, wenn gewünscht, auch in den Prozeß zurückgeführt («recycled») werden.

Jedes Katalysatorteilchen macht den Weg durch die ganze Anlage im Durchschnitt zum Beispiel etwa alle 10 Minuten, doch vollzieht sich der Kreislauf völlig automatisch und ohne jede sich bewegende mechanische Einrichtung! (Siehe auch Titelblatt III. Teil).

Seit ihrem Entstehen, zu Ende des letzten Weltkrieges, konnten die Wirbelbett-Krackanlagen noch wesentlich kompakter und einfacher und damit billiger gestaltet werden. Die heute wichtigsten Varianten sind:

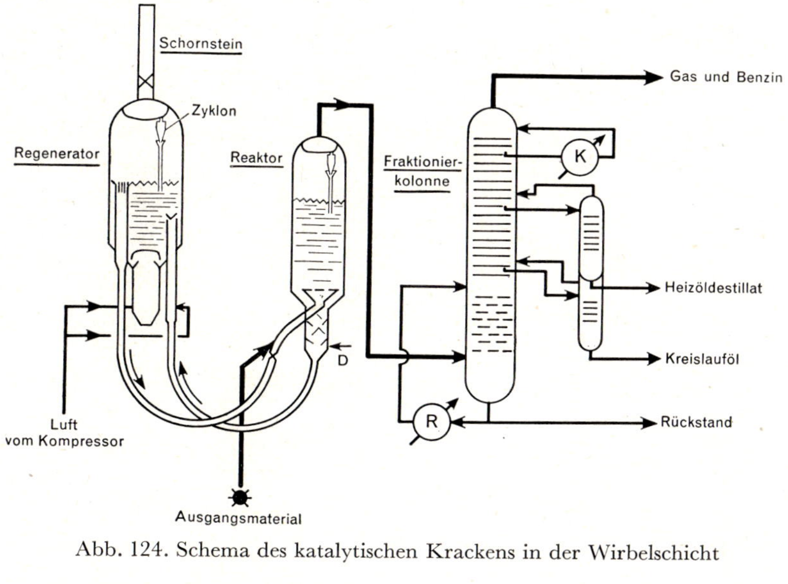

Abb. 124. Schema des katalytischen Krackens in der Wirbelschicht

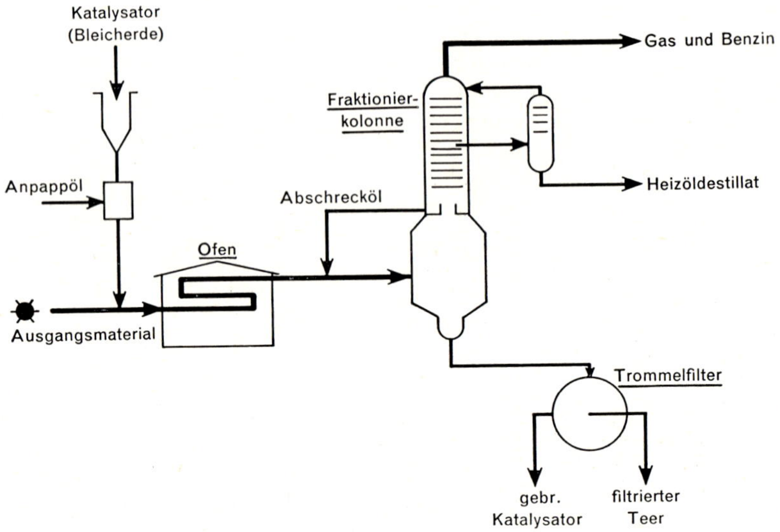

Abb. 125. Schema Suspensoïdprozeß

- *UOP-Bauart:* Reaktor im gleichen Turm über dem Regenerator,
- *Kellogg-Orthoflow-System:* Regenerator im gleichen Turm über dem Reaktor,
- *SOD Modell IV:* getrennter, nebeneinander stehender Reaktor und Regenerator.

Man hat schließlich auch *zweistufige* katalytische Krackanlagen (Shell) entwickelt, bei welchen die erste Stufe mit hoher Temperatur aber kurzer Verweilzeit arbeitet und das nur teilweise gekrackte Material nach Ausfraktionieren anschließend noch einer zweiten auf höhere Krackintensität eingestellten Stufe zugeführt wird. Auf diese Weise erhält man bessere Benzinausbeuten und weniger Koks.

3. DER SUSPENSOÏD-PROZESS

Ein ebenfalls kontinuierlicher, sich apparativ aber stark an die thermischen Krackverfahren anlehnender Prozeß ist das *Suspensoïd*-Kracken.

Wie aus dem *Schema* Abb. 125 hervorgeht, setzt man bei diesem dem zu krackenden Material einfach vor dem Röhrenofen einen Brei von katalytisch wirkender (meist bereits einmal zur Schmierölraffinage verwendeter) Bleicherde zu. Diese wird dann aus dem Krackteer wieder abfiltriert. Eine Regenerierung erübrigt sich.

4. DER CATAROLE-PROZESS

Ein von den bisher beschriebenen, vor allem bezüglich Kracktemperatur und Natur des verwendeten Katalysators stark abweichendes Verfahren, das auch nicht der Erdölindustrie im engeren Sinne, sondern vielmehr der erdöl*chemischen* Industrie, und zwar vor allem zur Herstellung von Aromaten aus einem paraffinischen Einsatzmaterial dient, ist der *Catarole-Prozeß*. Er arbeitet bei Temperaturen um 630 bis 680° C und atmosphärischem Druck und verwendet einen Kupfer- oder Kupfer/Eisen-Katalysator. Eine Ansicht einer solchen Anlage zeigt Abb. 126.

Abb. 126. Catarole-Anlagen (zur Herstellung von Aromaten)

Man erhält 40 bis 50% des Einsatzmaterials (zum Beispiel Schwerbenzins) als flüssige Kohlenwasserstoffe, fast ausschließlich Aromaten. Das Reaktionsprodukt kann mit dem bekannten Steinkohlenteer verglichen werden. Daneben entstehen auch ungesättigte gasförmige Verbindungen (Olefine).

Tabelle XXXIV. *Typische Betriebsbedingungen wichtiger katalytischer Krackverfahren*

	Houdry	TCC	Houdriflow	Fluid (FCC)	Cycloversion
Reaktortemperatur . °C	450–480	415–510	455–495	475–535	525–565
Reaktordruck . atü	0,5–2	0,7–1	0,4–1	0,6–1,3	2,5–7
Kat./Öl-Verhältnis	–	2–5	3–7	8–20	–
Space Velocity V/V/h	0,7–1,5	1–3,5	1,5–4	1–3	2–4
Temperatur des Regenerators °C	455–480	515–580	370–590	565–620	650
Regeneratordruck ...... atü	1,5–4	atmosph.	atmosph.	0,4–0,7	–
Regenerierung des Katalysators ...	alle 10 min.	kontin.	kontin.	kontin.	alle 3–10 h
Katalysatorform ..	Perlen	Perlen	Perlen	«Microspheres» oder feines Pulver	Perlen

Tabelle XXXV. *Typische Ausbeuten katalytischer Krackverfahren*

		Houdry/ Cycloversion	TCC und ältere FCC	Neuere Anlagen (TCC und FCC)
C_3-(Gas)	Gew. %	4–7	4–12	6–15
C_4	Vol. %	4–10	7–15	10–16
Benzin	Vol. %	30–50	40–60	40–60
Recycle Gasöl	Vol. %	40–55	15–45	18–46
Koks	Gew. %	1–5	2–6	5–10
Oktanzahl (ungebleit) des Benzins	M.M.	77	78–82	79–83
	R.M.	86	86–95	90–97

Betriebsbedingungen und Ausbeuten

Die Tabellen XXXIV und XXXV enthalten Angaben über die Betriebsbedingungen und Ausbeuten wichtiger katalytischer Krackverfahren, sowie die Oktanzahl des auf diese Weise erhältlichen Autobenzins, und aus Tabelle XXXVI ist noch die heutige Verbreitung der verschiedenen beschriebenen thermischen und katalytischen Krackverfahren in den USA ersichtlich.

Tabelle XXXVI. *Krackverfahren in den USA*
(Schätzung für 1960)

Art des Verfahrens	Verfügbare Kapazität in Faß pro Arbeitstag	
Thermisches Kracken		2 208 715[1]
Thermisches Kracken auf Koks		
Delayed Coking (mit Kammern)	366 600	
Batch	37 400	
Fluid (Wirbelbett)	100 600	504 600
Katalytisches Kracken		
Fluid (FCC)	3 536 285	
Thermofor (TCC)	767 600	
Houdriflow	251 800	
Houdry fixed bed } stationärer Katalysator	68 800	
Cycloversion } stationärer Katalysator	12 350	4 636 835

[1] 1958.

XIV. THERMISCHES UND KATALYTISCHES REFORMEN

Allgemeines

Ein zweites, heute sehr wichtiges chemisches Aufarbeitungsverfahren ist das «*Reformen*» (auch «Reformieren», englisch Reforming genannt). Diente das Kracken der Herstellung kleinerer, flüchtigerer und dünnflüssigerer Kohlenwasserstoffe aus höher molekularen Gasölen, Vakuumdestillaten und Rückstandsölen, so befaßt sich nun das Reformen in erster Linie mit der eingreifenden *Strukturänderung* von Kohlenwasserstoff-Molekülen, die bereits dem gewünschten Siedebereich angehören. Dazu findet aber auch noch eine teilweise Aufspaltung von Schwer- in Leichtbenzin und Gas statt. Durch das Reformen erreicht man vor allem eine sehr erhebliche *Klopffestigkeitverbesserung;* es kann aber auch zur *Herstellung reiner Aromaten* für die erdölchemische Industrie angewandt werden. Es kann entweder nur auf thermischem Wege oder durch den Einsatz von Katalysatoren erfolgen.

Reform-Reaktionen

1. Höher siedende Anteile des Einsatzmaterials können primär zu kleineren, teils ungesättigten Spaltstücken *aufgekrackt* werden. Da Olefine relativ klopffest sind, führt dies zu einer Oktanzahlverbesserung; das gleichzeitige Entstehen von Gas drückt jedoch auf die Benzinausbeute.

   Beim *katalytischen* Reformen (in H_2-Atmosphäre) werden diese Olefine anschließend abgesättigt. Die Reaktionen können etwa durch das Schema:

   $$C_8 \dashrightarrow C_3 + C_5^{=}; \quad C_5^{=} + H_2 \dashrightarrow C_5$$

   wiedergegeben werden.
2. Die wichtigste Reaktion, vor allem beim katalytischen Reformen, ist jedoch die *Aromatisierung* des Einsatzmaterials. Am einfachsten verläuft die Dehydrierung (Wasserstoffabspaltung) bei den 6-Ring Naphthenen, zum Beispiel:

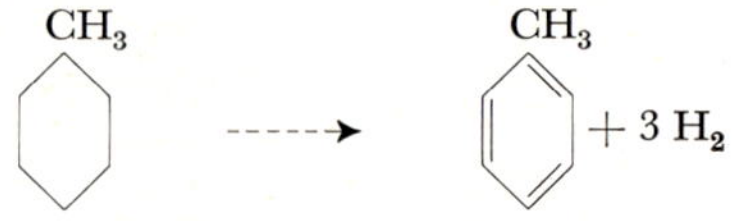

Methylcyclohexan Toluol

Cyclo*pentane* (5-Ring Naphthene) müssen vor der Aromatisierung erst isomerisiert (umgelagert) werden, zum Beispiel:

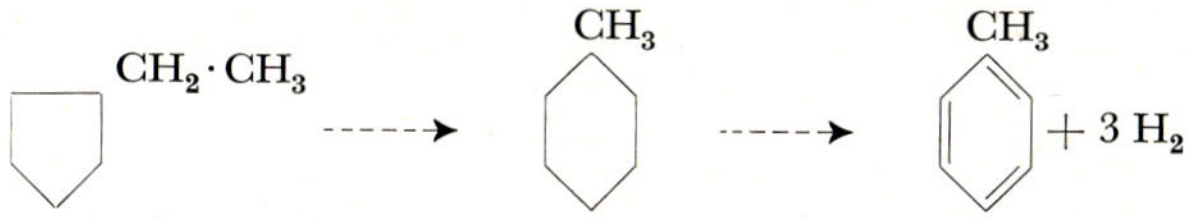

Äthylcyclopentan — Methylcyclohexan — Toluol

Und bei den kettenförmigen Paraffinen hat der Aromatisierung ein Ringschluß (Cyclisierung) voranzugehen, zum Beispiel:

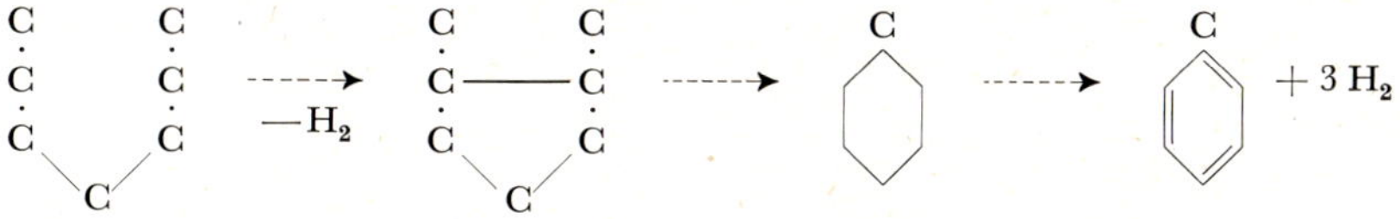

n-Heptan — Dimethyl cyclopentan — Methylcyclopentan — Toluol

Von den Olefinen reagieren die kettenförmigen ähnlich wie die Paraffine, die cyclischen wie die Naphthene.

3. Von Bedeutung ist auch die *Isomerisierung* (Molekülumlagerung). Die als Zwischenstufe zur Aromatisierung wichtige Umwandlung von

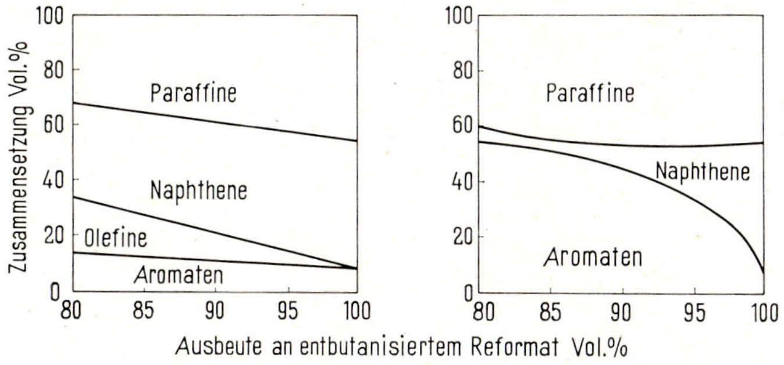

Thermisches Reformen — Katalytisches Reformen

Abb. 127. Thermisches und katalytisches Reformen eines East Texas Schwerbenzins[1]

Am rechten Rande ist jeweils die Zusammensetzung des Ausgangsmaterials aufgetragen. Mit zunehmender Reformintensität (abnehmender Ausbeute an entbutanisiertem Reformat), nimmt beim thermischen Reformen der Gehalt an Paraffinen und Naphthenen, vor allem unter Bildung von Olefinen ab. Beim katalytischen Reformen entstehen, wie gesagt, keine Olefine. Es werden aber vor allem die Naphthene fast restlos in Aromaten umgewandelt.

---

[1] Nach Fowle, M. J., Bent, R. D., Milner, B. E., und Masologites, G. P., *Cat-Cracking and Cat-Reforming*, Petroleum Engineer.

5-Ring in 6-Ring Naphthene wurde bereits besprochen. Es tritt aber auch Isomerisierung geradkettiger *n*-Paraffine in verzweigte *i*-Paraffine wesentlich höherer Oktanzahl auf (bezüglich Isomerisierung siehe auch Kapitel XVI).

4. Eine weitere wichtige Reaktion des katalytischen Reformens ist die *hydrierende Entschwefelung* unter H_2S-Abspaltung, zum Beispiel:

Thiophen Butan

Auch hier entstammt der Wasserstoff den Aromatisierungsreaktionen. Der Unterschied im Effekt des thermischen und katalytischen Reformens eines East Texas Schwerbenzins kommt gut in Abb. 127 zur Geltung.

1. DAS THERMISCHE REFORMEN

Das thermische «Reformen» von Schwerbenzin ist ein im Prinzip einfaches Verfahren.

Wie in Schema Abb. 128 dargestellt, wird das im Wärmeaustausch mit dem Abschrecköl vorgewärmte Krackgut durch einen Reformofen gepumpt, der aus einer Anwärm- und einer «Einweich-» (englisch soak) Sektion besteht. Im ersten Teil des Ofens wird das Schwerbenzin auf Kracktemperatur gebracht (steiler Temperaturanstieg), im zweiten findet (bei nur noch wenig steigender Temperatur) das eigentliche Reformen statt. Es werden dazu relativ hohe Temperaturen und Drucke angewandt. Dann unterbricht man die Krackreaktion durch Entspannen und Abschrecken des Reaktionsproduktes. Vom Boden der Kolonne zieht man etwas Teer ab, während das «Reformat» den Kopf des Apparates verläßt und hierauf, ähnlich dem Druckdestillat der Krackprozesse, weiter behandelt wird.

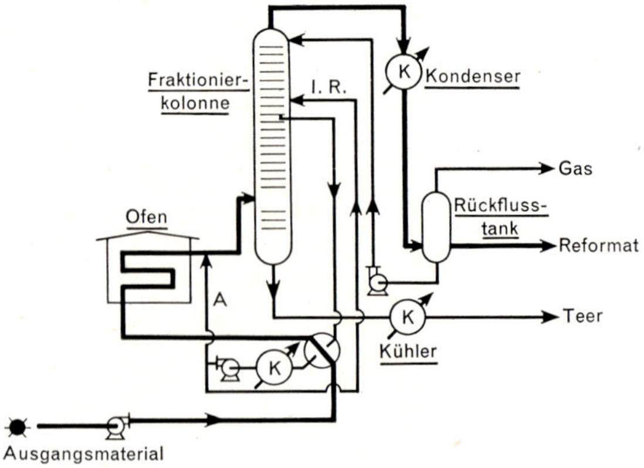

Abb. 128. Schema thermisches Reformen

A Abschrecköl *IR* Interner Rückfluß

Abb. 129. Thermische Reformanlage;
rechts Ofen, links (hinter Schornstein) Fraktionierkolonne

Abb. 129 zeigt eine Ansicht einer solchen Anlage.

Varianten thermischer Reformverfahren sind das *Polyformen* (Gas Reversion Process) und das *Co-Reformen*, die man als kombinierte thermische Reform- und Polymerisationsverfahren (siehe Kapitel XV) auffassen

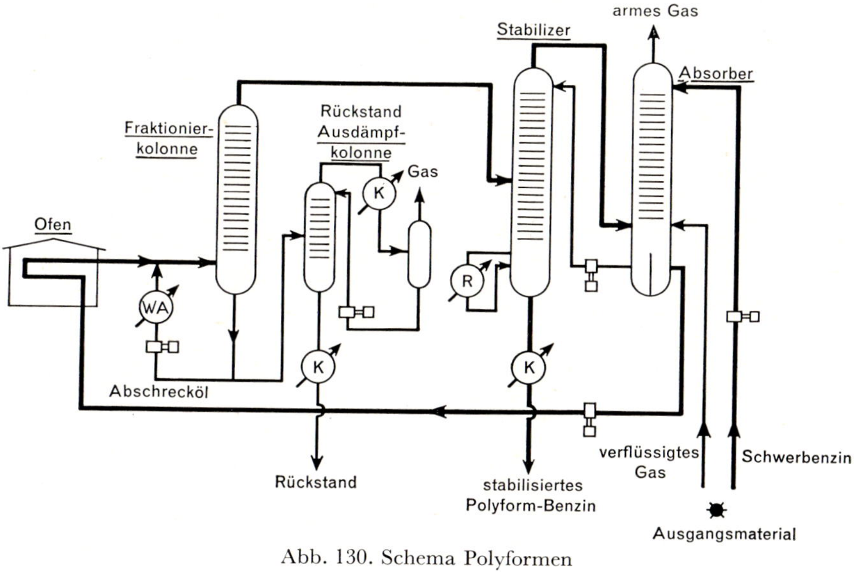

Abb. 130. Schema Polyformen

kann, bei denen dem Schwerbenzin oder leichten Gasöl vor dem Eintritt in den Krackofen leichtflüchtige, kondensierbare Erdölkohlenwasserstoffe, die entweder dem Prozeß selbst oder andern Phasen der Verarbeitung des Erdöls entstammen, beigemischt werden. Man kann dann *noch* drastischere Krackbedingungen anwenden und erhält ein entsprechend klopffesteres, stark aromatisches Reformat, ohne daß Koksbildung zu befürchten ist. Abb. 130 zeigt schließlich noch ein Schema einer solchen Polyformanlage.

In Tabelle XXXII sind auch einige Angaben über die wichtigsten thermischen Reformverfahren (Merkmale, Krackbedingungen, Ausbeuten und OZ des entstehenden Benzins) zusammengestellt.

2. KATALYTISCHES REFORMEN

Wie die thermischen, waren auch die ersten katalytischen Reformverfahren den entsprechenden Krackverfahren ähnlich. So entstand neben dem katalytischen *Houdry*-Krackprozeß bald auch ein ebenfalls mit stationärem Katalysator in Kammern arbeitendes *Reform*verfahren. Diesem ähnlich ist der *Perco*- oder *Cycloversionprozeß*, welcher als Katalysator Bauxit verwendet und sich sowohl zum Kracken von Gasöl, wie auch dem Reformen von Schwerbenzin und schließlich dem Entschwefeln von Benzinfraktionen verwenden läßt.

Die im letzten Jahrzehnt entwickelten *neueren* Reformverfahren benutzen jedoch meist Platin-, Molybdän-, Kobalt- oder Chromkontakte. Sie können noch in *Verfahren mit stationärem und bewegtem Katalysator*, sowie in

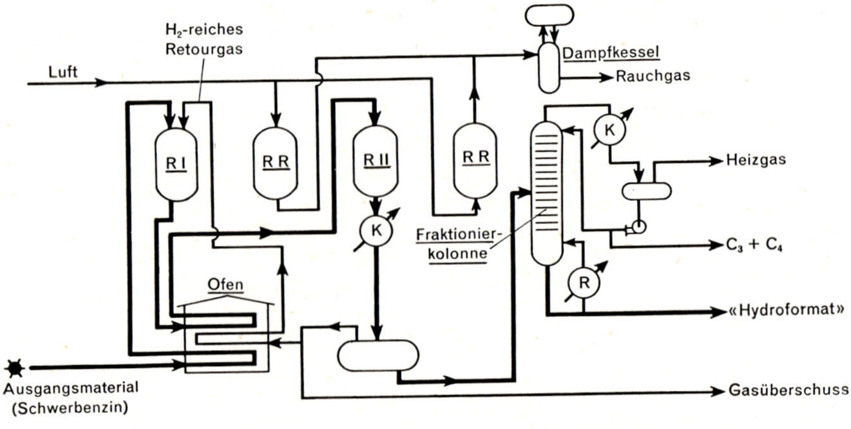

Abb. 131. Schema «fixed bed»-Hydroformen

R I und *R II* in Betrieb stehende, *RR* in Regenerierung begriffene Reaktoren

Tabelle XXXVII. *Typische Betriebsbedingungen wichtiger Reformverfahren*

	Thermisch	Molybdän-Katalysator			Platin-Katalysator			Verschiedene Katalysatoren	
		Hydroformen		Fließbett Hyperformen	Platformen UOP (ohne Regenerierung)	gelegentl. Regenerierung[1]	zyklische Regenerierung[2]	Thermofor C.R. bewegter Katalysator	Cycloversion stationärer Katalysator
		stationärer Katalysator	Wirbelbett						
Art des Katalysators ..	—	10% MoO_3 auf Al_2O_3	10% MoO_3 auf Al_2O_3	Kobalt-Molybdat	Platin + Halogen auf Al_2O_3	0,5% Pt auf Al_2O_3	Pt auf Al_2O_3	Cr_2O_5 + Al_2O_3	Bauxit Al_2O_3
Reaktortemperatur °C	520–570	510–550	475–505	425–480	455–515	470–510	455–520	510–540	510–540
Reaktordruck ..... atü	18–65	10–14	7–20	30	14–50	14–45	14–30	7–14	4
Space Velocity lb/lb/h .	—	0,5–0,6	0,3–1,0	1,0	1–4	1–5	1–5	0,7	1–2
Katalysator/Öl Verh. . .	—	—	0,5–1,0	0,05	—	—	—	—	—
Art der Regenerierung .	—	zyklisch alle 4–16 h	separat kontinuierlich	separat kontinuierlich	keine bzw. alle paar Jahre	gelegentlich alle 2–5 Monate	zyklisch 7,5 bbl/lb	separat kontinuierlich	zyklisch alle 18–36 h

[1] Zu diesen Verfahren gehören: Catforming, Houdriforming, Powerforming und Sovaforming. Das Catforming-Verfahren verwendet einen SiO_2/Al_2O_3/Pt-Katalysator.
[2] Zu diesen Verfahren gehören: Ultraforming, Sinclair-Baker-Kellogg.

solche mit *seltener bis kontinuierlicher Regenerierung* eingeteilt werden. Man wendet durchwegs einen *Wasserstoffumlauf* (bei einem H_2/Einsatzmaterial-Molverhältnis von etwa 8:1) an, da sich auf diese Weise die Koksbildung zurückdrängen läßt. Der Wasserstoff entsteht, wie geschildert, im Reformprozeß selbst und wird anschließend abgetrennt, teils zirkuliert, teils als willkommene billige Wasserstoffquelle verwendet.

Die heute wichtigsten katalytischen Reformverfahren und ihre Arbeitsbedingungen sind nach NELSON[1] in Tabelle XXXVII zusammengestellt. Einen Eindruck über ihre relative Verbreitung vermittelt weiter Tabelle XXXVIII. Die wichtigsten sollen noch etwas näher beschrieben werden:

Ein erstes solches mit stationärem Molybdänkatalysator und zyklischer, alle 4–16 h erfolgender Regenerierung arbeitendes Verfahren ist das «*fixed bed Hydroformen*», nach welchem bereits während des letzten Weltkrieges große Mengen Toluol zur Sprengstoffproduktion hergestellt wurden.

Abb. 131 zeigt ein *Schema* einer solchen Anlage. Das Ausgangsmaterial wird in einem Ofen auf Reaktionstemperatur gebracht, mit Kreislauf-Wasserstoff gemischt und dann in Serie (mit Zwischenerwärmung) durch die mit der Katalysatormasse gefüllten Reaktoren geleitet. Zwei andere befinden sich in Regenerierung (Abbrennen des Kokses). Das «Hydroformat» wird vom Wasserstoff und den leichten Krackprodukten getrennt.

Neuere sogenannte «*Fluid-Hydroforming*»-Anlagen arbeiten gemäß Schema Abb. 132 nun im Wirbelbett. Wie bei den entsprechenden Krackverfahren werden separate Reaktoren und Regenaratoren verwendet, durch welche der Katalysator kontinuierlich umgewälzt wird.

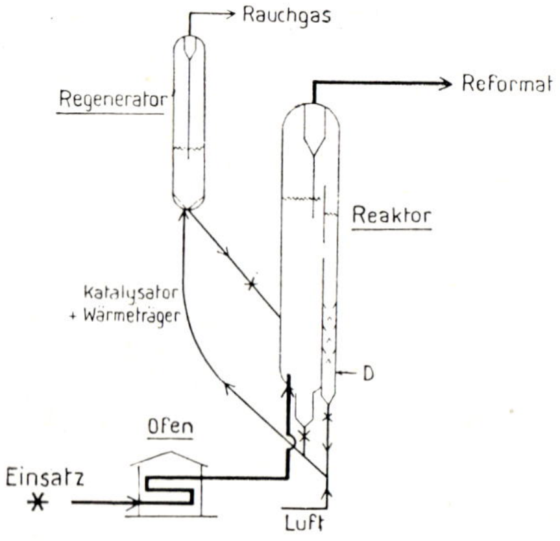

Abb. 132. Schema «Fluid Hydroforming»

---

[1] NELSON, W. L., *Petroleum Refinery Engineering*.

Tabelle XXXVIII. *Katalytische Reformverfahren in den USA*

Art des Verfahrens	Verfügbare Kapazität in Faß pro Arbeitstag	
Katalytisches Reformen		
Platforming	943 329	
Ultraforming	249 590	
Socony	119 600	
Sinclair-Baker	120 700	
Houdriforming (stationär)	99 710	
Fluid Houdriforming	62 000	
Catforming	59 150	
Isoplus	45 000	
Hydroforming (stationär)	19 000	
Powerforming	59 400	
Rexforming	30 500	
Thermofor	30 300	
Verschiedene	43 900	1 882 179

Einen *geschütteten* Kobaltmolybdat-Katalysator benutzt der *Hyperforming-*, einen ebensolchen Chromoxyd-Katalysator der *Thermofor-Catalytic-Reforming-*(TCR)-Prozeß.

Die heute am meisten verbreiteten Verfahren verwenden jedoch *Platin*kontakte. Man unterscheidet:

a) die mit stationärem Pt-Kontakt und *höherem* Wasserstoffdruck arbeitenden Verfahren:

Bei diesen wird mit einem H_2-Druck von etwa 35 bis 55 atü und reichlichem H_2-Umlauf gearbeitet. Der Katalysator ist sehr robust und braucht nur gelegentlich, nach Stillegen der Anlage, regeneriert zu werden. Dies geschieht auch hier durch schonendes Abbrennen des Kokses mit einem Gemisch von Luft und Dampf oder Rauchgas. Das wichtigste Beispiel ist das *Platformen.*

Nach dem Schema Abb. 133 (in Abb. 134 ist auch noch eine Ansicht der Reaktoren einer solchen Anlage wiedergegeben) wird das zu reformierende Material vorfraktioniert (das heißt es werden die zu niedrig und zu hoch siedenden Anteile abgetrennt). Die «Kernfraktion» erfährt dann zur Entfernung störender metallischer Verunreinigungen und zur Schonung des Katalysators oft noch eine weitere Vorbehandlung (nicht gezeichnet). Dann wird sie mit dem Kreislauf-Wasserstoff gemischt und nach Erhitzen auf etwa 500° C (mit Zwischenaufwärmung) durch drei Katalysatorkammern in Serie geschickt. Eine letzte Behandlungsstufe dient der Abtrennung des Wasserstoffs und der gasförmigen Reaktionsprodukte. Das fertige «Platformat» wird oft durch Destillation in ein leichtes (niedrig siedendes) und schweres (besonders stark aromatisches) Produkt getrennt.

Eine der größten in Betrieb stehenden Platforming-Anlagen bewältigt einen Tagesdurchsatz von 4600 m³. Der Katalysator allein hat rund 3 Millionen Franken gekostet!

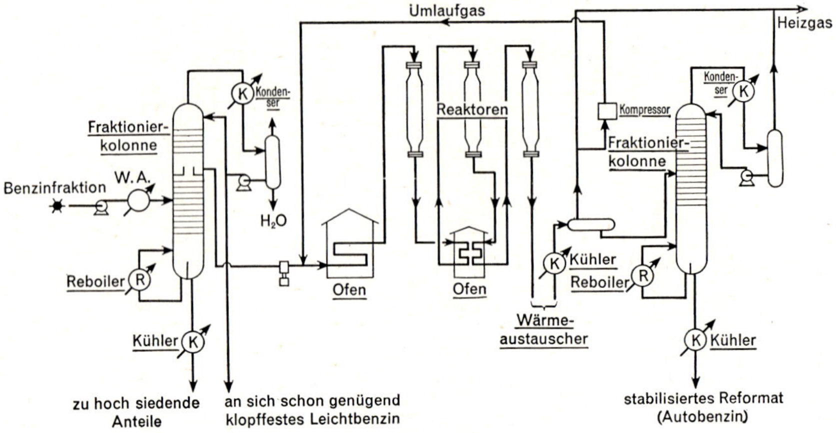

Abb. 133. Schema Platformen

b) die mit stationärem Pt-Kontakt bei *niedrigerem* Wasserstoffdruck arbeitenden Verfahren:

Wird nur ein H_2-Druck von 15 bis 30 atü angewandt, so muß der Katalysator häufiger regeneriert werden. Solche Anlagen besitzten deshalb einen Reserve- oder «Swing»-Reaktor, der während des Regenerierens die Arbeit eines andern übernimmt. Es gehören dazu das *Catformen*, *Houdriformen*, *Powerformen* und *Sovaformen*.

c) mit eigentlicher *zyklischer* Regenerierung arbeiten das *Ultraformen* und der *Sinclair-Baker-Prozeß*.

Tabelle XXXIX. *Resultate bei Herstellung eines etwa ROZ 90 Platformates*

Einsatzmaterial Schwerbenzin Siedebereich etwa 130–190° C		A niedrigen Paraffin-gehaltes	B hohen Paraffin-gehaltes
Zusammensetzung:			
Paraffine	Vol. %	39,4	66,3
Naphthene	Vol. %	39,5	19,8
Aromaten	Vol. %	21,1	13,9
Oktanzahl RM (bleifrei)		52,2	32,4
Resultate			
Ausbeute an Platformat C_5+,	Vol. %	89,5	81,0
Siedebereich des Platformates	° C	70–215	55–215
Aromatengehalt	Gew. %	62,4	56,4
Oktanzahl RM, bleifrei		90,4	91,2
Oktanzahl RM, + 0,8 cm³ Btä/L		97,4	99,0

Abb. 134. Reaktoren eines Platformers

Durch das geschilderte katalytische Reformen kann die *Klopffestigkeit* (schwerer) Straightrun-Benzine ganz bedeutend, das heißt zum Beispiel von 35 bis 50 auf 85 bis 95 ROZ (ungebleit) aufgewertet werden. Die

Ausbeute an butanfreiem Reformat beträgt je nach Einsatzmaterial und Reformintensität 75 bis 90 Vol. %. Tabelle XXXIX.

Daneben werden heute katalytische Reformverfahren aber auch häufig zur *Herstellung von Aromaten* für die erdölchemische Industrie eingesetzt. Da das hydrierende Reformen gleichzeitig Schwefel-, Stickstoff- und andere störende Verbindungen entfernt, wird ein Aromat von besonders hohem Reinheitsgrad, wie er für erdölchemische Reaktionen besonders erwünscht ist, erhalten.

3. KOMBINATION KATALYTISCHER REFORM- MIT EXTRAKTIONS-, ADSORPTIONS- ODER THERMISCHEN REFORMVERFAHREN

Trotz der relativ guten Klopffestigkeit enthalten normale Reformate, wie aus Abb. 135 ersichtlich, doch auch noch Anteile mäßiger Oktanzahl. Will man *noch* klopffestere Benzine herstellen, so kann sich deshalb unter Umständen die *Kombination* des Reformens mit einer *Methode zur Anreicherung der Aromaten* (Extraktion oder Adsorption) oder zur *thermischen* Umwandlung der weniger klopffesten Anteile, empfehlen. Solche Verfahren sind das *Rexformen* und der *Iso-Plus-Houdriforming*-Prozeß.

Das in Abb. 136 im *Schema* dargestellte Rexformen wendet eine Extraktion der beim Reformen entstehenden Aromaten mit Äthylenglykol (Udex-Verfahren) an. Auf diese Weise läßt sich ein «Rexformat» einer ROZ (ungebleit) von um 100 herstellen. Das in der Extraktion anfallende Raffinat kann entweder in den Prozeß zurückgeführt (recycled) oder aber anderweitig, zum Beispiel als Flugturbinentreibstoff-Komponente, verwendet werden.

Für das Iso-Plus-Houdriformen werden verschiedene Varianten vorgeschlagen. So kann man zum Beispiel, wie beim Rexformen, die Aromaten (hier jedoch im Arosorb-Prozeß) anreichern oder aber das katalytische Reformat zur Umsetzung der wenig klopffesten Paraffine in Olefine anschließend noch *thermisch* reformen. Die Aromaten werden dabei wenig angegriffen.

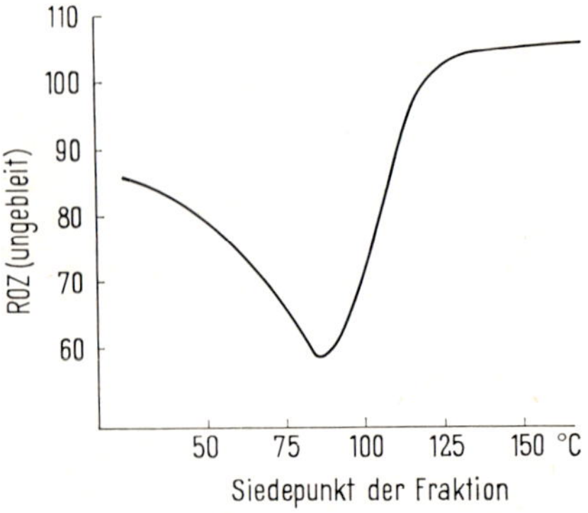

Abb. 135. Oktanzahl der Fraktionen eines 90 ROZ Totalreformates

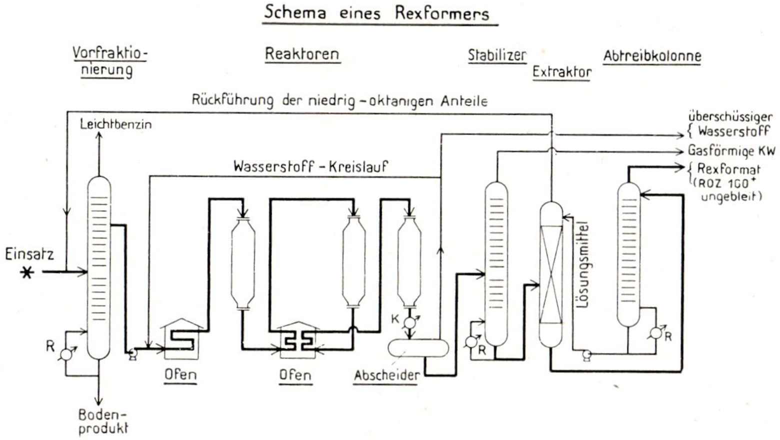

Abb. 136. Schema Rexformen

Zum Abschluss dieses Kapitels sei noch auf Abb. 137 verwiesen, welche graphisch die Änderung der Autobenzin-Zusammensetzung in den USA im Zeitraum 1930 bis 1955 (1965) wiedergibt. Während das Autobenzin zu Beginn dieser Periode noch zum größten Teil aus Destillat-(Straightrun)-Fraktionen mit etwas thermischem Krack- und Reformbenzin bestand, sind heute diese (relativ wenig klopffesten) Komponenten fast ver-

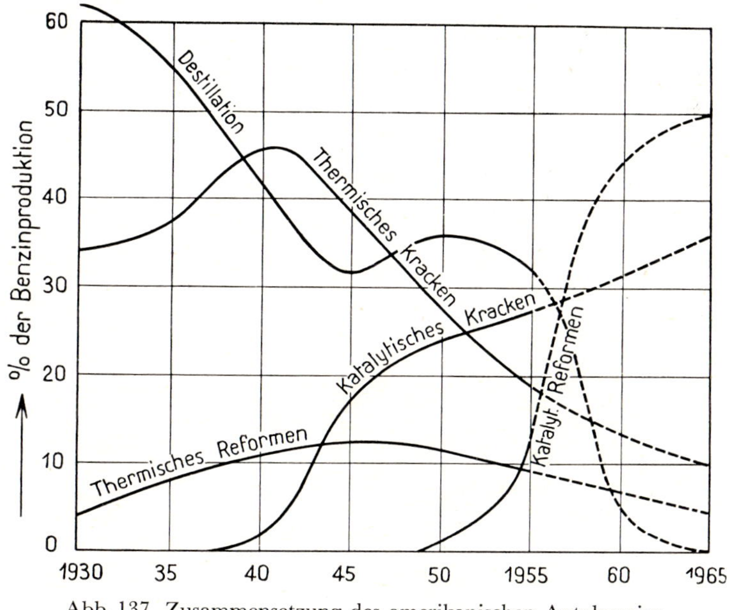

Abb. 137. Zusammensetzung des amerikanischen Autobenzins

schwunden; aber auch das thermische Krack- und Reformbenzin wurde weitgehend vom noch klopffesteren *katalytischen* Krack- und Reformbenzin abgelöst.

Ergänzende Literatur zu Kapitel XII bis XIV

SACHANAN, A. N., und TILICHEYEV, M. D., *Chemistry and Technology of Cracking* (Chemical Catalog Company Inc., New York 1932).

SACHANEN, A. N., *Conversion of Petroleum,* Production of Motor Fuels by Thermal and Catalytic Processes, 2. Aufl. (Reinhold Publishing Corporation, New York 1948).

DUNSTAN, A. E., et al, The Science of Petroleum, Vol. V, Part II, *Cracking* (Oxford University Press, London 1953).

LEHMANN, G. H., *Erdöl-Spaltung,* ABC des Erdöls, Band 5, Shell-Bücherei (Hüthig & Dreyer GmbH, Heidelberg, Mainz 1955).

Cat-Cracking and Cat-Reforming, Zusammenstellung von Artikeln aus dem Petroleum Engineer, Dallas.

Siehe auch S. 304.

XV. VERFAHREN ZUR UMWANDLUNG VON KRACKGASEN IN BENZIN

Polymerisation und Alkylierung

Allgemeines

Wie in den vorangehenden Kapiteln beschrieben, entstehen beim thermischen und katalytischen Kracken und beim thermischen Reformen als Nebenprodukt, je nach den Krackbedingungen, auch erhebliche Mengen eines stark olefinischen Gases, das man anfänglich als Heizgas verbrannte. Bald setzten jedoch Bestrebungen zu einer nutzbringenderen Verwendung ein, von denen hier vor allem die *Verfahren zur Synthese klopffester Flug- und Autobenzinkomponenten* besprochen werden, während zum Schluß noch auf Anwendungen in der erdölchemischen Industrie hingewiesen sei.

Typische Zusammensetzungen thermischer und katalytischer Krackgase sind Tabelle XL zu entnehmen. Die in diesem Zusammenhang besonders wichtigen Bestandteile sind einmal die *niedrigen Olefine:*

$CH_2 = CH \cdot CH_3$	Propylen	$C_3^{=}$
$CH_2 = CH \cdot CH_2 \cdot CH_3$	*n*-Butylen-1	$nC_4^{=}$
$CH_3 \cdot CH = CH \cdot CH_3$	*n*-Butylen-2	
$CH_3 \cdot \underset{\displaystyle CH_3}{C} = CH_2$	*i*-Butylen	$iC_4^{=}$

und eventuell auch noch die verschiedenen Amylene, zum Beispiel:

$CH_2 = CH \cdot CH_2 \cdot CH_2 \cdot CH_3$ *n*-Amylen-1 $nC_5^{=}$, usw.

und schließlich, für die Alkylierung, das

$CH_3 \cdot \underset{\displaystyle CH_3}{CH} \cdot CH_3$ *i-Butan* iC_4

1. Die Polymerisation

Die ersten erfolgreichen Gasumwandlungsverfahren waren jene der «*Polymerisation*», der Zusammenballung 2 bis 3 niedriger Olefinmoleküle zu einem größeren «Dimer» oder «Trimer» des Benzinsiedebereiches:

$$2\,C_3^{=} \dashrightarrow C_6^{=}$$
$$2\,C_4^{=} \dashrightarrow C_8^{=}$$
(Co-) Dimere
$$3\,C_3^{=} \dashrightarrow C_9^{=}$$
Trimer
$$C_3^{=} + C_4^{=} \dashrightarrow C_7^{=}$$

Die ersteren, die nur von *einer* Sorte Olefin ausgehen, nennt man «*selektive*», letztere, welche *gemischte* Olefine verarbeiten, «nichtselektive» Polymerisationsverfahren. Auch ist zwischen den älteren thermischen und den später entwickelten katalytischen zu unterscheiden.

Thermische Polymerisationsverfahren dienten vor allem der Verwertung überschüssigen Butans und bestanden im kombinierten Dampfphasekracken bei 510 bis 600° C und über 100 atü mit gleichzeitiger Polymerisation der entstehenden gasförmigen Olefine zu flüssigen Benzin-Kohlenwasserstoffen. Auf diese Weise ließ sich daraus zum Beispiel etwa 70% eines Polymerisates einer MOZ um 77, ROZ um 87 herstellen (siehe auch Gas-Reversion-Prozeß S. 199).

Tabelle XL. *Typische Zusammensetzungen von Krackgasen, Gew. %*

	thermisch	katalytisch
H_2 und C_1	26	10
C_2	20	7
$C_2^=$	4	13
C_3	16	6
$C_3^=$	10	14
nC_4	8	8
iC_4	4	22
$C_4^=$	11	18
$C_4^{==}$	1	2
	100 %	100 %

Die ersten *katalytischen Polymerisationsverfahren* verwendeten 60 bis 70prozentige *Schwefelsäure.* Der «*Cold Acid*»-*Prozeß* arbeitet bei 20 bis 35° C und extrahiert aus dem BB (Butan/Butylen-Gemisch) nur das reaktionsfähigere $iC_4^=$, das dann anschließend durch Aufheizen auf etwa 100° C zu Trimethylamylen ($iC_8^=$) polymerisiert werden kann. Aus letzterem erhält man durch Hydrierung (Wasserstoffanlagerung) das als Klopffestigkeitsstandard (OZ = 100) dienende Isooktan (2,2,4-Trimethylpentan).

Heute hat das Cold-Acid-Verfahren vor allem noch zur *Entfernung* des $iC_4^=$ als Vorstufe zur Dehydrierung der *n*-Butylene zu Butadien in der erdölchemischen Industrie Bedeutung.

Handelt es sich nicht darum, reines iC_8, sondern *möglichst viel* klopffestes Polymerisat herzustellen, so wird der bei etwa 80° C arbeitende «*Hot Acid*»-*Prozeß* angewandt, dem es gelingt, etwa 85 bis 90% *aller* im Einsatzmaterial vorhandener Butylene (nicht nur das $iC_4^=$) in Octylene umzuwandeln, die sich anschließend zu «gemischten Oktanen» einer MOZ um 98 hydrieren lassen. Solche waren während des letzten Krieges wichtige Flugbenzinkomponenten.

Neben den Schwefelsäureverfahren wurden auch selektive *Phosphorsäureverfahren* entwickelt. Eine größere Bedeutung kommt solchen jedoch in der *nicht selektiven Polymerisation* der Krackgase zu, wobei man das entstehende Polymerisat einer MOZ von 82 bis 84, ROZ 96 bis 99 dann aber (des sonst entstehenden Oktanverlustes wegen) nicht hydriert, sondern als solches ins Autobenzin aufmischt. Neben dem Oktangewinn erlauben Polymerisationsverfahren eine Erhöhung der Benzinausbeute katalytischer Krackprozesse um 5 bis 10%. Polymerbenzine weisen einen hohen Gehalt an Olefinen (siehe Abb. 32, S. 72) und deshalb eine große «Sensitivity» (Differenz zwischen ROZ und MOZ) auf.

Als *Katalysator* dient meist flüssige Phosphorsäure oder damit getränkte Kieselgur oder Quarzsplitter, aber auch festes Kupferpyrophosphat. Man arbeitet mit Einlaßtemperaturen von 150 bis 230° C bei Drucken bis zu 100 atü. Die Reaktionswärme wird in der Weise abgeführt, daß man entweder den flüssigen Katalysator über einen Kühler zirkuliert, oder aber den festen oder den damit getränkten Träger in Röhren packt, welche von einer Flüssigkeit, zum Beispiel von siedendem Wasser, umgeben sind, oder schließlich, daß man eine gekühlte inerte Kreislaufflüssigkeit, zum Beispiel einen Teil des C_3-Stromes, ins Reaktorbett injektiert.

2. Die Alkylierung

Unter «*Alkylierung*» versteht man die Anlagerung einer «Alkylgruppe» (siehe S. 50) an einem Kohlenwasserstoff.

a) Alkylierung niedriger Olefine mit Isobutan

Es kommen zur Herstellung hochwertiger Benzinkomponenten vor allem folgende Kombinationen in Frage:

$$iC_4 + C_2^{=} \dashrightarrow iC_6$$
$$iC_4 + C_3^{=} \dashrightarrow iC_7$$
$$iC_4 + C_4^{=} \dashrightarrow iC_8 \qquad \text{und eventuell:}$$
$$iC_4 + C_5^{=} \dashrightarrow iC_9$$

Die Alkylierung von iC_4 mit Amylenen ($C_5^{=}$) liefert aber bereits etwas hoch siedende Alkylate.

Den Reaktionsmechanismus kann man sich schematisch etwa wie folgt vorstellen:

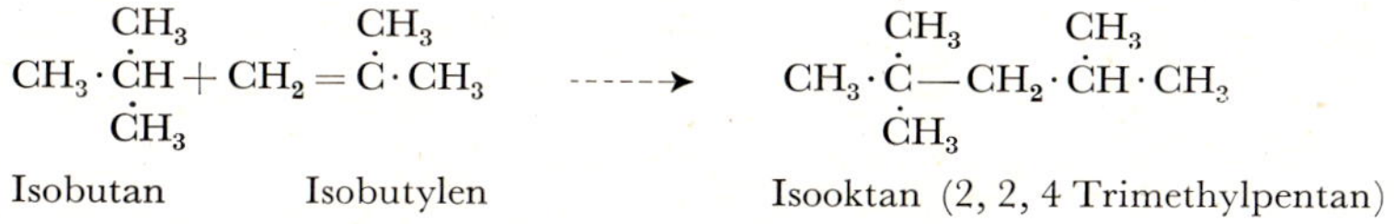

Es finden gleichzeitig aber auch noch verschiedene andere Reaktionen statt, so daß ein recht kompliziertes Gemisch verschiedener Isooktane und auch niedriger und höher siedender Kohlenwasserstoffe entsteht.

Man unterscheidet auch hier *thermische* und *katalytische Verfahren.* Bei ersteren werden die Komponenten bei hohen, an Krackbedingungen grenzenden Temperaturen und hohem Druck zur Vereinigung gebracht. Bei den katalytischen gelingt dies schon unter viel milderen Bedingungen. Als Katalysatoren kommen zur Alkylierung von iC_4 mit Olefinen vor allem *Schwefel-* und *Fluorwasserstoffsäure* (H_2SO_4 und HF) in Frage. Butylene ($C_4^{=}$) reagieren unter Einwirkung dieser Katalysatoren leicht, Propylen ($C_3^{=}$) schwieriger und Äthylen ($C_2^{=}$) am schwierigsten. Bei den thermischen Alkylierungsverfahren ist es gerade umgekehrt. Der *Phillips-Alkylierungsprozeß* schließlich arbeitet mit Aluminiumchlorid ($AlCl_3$).

Ein Beispiel für die thermische Alkylierung war der vereinzelt während der Kriegsjahre angewandte *Neohexan-Prozeß.* Bei diesem werden iC_4 und $C_2^{=}$ bei 480 bis 540° C und 210 bis 310 atü in das klopffeste Neohexan (2,2 Dimethylbutan) umgesetzt.

Von den heute technisch wichtigen Verfahren sei die *Schwefelsäure-Alkylierung* etwas eingehender besprochen.

Die Reaktion zwischen Olefin und iC_4 findet gemäß *Schema* Abb. 138 in einem Umwälzsystem statt, in welchem dauernd eine Emulsion von Säure und Kohlenwasserstoffen zirkuliert. Die Temperatur wird für die C_4-Alkylierung durch Kühlung auf 0 bis 10° C gehalten. Dem System führt man laufend das zu alkylierende olefinhaltige Material, zirkulierendes und etwas Frisch-iC_4 und die von den Kohlenwasserstoffen getrennte gebrauchte sowie etwas Frischsäure zu. Damit möglichst wenig Polymerisation und dafür vor allem die gewünschte Alkylierung der Olefine stattfindet, arbeitet man mit großem iC_4-Überschuß. Das $iC_4/C_4^{=}$-Verhältnis kann bis zu 10:1 betragen, liegt aber selten unter 5:1.

Kontinuierlich wird etwas Emulsion abgezogen und in eine Kohlenwasserstoff- und Säurephase getrennt. Einen Teil der gebrauchten Säure ersetzt man durch Frischsäure; der Rest geht in den Prozeß zurück. Die Stärke der zirkulierenden Säure soll nicht unter etwa 90% sinken, da sonst Alkylatausbeute und OZ des Fertigproduktes stark abfallen. Die Kohlenwasserstoffphase wird neutralisiert, von «Butan und leichter» befreit und durch Destillation in ein «leichtes» und ein «schweres» Alkylat getrennt. Das aus dem abgetriebenen Gas isolierte iC_4, ergänzt durch Frisch-iC_4, geht zum Prozeß zurück.

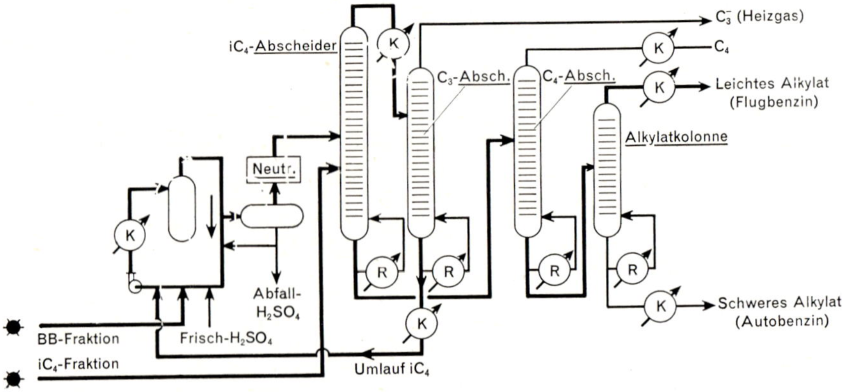

Abb. 138. Schema Schwefelsäure-Alkylierung

Abb. 139. Schwefelsäure-Alkylierung

Abb. 139 vermittelt eine Ansicht einer solchen Schwefelsäure-Alkylierungs-Anlage.

Neuere Anlagen wurden in der in *Schema* Abb. 140 dargestellten Weise verbessert, indem das Olefin dem Kreislaufsystem *sukzessiv* in mit Rührern ausgerüsteten Mischzellen zugesetzt wird, so daß ein besonders hohes iC_4/Olefin-Verhältnis entsteht und daß die

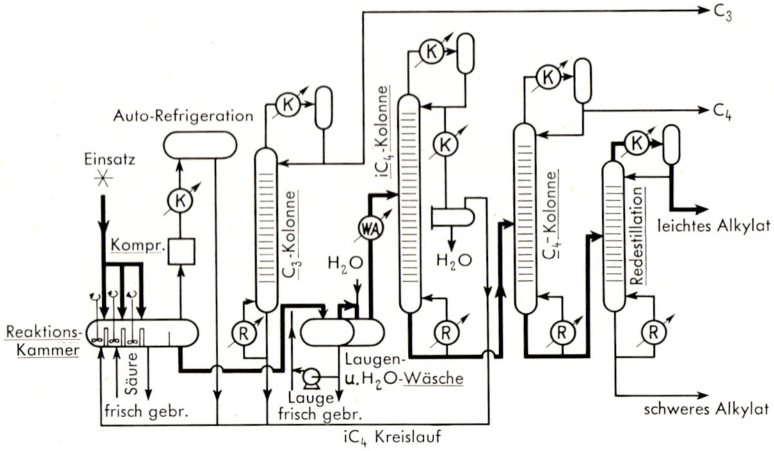

Abb. 140. Schema einer Kellogg-Schwefelsäure-Alkylierung

Kühlung zum Beispiel durch das Verdampfen eines Teiles der leichtsiedenden Anteile (durch sogenannte Autorefrigeration) geschieht.

Die Alkylierung von iC_4 und Olefin liefert, im Gegensatz zur Polymerisation, die gewünschten, gesättigten hochklopffesten Flugtreibstoffkomponenten *in einem Arbeitsgang*, ohne kostspielige Hydrierung, und dazu werden nicht nur die Butylene, sondern auch das iC_4 umgesetzt. Die Alkylierung hat deshalb in der Flugtreibstoffsynthese die Polymerisation + Hydrierung weitgehend verdrängt. Alkylate gehören heute zu den wichtigsten und unentbehrlichsten Bestandteilen moderner Hochleistungs-Flugbenzine. So besteht die 100/130 (OZ 100, LZ fett 130)-Qualität etwa zu $^1/_3$, die 115/145 (LZ mager 115, fett 145)-Qualität zu gut $^2/_3$ aus Alkylat. Alkylate sind aber, wo verfügbar, auch ausgezeichnete Autobenzinkomponenten, nicht nur wegen der an sich hohen Oktanzahl, sondern auch zufolge der vor allem für amerikanische Wagen wichtigen geringen «Sensitivity» (Differenz zwischen ROZ und MOZ). Es wird deshalb mehr und mehr auch Alkylat ins Autobenzin abgezweigt. Dies dürfte in der Zukunft um so leichter möglich werden, als das klopffeste Benzin auf dem Flugsektor nun ja zusehends vom Flugturbinentreibstoff abgelöst wird.

Für die nach verschiedenen Verfahren und aus diversen Grundstoffen hergestellten Alkylate werden folgende Oktanzahlen angegeben:

		ROZ[1])
$C_4^{=}$-Alkylat	Schwefelsäurekatalysator	95
	HF-Katalysator	93–97
$C_3^{=}$-Alkylat	Schwefelsäurekatalysator	89
$C_5^{=}$-Alkylat	Schwefelsäurekatalysator	90

[1]) Die MOZ ist der geringen Sensitivity wegen nur etwa 2–3 Punkte niedriger.

Die Butylen($C_4^{=}$)-Alkylierung liefert das bezüglich Klopffestigkeit hochwertigste Alkylat und braucht auch weniger Säure als die $C_3^{=}$- oder $C_5^{=}$-Alkylierung.

b) Alkylierung von Benzol

Diese dient einmal der Herstellung des Isopropylbenzols oder *Cumols*, welches während des letzten Krieges eine Zeitlang als Flugbenzinkomponente Interesse hatte. Heute wird die Reaktion vor allem in der erdölchemischen Industrie zur Herstellung von Phenol und Aceton (über das Cumol) benutzt. Cumol entsteht durch Alkylierung von Benzol mit Propylen ($C_3^{=}$):

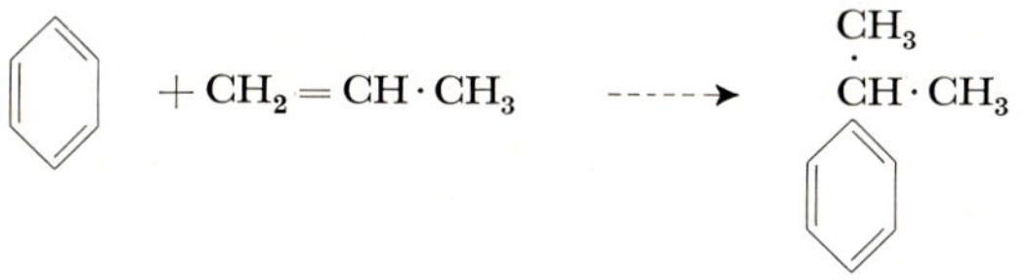

Benzol Propylen Isopropylbenzol (Cumol)

Die Reaktion kann entweder, unter Verwendung eines Schwefelsäurekatalysators, in flüssiger Phase bei 35 bis 40° C und einem Druck von etwa 10 atü, oder aber, unter Verwendung von Phosphorsäure, in Dampfphase bei etwa 255° C und 25 bis 30 atü durchgeführt werden. Es eignen sich dazu die gleichen Anlagen wie für die Polymerisation des $C_3^{=}$ beschrieben.

Die Dampfphasealkylierung des Benzols mit *Äthylen* ($C_2^{=}$) über einem Phosphorsäurekatalysator bei 275° C und 60 bis 65 atü oder über Aluminiumchlorid bei 95° C und 1 bis 2 atü führt zum *Äthylbenzol:*

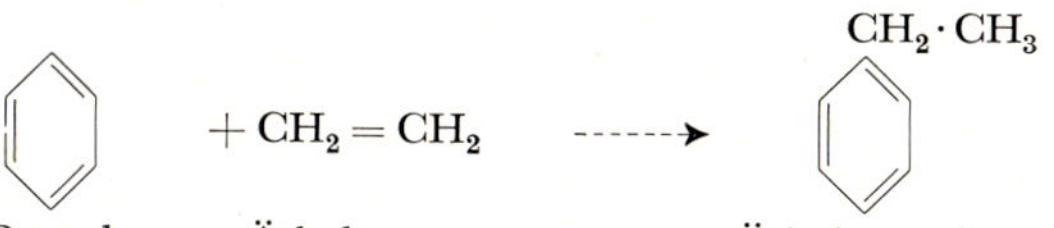

Benzol Äthylen Äthylbenzol

Letzteres ist ein wichtiges Ausgangsmaterial zur Herstellung des Styrols, einem Baustein synthetischen Kautschuks:

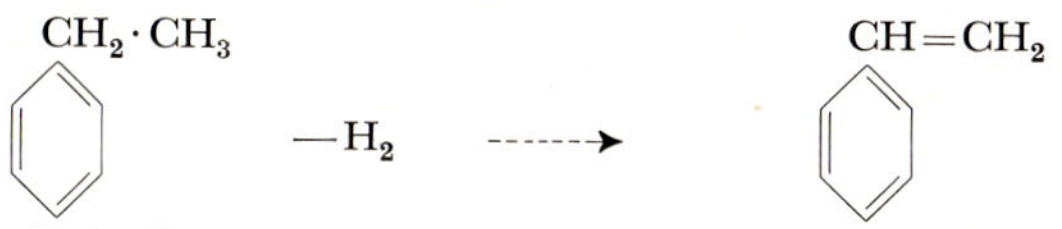

Äthylbenzol Styrol

Tabelle XLI. *Verfahren zur Umwandlung von Krackgasen in Benzin*

Verfahren	Beschreibung	Resultat
Polymerisation		
– thermisch	Kombiniertes Dampfphase-Kracken und Polymerisieren	Ausnützung überschüssigen Butans
– selektive $C_4^=$-Polymerisation		
«Cold Acid» (nur $iC_4^=$)	Über Schwefelsäure von 20–35° C	Ein $iC_8^=$, das sich zu Isooktan (2,2,4-Trimethylpentan) hydrieren läßt (OZ = 100)
«Hot Acid» ($iC_4^=$ *und* $nC_4^=$)	Über Schwefelsäure von 80° C	Gemischte Oktylene, die sich zu klopffesten «gemischten Oktanen» hydrieren lassen, Flugtreibstoffkomponente
Phosphorsäure	Über einem Phosphorsäure-Katalysator	
– Nicht selektive $C_3^=$ oder $C_3^= + C_4^=$ Polymerisation	Über phosphorhaltigen Katalysator	Olefinreiche, klopffeste aber nicht ohne OZ-Verlust hydrierbare Polymerisate als Autobenzinkomponenten
California Polyco UOP Kupferpyrophosphat		
Alkylierung		
a) Niedrige Olefine mit iC_4		
Neohexanprozeß	Thermisches Alkylieren von $C_2^=$ mit iC_4	Klopffestes Neohexan (2,2-Dimethylbutan), Flugtreibstoffkomponente
Schwefelsäure, Fluorwasserstoffsäure	Alkylierung von $C_3^=$ bis $C_5^=$, vor allem aber $C_4^=$ mit iC_4	Klopffeste Alkylate als Flugtreibstoffkomponenten
Phillips	Alkylierung von $C_2^=$ mit iC_4 über einem Aluminiumchlorid-Katalysator	Diisopropyl (2,3-Dimethylbutan) als Flugtreibstoffkomponente
b) Benzol		
Cumol	Alkylierung von Benzol mit $C_3^=$	Cumol (Isopropylbenzol). Flugtreibstoffkomponente; Herstellung von Phenol und Aceton
Äthylbenzol	Alkylierung von Benzol mit $C_2^=$	Äthylbenzol für die erdölchemische Industrie

XVI. DIE ISOMERISIERUNG

Allgemeines

Isomerisierungsreaktionen, das heißt solche, die zu Umwandlungen im *Bau* der Moleküle, jedoch ohne Änderung der C-Zahl führen, treten, wie dort erwähnt, auch schon bei verschiedenen andern bereits behandelten chemischen Aufbereitungsverfahren (zum Beispiel dem Reformen) auf. In diesem Kapitel sollen nur *jene* Prozesse besprochen werden, welche diese Isomerisierung (ohne wesentliche Nebenreaktionen) als *Hauptzweck* verfolgen. Eine praktische Bedeutung haben in erster Linie Verfahren zur Umwandlung der «normalen» (geradkettigen) Paraffine in (verzweigte) «Isoparaffine», also im Prinzip:

$$nC_x \dashrightarrow iC_x$$

Solche Reaktionen werden durch spezielle Katalysatoren begünstigt. Sie können aber im einmaligen Durchsatz, auch im Idealfall, höchstens bis zu dem unter den herrschenden Bedingungen gültigen thermodynamischen Gleichgewicht[1] führen.

Als erstes solches Verfahren kam die *Isomerisierung des n-Butans* auf. Sie hat vor allem Interesse zur Beschaffung zusätzlichen Isobutans für die Alkylierung. Letztere besteht, wie in Kapitel XV beschrieben, in der Vereinigung je eines iC_4-Moleküls mit einem Olefin. Die BB (Butan/Butylen)-Fraktion der Krackgase enthält jedoch, wie an einem Beispiel in Tabelle XLII ersichtlich, nicht genügend iC_4, um alle darin enthaltenen Butylene (oder gar noch einen Teil des $C_3^=$ oder $C_5^=$) umsetzen zu können. Kann das Defizit nicht auf andere Weise (zum Beispiel aus der Rohölstabilisierung) gedeckt werden, so wird das verfügbare iC_4 zum Flaschenhals für die Alkylatproduktion. Dem kann nun durch *Isomerisierung von* nC_4 abgeholfen werden.

Tabelle XLII. *Typische Zusammensetzung der BB-Fraktion des Krackgases, Mol. %*

	Thermisch	Katalytisch
$iC_4^=$	11,4	13,1
$nC_4^=$	32,6	35,7
Total C_4-Olefine	44,0	48,8
und dem gegenüber:		
iC_4	12,2	37,6

[1] Siehe zum Beispiel Hengstebeck, R.J., *Petroleum Processing*.

Aber auch die *Isomerisierung der* C_5/C_6-*n-Paraffine* des Straightrunbenzins wird heute bei den hohen Ansprüchen, die man an die Klopffestigkeit des Autobenzins stellt, interessant, wenn mit der Zeit nicht gar notwendig. Diese zum Beispiel im heutigen amerikanischen Autobenzin noch in Mengen von 15 bis 20% enthaltenen und zum Ausgleich der Flüchtigkeitseigenschaften wichtigen Anteile, weisen nämlich die niedrigste Oktanzahl aller darin aufgemischter Komponenten[1] auf:

	ROZ (gebleit)
Butan	106
Alkylat	105
Schweres Reformat	103
Leichtes katalytisches Krackbenzin	98
Schweres katalytisches Krackbenzin	$92^1/_2$
C_5/C_6-Destillatbenzin	88

Die relativ geringe Klopffestigkeit des leichten Destillat- oder Straightrunbenzins ist vor allem den darin enthaltenen *n*-Paraffinen zuzuschreiben. Solche niedrigsiedenden Kohlenwasserstoffe lassen sich nicht mit befriedigendem Resultat reformen (eine Aromatisierung ist ja erst von C_6 an aufwärts überhaupt möglich). Sie müssen in hochklopffesten Benzinen deshalb durch niedrige Olefine aus dem Krackbenzin, die aber vor allem für den amerikanischen Wagenpark den Nachteil einer großen «Sensitivity» (Differenz zwischen ROZ und MOZ) haben, oder aber Isoparaffine ersetzt werden. Solche lassen sich in beschränkten Mengen zwar durch Superfraktionierung herstellen. Erheblich höhere Ausbeuten liefert aber die *Isomerisierung*.

Aus Tabelle XLIII geht hervor, welcher Klopffestigkeitsgewinn sich durch die Isomerisierung von C_5 bis C_7 erzielen läßt.

Technische Verfahren

Es wurden drei verschiedene Lösungen entwickelt, die sich in der Art des Katalysators und den Betriebsbedingungen unterscheiden:

a) Die ältesten sind die *Dampfphase-Butan-Isomerisierungsverfahren*, wie der *Shell-* und *Phillips-Vaporphase-Isomerization-Prozeß*, die bei etwa 100 bis 120° C und einem Druck von 12 bis 18 atü arbeiten und einen stationären, an Bauxit adsorbierten und mit Salzsäuregas aktivierten Aluminiumchlorid-Katalysator verwenden. Bei einmaligem Durchsatz wird 45

[1] Lanneau, K.P., *et al.*, *A new Isomerization Process*, Paper 3, Section III, 5th World Petroleum Congress, 1959.

Tabelle XLIII. *Mögliche Gewinne an Klopffestigkeit der* C_5*- bis* C_7*-Fraktion eines SR-Benzins durch Isomerisierung*

<table>
<tr><th rowspan="2"></th><th rowspan="2"></th><th colspan="2">Oktanzahl</th><th rowspan="2"></th><th rowspan="2"></th><th colspan="2">Oktanzahl</th></tr>
<tr><th>M.M.</th><th>R.M.</th><th>M.M.</th><th>R.M.</th></tr>
<tr><td>C₅-Fraktion</td><td></td><td></td><td></td><td>C₇-Fraktion</td><td></td><td></td><td></td></tr>
<tr><td>C—C—C—C—C</td><td>n-Pentan</td><td>61,9</td><td>61,7</td><td>C—C—C—C—C—C—C</td><td>n-Heptan</td><td>0,0</td><td>0,0</td></tr>
<tr><td>C—C—C—C
|
C</td><td>2-Methylbutan</td><td>90,3</td><td>92,3</td><td>C—C—C—C—C—C
|
C</td><td>2-Methylhexan</td><td>46,4</td><td>42,4</td></tr>
<tr><td>C
|
C—C—C
|
C</td><td>2,2-Dimethylpropan</td><td>80,2</td><td>85,5</td><td>C—C—C—C—C—C
|
C</td><td>3-Methylhexan</td><td>55,0</td><td>52,0</td></tr>
<tr><td>C₆-Fraktion</td><td></td><td></td><td></td><td>C—C—C—C—C
|
C—C</td><td>3-Äthylpentan</td><td>69,3</td><td>65,0</td></tr>
<tr><td>C—C—C—C—C—C</td><td>n-Hexan</td><td>26,0</td><td>24,8</td><td>C
|
C—C—C—C—C
|
C</td><td>2,2-Dimethylpentan</td><td>95,6</td><td>92,8</td></tr>
<tr><td>C—C—C—C—C
|
C</td><td>2-Methylpentan</td><td>73,5</td><td>74,4</td><td>C
|
C—C—C—C—C
|
C</td><td>2,4-Dimethylpentan</td><td>83,8</td><td>83,1</td></tr>
<tr><td>C—C—C—C—C
|
C</td><td>3-Methylpentan</td><td>74,3</td><td>74,5</td><td>C
|
C—C—C—C—C
|
C</td><td>3,3-Dimethylpentan</td><td>86,6</td><td>80,8</td></tr>
<tr><td>C
|
C—C—C—C
|
C</td><td>2,2-Dimethylbutan</td><td>93,4</td><td>91,8</td><td>C
|
C—C—C—C
| |
C   C</td><td>2,2,3-Trimethylbutan</td><td>> 100</td><td>> 100</td></tr>
<tr><td>C
|
C—C—C—C
|
C</td><td>2,3-Dimethylbutan</td><td>94,3</td><td>> 100</td><td></td><td></td><td></td><td></td></tr>
</table>

bis 50% des nC_4 in iC_4 umgesetzt. Der Katalysator muß aber periodisch erneuert werden.

b) Einen Fortschritt bedeuteten deshalb die *kontinuierlichen Verfahren*, zum Beispiel der in flüssiger Phase arbeitende *Shell Liquid Phase Isomerisierungs-Prozeß*, welcher als Katalysator eine etwa 9prozentige Lösung von Aluminiumchlorid ($AlCl_3$) in Antimonchlorid ($SbCl_3$) verwendet.

Gemäß *Schema* Abb. 141 wird das zu isomerisierende flüssige *n*-Paraffin (nC_4 oder nC_5) getrocknet und auf eine Reaktionstemperatur von 80 bis 120° C (je nach Einsatzmaterial) gebracht. In einer mit dem gebrauchten Katalysator berieselten Kolonne wird etwas noch brauchbarer Katalysator zurückgewonnen. Dann wird dem Einsatzmaterial die zirkulierende Aktivierungssalzsäure und – im mit einem Rührwerk ausgerüsteten Autoklaven – die Hauptmenge des Katalysators beigemischt. Kontinuierlich wird Isomerisat abgezogen und von der Katalysatorphase und der Salzsäure getrennt. Der Katalysator, ergänzt mit etwas Frisch-$AlCl_3$, geht zum Prozeß zurück.

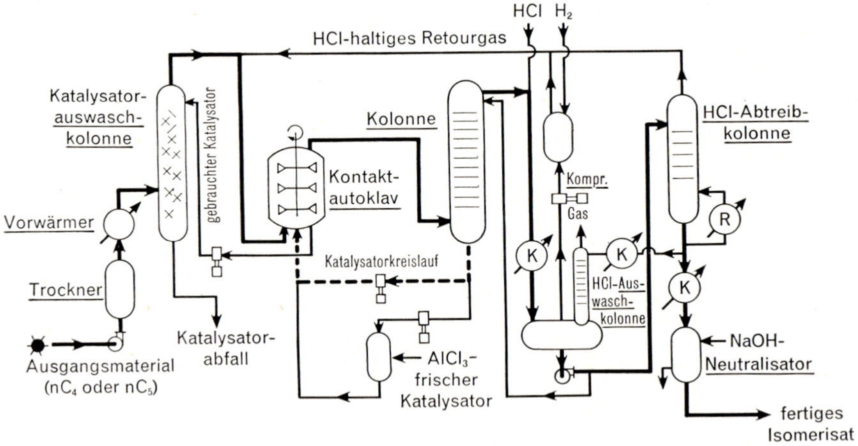

Abb. 141. Schema «Liquid-Phase»-Isomerisierung

Ein im Prinzip ähnliches Verfahren ist der während des letzten Krieges zur Herstellung von Flugbenzinkomponenten angewandte *Isomateprozeß*, der mit einem ebenfalls HCl-aktivierten flüssigen $AlCl_3$-Kohlenwasserstoffkomplex arbeitet. Man hat vor allem leichtes Destillatbenzin (Light Naphtha) isomerisiert, dessen ROZ auf diese Weise bei einmaligem Durchsatz auf 84, bei Verwendung von C_6-Umlauf selbst auf 90 gebracht werden konnte.

Zur Unterdrückung von Nebenreaktionen (Kracken) wird bei verschiedenen solchen Isomerisierungsverfahren in einer Wasserstoffatmosphäre gearbeitet. Man spricht dann von «*Hydroisomerization*».

c) Und eine dritte, neuere Gruppe von Isomerisierungsverfahren schließlich verwendet *Platin-*, *Molybdän-* oder *Nickelkontakte* bei wesentlich

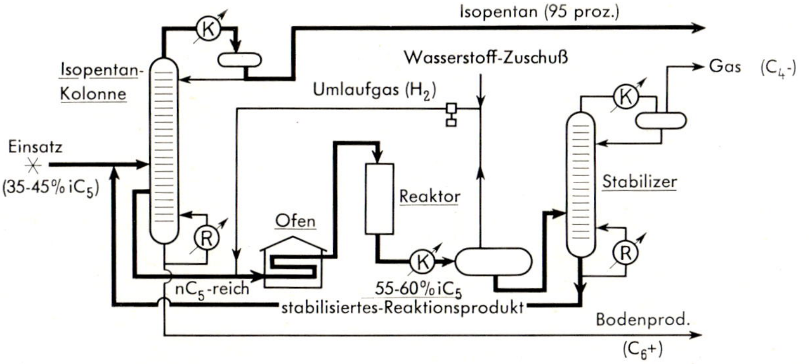

Abb. 142. Fließschema des Penex-Isomerisierungs-Prozesses

höheren Temperaturen, zum Beispiel 370 bis 480° C und Wasserstoffdrucken von 20 bis 50 atü. Sie werden vor allem zur C_5/C_6-Isomerisierung, das heißt der Klopffestigkeitsverbesserung von Benzinfraktionen, eingesetzt.

Dazu gehören das *Pentafining*, der *Penex-*, *Isomerate-*, *Iso-Kel-* und *Butamerprozeß* (welch letzterer allerdings, wie der Name andeutet, zur Isomerisierung von C_4 angewandt wird). Als Beispiel sei die Penex-Isomerisierung etwas ausführlicher beschrieben:

Gemäß *Schema* Abb. 142 wird das Einsatzmaterial mit dem Reaktionsprodukt gemischt und aus dem vereinigten Strom dann in einer Kolonne das iC_5 abgetrieben. Die nC_5-reiche Bodenfraktion geht nach dem Aufheizen zum Reaktor, der einen Platinkontakt enthält. Im «Stabilizer» wird anschließend «C_4 und leichter» abgetrieben. Das

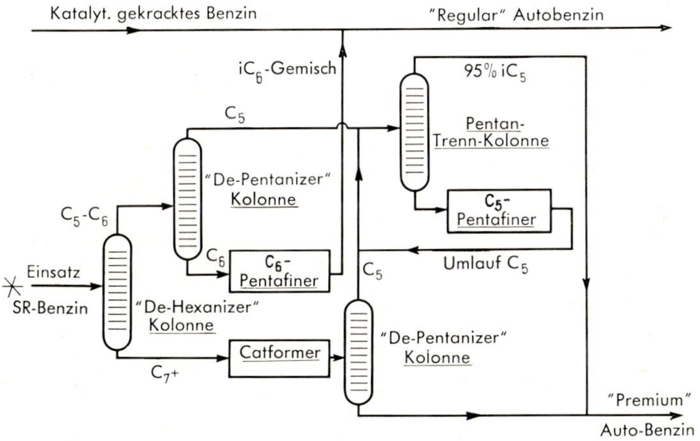

Abb. 143. Eingliederung eines Pentafining-Prozesses in ein Fabrikschema

stabilisierte Reaktionsprodukt geht, wie erwähnt, zusammen mit dem Einsatzmaterial zur iC_5-Kolonne, von deren Kopf das gewünschte iC_5 in einer Reinheit von etwa 95 % erhalten wird.

Auf die beschriebene Weise lassen sich im einmaligen Durchsatz etwa 60% des nC_5 und 68% des nC_6 in Isoparaffine umwandeln. Durch Recy-

Abb. 144. Pentan-Isomerisierung in einer USA-Raffinerie (Gulf Coast)

clen (Umlauf der unveränderten Anteile) kann man aus einer C_5-Fraktion aber bis zu 99% eines 95prozentigen iC_5 erhalten, welches eine ROZ von etwa 90½ aufweist.

Beim Isomerisieren der C_6-Fraktion sind die Verhältnisse etwas komplizierter, da diese eine größere Zahl von isomeren Paraffinen und auch Naphthene und Aromaten enthält. Immerhin läßt sich auch die ROZ dieses Einsatzmaterials bei einmaligem Durchsatz zum Beispiel in einer Ausbeute von 97 bis 98% um 10 bis 13 Oktaneinheiten auf eine End-ROZ von 74 aufwerten. Auf das Recyclen der unveränderten Anteile wird hier aber meist verzichtet.

Abb. 144 zeigt eine Ansicht einer Pentan-Isomerisierungsanlage, und aus Abb. 143 ist ersichtlich, wie sich eine solche ins Verarbeitungsschema einer Raffinerie einfügen läßt.

Ergänzende Literatur zu Kapitel XV und XVI

VAN WINKLE, M., *Aviation Gasoline Manufacture* (McGraw-Hill Book Company Inc., New York, London 1944).

SACHANEN, A. N., *Conversion of Petroleum*, 2. Aufl. (Reinhold Publishing Corporation, New York 1948).

KOBE, K. A., und MCKETTA, J. J., *Advances in Petroleum Chemistry and Refining*, Vol. I–IV (Interscience Publishers Inc., New York, London 1958–1961).

Siehe auch S. 304.

XVII. DIE HYDRIERUNG

Allgemeines

Als «*Hydrieren*» bezeichnet man im allgemeinen die Anlagerung von Wasserstoff, H_2. Es kann in der Erdölaufarbeitung in folgenden Fällen Verwendung finden:

- Absättigung von Olefinen aus Polymerisations- und Krackverfahren (zum Beispiel zur Flugbenzinherstellung),
- Qualitätsverbesserung von Dieseltreibstoff und Schmieröl,
- Vorbehandlung des Einsatzmaterials verschiedener katalytischer Verfahren zur Entfernung von Schwefel-, Stickstoff- und Sauerstoffverbindungen und der Absättigung von Olefinen,
- Nachbehandlung von Erdölprodukten zur Entschwefelung (auch Stabilitätsverbesserung),
- Spaltende Hydrierung (destructive Hydrogenation) zur Herstellung gesättigter niedriger molekularer Produkte aus Gasölen und Erdölrückständen (auch Kohle, siehe Kapitel XX).

1. HERSTELLUNG DES BENÖTIGTEN WASSERSTOFFS

Wasserstoff kann im Prinzip auf verschiedenstem Wege, zum Beispiel durch die Elektrolyse von Wasser, erhalten werden. In der Erdölindustrie wird vielfach der *Methan/Dampfprozeß* angewandt. Man leitet ein vorzüglich aus Methan C_1 bestehendes Erdgas zusammen mit Wasserdampf bei 800 bis 1000° C über einen Nickel- oder Kobaltkatalysator, wobei sich die Reaktion abspielt:

$$CH_4 + H_2O \dashrightarrow CO + 3\,H_2$$

In einer zweiten Stufe läßt man dann das Gemisch mit Wasserdampf über einem Eisenoxydkontakt bei 400 bis 600° C weiterreagieren:

$$CO + H_2O \dashrightarrow CO_2 + H_2$$

und wäscht schließlich aus dem Gas die Kohlensäure (CO_2) aus.

Erhebliche Mengen billigen Wasserstoffs entstehen neuerdings nun aber auch als *Nebenprodukt katalytischer Reformverfahren*. Sie haben der Verwendung von Hydrierprozessen in der Erdölindustrie einen starken Auftrieb gegeben.

2. HYDRIERUNG VON (SELEKTIVEM) $C_4^{=}$-POLYMERISAT

Wie erwähnt, wird das C_4-Polymerisat zur Herstellung von Isooktan oder klopffester «gemischter Oktane» zur Aufmischung ins Flugbenzin noch hydriert:

$$iC_8^{=} + H_2 \dashrightarrow iC_8$$

Man wendet dazu zwei verschiedene Methoden an, entweder die *Niederdruckhydrierung* mit Nickelkatalysatoren, die aber trotz Vorschaltung sogenannter «Guard tubes» mit der Zeit vergiftet werden und deshalb periodisch regeneriert werden müssen, oder aber die *Hochdruckhydrierung* mit robusteren Molybdänkatalysatoren, die ein Jahr und länger ununterbrochen im Betrieb sein können.

Abb. 145 zeigt ein *Schema* einer Niederdruckhydrierung. Die Oktylene werden verdampft, mit Wasserstoff gemischt und dann, zur Entgiftung, erst durch einen mit gebrauchtem Katalysator beschickten Konverter (Guard tube) und anschließend bei 180 bis 190° C und 2 bis 8 atü durch die eigentlichen Hydrierkonverter geleitet.

Die Hochdruckhydrierung nach Patenten der IG Farbenindustrie und der Standard Oil Dev. Comp. arbeitet bei Drucken über 200 atü und Temperaturen um 250 bis 350° C.

Auf ähnliche Weise wurden nötigenfalls auch schon katalytisch gekrackte Benzine zur Herstellung von stabilen, olefinarmen Flugbenzinkomponenten hydriert.

3. DIE KATALYTISCHE, HYDRIERENDE RAFFINATION
(vor allem Entschwefelung)

Dank des von den katalytischen Reformverfahren gelieferten billigen Wasserstoffs haben in letzter Zeit *katalytische hydrierende Raffinationsverfahren* bei der Erdölaufarbeitung eine große Verbreitung gefunden. Die sich dabei abspielenden Reaktionen sind, schematisch dargestellt, neben der selektiven Hydrierung der Olefine die folgenden:

Entschwefelung	RSH Merkaptan	+	H_2	------>	RH Kohlenwasserstoff	+	H_2S Schwefelwasserstoff
Stickstoffabspaltung	C_5H_5N Pyridin	+	5 H_2	------>	C_5H_{12} Pentan	+	NH_3 Ammoniak
Sauerstoffabspaltung	C_6H_5OH Phenol	+	H_2	------>	C_6H_6 Benzol	+	H_2O Wasser

Es werden dem Einsatzmaterial gleichzeitig manchmal auch noch störende Metallverbindungen entzogen, die die Aktivität des Katalysators anschließender Veredelungsverfahren ungünstig beeinflussen können.

Solche Verfahren finden heute Verwendung für die Qualitätsverbesserung von Produkten vom Benzin bis zum schweren Gasöl, ja manchmal selbst Schmieröl und Paraffin. Sehr wichtig ist unter anderem die *Vorbehandlung des Reformereinsatzes*, welche zur Schonung der Katalysatoren häufig angewandt wird. Beim *Einsatzmaterial katalytischer Krackverfahren* ergibt

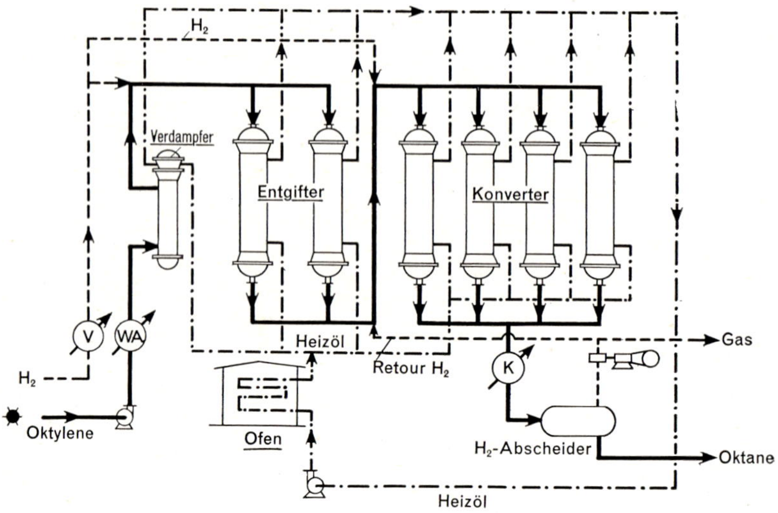

Abb. 145. Schema Niederdruckhydrierung

sich gleichzeitig eine Erniedrigung der Verkokungszahl und damit der Koksbildung bei der Krackreaktion. Dies ist auf die beim Hydrieren zu beobachtende Aufspaltung der Mehrkernaromaten, die gegen Krackreaktionen sehr resistent sind, aber stark zur Koksbildung neigen, zurückzuführen. Aber auch *Fertigprodukte* werden heute oft noch einer hydrierenden Nachbehandlung unterworfen, vor allem zur Erniedrigung des Schwefelgehaltes, dann aber auch der Stabilitäts- und Farbverbesserung, der Erhöhung der Bleiempfindlichkeit (das heißt dem Ansprechen der Oktanzahl auf Zusatz von Btä bei Ottotreibstoffen), der Verbesserung der Brenneigenschaften von Leuchtpetrolen, der Zündwilligkeit von Dieseltreibstoffen, des Viskositätsindexes von Schmierölen usw.

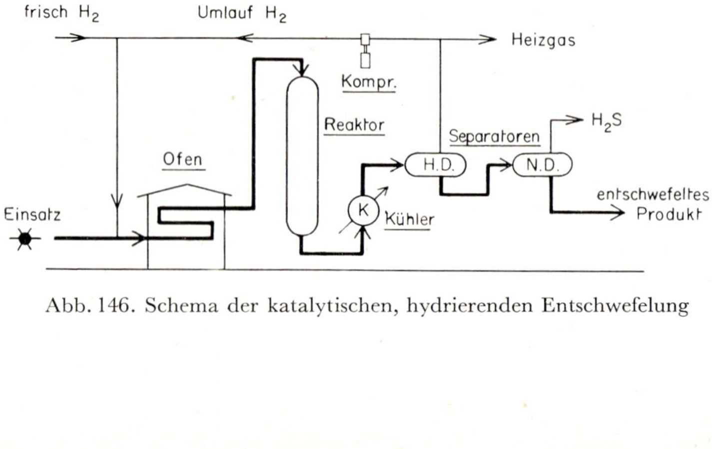

Abb. 146. Schema der katalytischen, hydrierenden Entschwefelung

Das Prinzip einer solchen Anlage ist, wie aus dem *Schema* Abb. 146 hervorgeht, einfach. Dem zu behandelnden Material wird ein teils aus wasserstoffreichem Kreislaufgas, teils Frisch-H_2 bestehendes komprimiertes Gas zugemischt. Dann wird in einem Röhrenofen auf etwa 280 bis 425° C erhitzt. Der Druck beträgt 7 bis 70 atü. Das Gemisch leitet man über einen sich stationär in Kammern befindlichen, meist aus Molybdän- mit etwas Kobaltoxyd auf Tonerde bestehenden Kontakt, wobei dann die Hydrierung vor sich geht. Es gibt aber auch Verfahren, welche mit Platin- oder Wolfram/Nickel-Katalysatoren arbeiten. Das Reaktionsprodukt wird stufenweise entspannt und dabei der Kreislaufwasserstoff und die Spaltprodukte, vor allem der entstandene Schwefelwasserstoff, abgetrennt.

Die technisch erzielbare Entschwefelung beträgt in der Regel etwa 50 bis 90%. Die Ausbeuten betragen, auf Gewicht bezogen, fast 100%. Zufolge gleichzeitig stattfindender teilweiser Depolymerisation stellt man sogar eine geringe Volumvermehrung fest. Der Katalysator hat eine lange Lebensdauer.

Es gibt heute schon mehr als ein Dutzend verschiedene solche «Hydrodesulfurization»-Verfahren. Die wichtigsten sind in Tabelle XLIV zusammengestellt. Am meisten, vor allem für die Einsatzvorbehandlung von katalytischen Reformanlagen, verbreitet ist der *Unifining-Prozeß*. Ein anderes wichtiges Verfahren ist das in Abb. 147 gezeigte *Hydrofining*. Von den übrigen (wie dem Sovafining, Houdry, Hydrobon, Diesulforming, Gulf

Abb. 147. Hydrofining Esso

HDS usw.) seien nur noch zwei besonders erwähnt, weil sie interessante Besonderheiten aufweisen.

Das erste ist der in flüssiger Phase arbeitende *Shell-Trickle-Prozeß*, der sich für sogenannte «Mitteldestillate» (Petrol, Gasöl) eignet und mit

Tabelle XLIV. *Verfahren zur katalytischen hydrierenden Raffination in den USA 1960 (Schätzung)* [1]

	Faß/Arbeitstag
Unifining	610 000
Hydrofining (Ind.)	240 000
Hydrofining (Esso)	240 000
Socony	130 000
Gulfining	100 000
Sinclair	95 000
Shell	90 000
Kellogg	40 000
Texaco	30 000
Houdry	15 000
Verschiedene	95 000
Total	1 685 000

[1] Oil and Gas Journal, 24. 3. 1958.

einem Minimum an Wasserstoff auskommt. Er gestattet es, etwa 85 bis 90% des Schwefels abzuspalten.

Das Einsatzmaterial wird nach dem *Schema* Abb. 148 mit Kreislauf- und etwas frischem H_2 gemischt und bei einem Druck von 40 bis 60 atü auf 360 bis 390° C aufgeheizt. Der Reaktor besteht aus einem Turm mit mehreren Katalysatorschichten, zwischen welche kaltes Einsatzmaterial zur Abführung der Reaktionswärme eingespritzt wird.

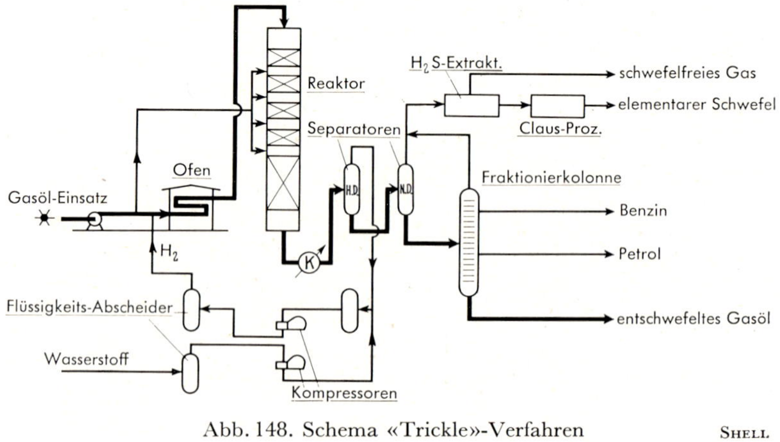

Abb. 148. Schema «Trickle»-Verfahren SHELL

Abb. 149. «Trickle» Hydrodesulphuriser SHELL

Abb. 150. Autofiner BP

Das Reaktionsprodukt wird gekühlt und vom Wasserstoff und den aus den Schwefelverbindungen entstehenden leichtsiedenden Anteilen sowie dem Schwefelwasserstoff getrennt. Der H_2 geht in den Kreislauf zurück.

Abb. 149 zeigt eine Ansicht einer solchen Anlage. Der schließlich in Abb. 150 dargestellte *Autofining-Prozeß* produziert den zur Entschwefelungsreaktion benötigten Wasserstoff gleich durch die kontrollierte Dehydrierung der Naphthene selbst; er kommt somit ohne Fremdwasserstoff aus.

4. KRACKENDES (ABBAUENDES ODER SPALTENDES) HYDRIEREN

(Hydrocracking, destructive Hydrogenation)

Als «*krackendes Hydrieren*» bezeichnet man Hydrierverfahren, welche bei Temperaturen über etwa 400° C arbeiten, so daß bereits Krackreaktionen einsetzen. Im Gegensatz zum beschriebenen normalen Kracken werden dann aber die primär entstehenden ungesättigten Bruchstücke gleich hydriert und damit den sekundären Teer- und Koksbildungsreaktionen entzogen. Auch tritt gleichzeitig eine Entschwefelung auf. Das Reaktionsprodukt ist im Gegensatz zu jenem üblicher Krackverfahren gesättigt. Mehrkernige Aromaten werden, je nach den Bedingungen, entweder in einkernige oder in Isoparaffine, Naphthene vor allem in Isoparaffine umgesetzt.

Das krackende Hydrieren ist wohl eines der aussichtsreichsten Verfahren, um (wie dies sehr erwünscht wäre) auch aus relativ schweren und schwefelreichen Rückständen in guter Ausbeute hochwertige Destillate niedrigen Schwefelgehaltes herzustellen.

Die wichtigsten *Variablen* sind Temperatur, Druck sowie Wasserstoff- und Öldurchsatz pro Zeiteinheit. Es kommen u. a. Temperaturen von 400 bis 560° C und Drucke von 14 bis 70 atü zur Anwendung. Je größer die Tendenz des Einsatzmaterials zur Koksbildung, um so höher muß der H_2-Druck gewählt werden. Damit man ein günstiges Wasserstoff/Einsatzmaterial-Verhältnis erhält, wird ersterer umgewälzt. Als Katalysatoren dienen Kobalt-, Platin-, Molybdän-, Nickel- und Wolframverbindungen mit einer ausbalancierten Krack- und Hydrierwirkung. Das Ausgangsmaterial und der Wasserstoff werden entweder zusammen oder getrennt auf Reaktionstemperatur gebracht und zum Reaktor geleitet. Es sind verschiedene Systeme mit stationärem und auch bewegtem Katalysator (zum Beispiel Wirbelbettverfahren) entwickelt worden. In den ersteren wird der Katalysator periodisch, bei letzteren laufend regeneriert.

Während die krackende Hydrierung bisher in andern Ländern kaum rentierte, konnte sie sich in Deutschland unter Verwendung der in den dreißiger Jahren aus Autarkiegründen aufgebauten Hydrierapparatur,

Abb. 151. Hydrieranlagen Gelsenberg

ursprünglich zur Kohlehydrierung angewandt, nun aber unter Einsatz von Erdölvakuum- und Krackrückständen, durchsetzen. Der benötigte Wasserstoff wird dort aus Koksofen- und dem Prozeßgas selbst hergestellt. Man hydriert in zwei Stufen, erst bei 300 bis 700 atü in der flüssigen Phase, dann bei 300 atü in der Dampfphase und erhält auf diese Weise aus dem verfügbaren Grundstoff (Rohöl) ein Maximum an Benzin und Dieseltreibstoff (Abb. 151).

Aber auch außerhalb Deutschland finden solche krackende Hydrierverfahren nun mehr und mehr Beachtung. Ein erstes in den USA entwickeltes ist der *Isocracking-Prozeß*, den man zur Aufwertung sonst schwierig zu krackenden Materials wie Coker-Destillat, Umlauföl katalytischer Krackverfahren usw. verwendet. Man arbeitet bei Temperaturen von 200 bis 370° C und 35 bis 140 atü und erhält dabei in einmaligem Durchsatz in einer Ausbeute von 50 bis 70%, bei Rückführung der unveränderten Anteile in einer Ausbeute von fast 100%, ein stark aromatisches, klopffestes Benzin.

Als besonders anpassungsfähig wird der *Lomax-Prozeß* bezeichnet, der es erlaubt, das Einsatzmaterial mit weitgehend den Bedürfnissen anzupassenden Ausbeuten in Benzin oder Mitteldestillate umzusetzen. Ein zweistufiger solcher «Hydrocracking»-Prozeß ist das *Unicracking*.

Die in Deutschland entwickelten *Kohle*-Hydrierverfahren finden nochmals in Kapitel XX Erwähnung.

Ergänzende Literatur zu Kapitel XVII

FISCHER, F., *Die Umwandlung der Kohle in Öle* (Borntraeger, Berlin 1924).

SPAUSTA, F., *Treibstoffe für Verbrennungsmotoren*, Erster Band, 2. Aufl., Flüssige Treibstoffe und ihre Herstellung (Springer, Wien 1953).

Siehe auch S. 304.

XVIII. DIE NACHBEHANDLUNG

(im engern Sinne)

Allgemeines

Die bei den beschriebenen Aufarbeitungsmethoden anfallenden Produkte enthalten häufig noch geringe Mengen störender Substanzen. So müssen vor allem Farbe, Geruch, Stabilität und Schwefelgehalt oft noch verbessert werden. Dies besorgen, zusammen mit den bereits behandelten Methoden der katalytischen, hydrierenden Raffination, die *Nachbehandlungsverfahren im engern Sinne*. Es sind dies teils physikalische, teils chemische Prozesse. Eine scharfe Abgrenzung zu andern Aufarbeitungsverfahren ist häufig nicht möglich. Es sollen in diesem Abschnitt vor allem besprochen werden:

- (Schwefel-) Säurebehandlung
- Behandlung mit Alkalien
- reversible Methoden zum Auswaschen saurer Gase
- «Süßen»
- Nachbehandlung durch Adsorption

1. DIE SCHWEFELSÄURE-RAFFINAGE

Das wichtigste chemische Nachbehandlungsmittel war lange Zeit die *Schwefelsäure*. Sie ist billig, und durch eine geeignete Wahl von Säurestärke und Behandlungstemperatur läßt sie sich praktisch für alle Erdölprodukte anwenden. Sie wirkt mit zunehmender Stärke erst nur neutralisierend auf vorhandene alkalische Substanzen, dann auf Olefine polymerisierend, auf Olefine sulfurierend, alkylierend (zum Beispiel $iC_4 + C_4^{=}$), dann auch auf Aromaten sulfurierend, auf Kohlenwasserstoffe allgemein lösend und schließlich (vor allem sogenannte rauchende Säure) auch stark oxydierend. Die Übergänge sind jedoch nicht scharf. Auch heute hat die Erdölindustrie für die verschiedensten Zwecke noch einen großen Bedarf an Schwefelsäure.

Zur Nachbehandlung hat Schwefelsäure aber auch schwerwiegende Nachteile, indem sie oft wertvolle Anteile zerstört und in einen lästigen Säureteer verwandelt. Sie wird vor allem unwirtschaftlich, wenn es sich darum handelt, aus einem Erdölprodukt *erhebliche* Mengen einer unerwünschten Substanz zu entfernen. In solchen Fällen sind, wie in Kapitel IX erwähnt, oft Extraktionsverfahren vorzuziehen. Eine kombinierte Säure- und Bleicherdebehandlung ist aber zum Beispiel immer noch die übliche Methode zur Herstellung von Schmierölen aus gewissen paraffinbasischen Erdölen.

Von den verschiedenen in den Erdölprodukten vorkommenden Kohlenwasserstoffgruppen werden die *Paraffine*, vor allem die normalen Glieder der Reihe, unter den in der Erdölindustrie bei der Säureraffinage üblichen Bedingungen kaum angegriffen; doch können sie sich etwas im Säureteer lösen. Eine Säureraffinage erhöht deshalb im allgemeinen den Gehalt an Paraffinen. Dies ist nicht immer ein Vorteil. So wurde bereits gezeigt, daß die (normalen) Paraffinkohlenwasserstoffe relativ wenig klopffest sind. Auch geben sie der Schmierölfraktion einen hohen Stockpunkt.

Wie die Paraffine werden auch die *Naphthene* unter normalen Bedingungen von der Schwefelsäure kaum angegriffen, wohl jedoch im Säureteer etwas gelöst. Sie sind als Gruppe gegenüber der Schwefelsäure etwas weniger beständig als die Paraffine. Naphthene sind meist wertvollere (da klopffestere) Benzinkomponenten als die Paraffine.

Aromaten sind gegenüber starker Schwefelsäure wesentlich reaktionsfähiger. Sie werden unter Wasserabspaltung «sulfuriert», zum Beispiel:

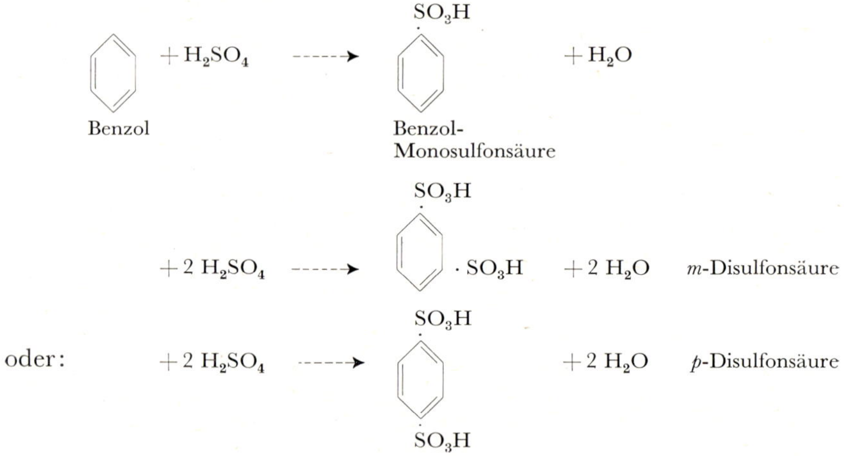

das heißt, *an Stelle* eines H-Atoms des Benzolkerns tritt die SO_3H-Gruppe. Schon durch 93prozentige Säure werden bereits erhebliche Mengen Aromaten gelöst. Zur restlosen Sulfurierung ist aber rauchende Säure notwendig. In Benzinen sind Aromaten ihrer hohen Klopffestigkeit wegen erwünscht. Den Leuchtpetrolen verleihen sie jedoch ungünstige Brenneigenschaften (niedrigen Rußpunkt).

Am leichtesten reagieren schließlich die *Olefine und Diolefine*. Für sie ist bereits 75prozentige Säure bei Zimmertemperatur wirksam. Die Reaktionsfähigkeit ist, wie zu erwarten, zudem noch stark von der Konstitution der Kohlenwasserstoffe abhängig. Olefine sind, mit Ausnahme der leicht verharzenden Stoffe, ihrer guten Klopffestigkeit wegen willkommene Automobiltreibstoffkomponenten. Sie dürfen bei der Raffinage deshalb nur gerade so weit entfernt werden, als dies zur Verbesserung der Stabilität nötig ist. Olefine können mit der Schwefelsäure auf folgende Arten reagieren:

a) Polymerisation zu Dimer und Trimer (Polymer), wie bereits in Kapitel XV behandelt.
b) Bildung saurer und neutraler Schwefelsäureester:

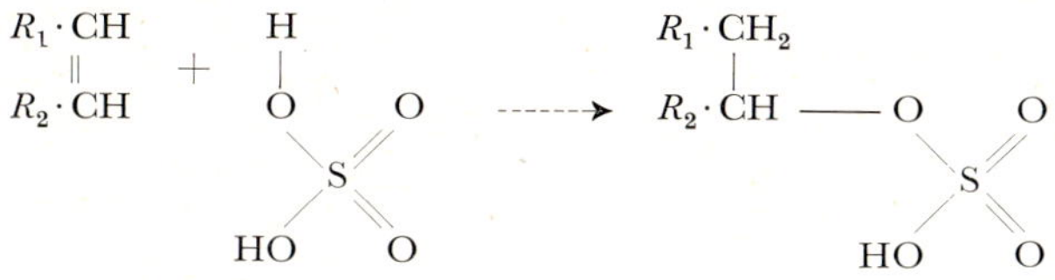

Alkylschwefelsäure (saurer Schwefelsäureester)

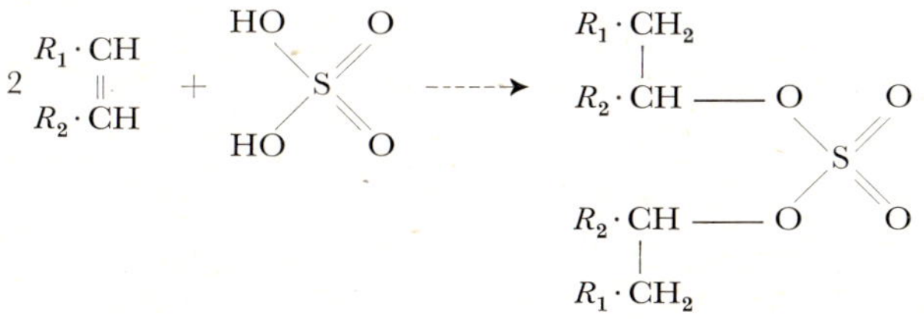

(Di-) Alkylsulfat (neutraler Schwefelsäureester)

R_1 und R_2 = Alkylgruppe.

Es ist dies eine *Anlagerung* von Schwefelsäure. Die Reaktionsprodukte werden meist als Säureteer entfernt. Gewisse, wie Alkylsulfate und Polymere, bleiben jedoch im Öl gelöst.

Von den *weniger gut definierten Erdölbestandteilen* lassen sich die harz- und asphaltartigen Substanzen, die den höher siedenden Erdölprodukten die dunkle Farbe geben, mit Schwefelsäure leicht entfernen. Sauerstoffhaltige Produkte, das heißt Naphthensäuren und Phenole, werden von der Schwefelsäure nur teilweise aufgenommen. Dagegen lassen sich die Stickstoffbasen bereits mit schwacher Säure herausholen. Man gewinnt sie etwa zur Verwendung als Insektizid oder Holzkonservierungsmittel.

Die wichtigsten Reaktionen einiger im Erdöl vorkommender *Schwefelverbindungen* sind in Tabelle XLV zusammengestellt.

Die für die Schwefelsäurebehandlung geeignetste *Säurestärke* hängt von der Art des zu behandelnden Produktes und dem Zweck der Raffinage ab. Für leichtflüchtige Destillate ist oft eine relativ schwache Säure (zum Beispiel 85–93prozentig) vorteilhaft. Zur Entfernung der Aromaten aus Leuchtpetroleum sowie zur Raffination von Schmierölen usw. muß jedoch meist wesentlich konzentriertere Säure (95prozentig) angewandt werden.

Tabelle XLV. *Schwefelsäure-Raffinage:* Reaktionen der Schwefelverbindungen

Typ	Formel	Reaktion	Bemerkung
Elementarer Schwefel	S	Wird auch von starker Säure meist nicht angegriffen	Bei längerem Stehen kann eine Oxydation zu SO_2 auftreten
Schwefelkohlenstoff	CS_2	Wird auch von starker Säure meist nicht angegriffen	—
Schwefelwasserstoff .	H_2S	Wird von starker Säure zu elementarem Schwefel oxydiert (korrodierend, schwer zu entfernen, deshalb unerwünscht!)	H_2S-haltige Produkte müssen vor der Schwefelsäurebehandlung mit Lauge gewaschen werden
Merkaptane	*R*SH	Oxydation unter SO_2-Bildung zu Disulfiden	Teilweise im Säureteer entfernt (unrationell!). Die Disulfide können bei der Lagerung zu Merkaptanen reduziert werden
Dialkylsulfide	*RSR*	In starker H_2SO_4 löslich	Teilweise im Säureteer entfernt
Disulfide	*R*—S | *R*—S		
Thiophen	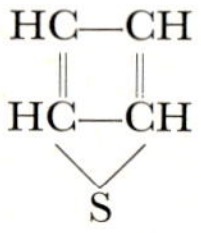	Wird von starker Säure langsam angegriffen	Thiophensulfosäuren, teilweise im Säureteer löslich
Sulfoxyde	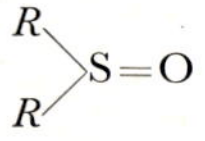	Reaktionsprodukte der Schwefelsäure	In starker Säure löslich
Sulfone	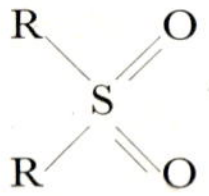		
Saure Schwefelsäureester	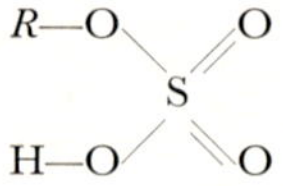		Nur teilweise löslich im Säureteer; werden jedoch von der anschließenden Laugenbehandlung entfernt
Alkylsulfate	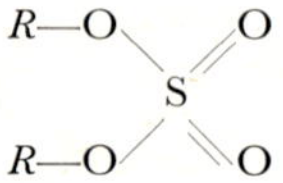		Nur teilweise löslich im Säureteer. Zersetzen sich bei der Redestillation unter SO_2-Entwicklung

Es empfiehlt sich aber, nicht stärkere Säure als notwendig zu verwenden, da sonst die Raffinageverluste unnötig steigen.

Über die für verschiedene Produkte etwa übliche *Säuredosis und die Raffinagetemperatur* gibt Tabelle XLVI Auskunft:

Tabelle XLVI

Produkt	Säuredosis Gew. %	Behandlungstemperatur °C
Destillatbenzin	0–1	20–30
Krackbenzin	0,8–2,5	0–30
Petrol	0,4–30	bis 50
Schmieröl	0–20	20–80
Transformeröl	0–33	15–20
Medizinalöle	60 und mehr	15
Paraffin	0–10	etwas über Schmelzpunkt

Eine erhöhte Temperatur fördert die Entfernung von Arcmaten, Olefinen und asphaltartiger Substanzen. Sie erleichtert in viskosen Ölen auch das Absetzen des Säureteers. Hingegen wird meist die Farbe bei niedrige-

Abb. 152. Agitatoren zur Behandlung von Schmieröl mit Schwefelsäure SHELL

rer Raffinagetemperatur besser, und man braucht zur selben Reduktion des Schwefelgehaltes weniger Säure; auch sind die Raffinageverluste geringer. Wo die Farbe und der Schwefelgehalt wichtig sind oder hohe Temperaturen übermäßige Polymerisationsverluste ergeben würden, wird man deshalb *kalt* raffinieren, sonst aber eher *warm*.

Die Säure wird dem zu raffinierenden Erdölprodukt gewöhnlich *in mehreren Portionen* zugesetzt, wobei die erste hauptsächlich der Trocknung dient. Den entstehenden Säureteer trennt man zwischen den Behandlungen ab. Dies geschieht entweder durch einfaches Stehenlassen, mit Hilfe von Zentrifugen oder schließlich mittels Filtrierens durch Sand- oder Kiesfilter. Die erstgenannte Methode ist zum Beispiel bei der *absatz-* oder «batch»-*weisen Behandlung von Schmierölen* in «Agitatoren» üblich. Dies sind große, stehende, mit Bleimänteln ausgekleidete Zylinder mit konischen Böden (siehe Abb. 152). Das *Mischen* von Säure und Öl geschieht hier durch Blasen mit Luft. Bei der *kontinuierlichen Säurebehandlung* werden Öl und Säure in Zentrifugalpumpen gemischt, durch eine die Reaktionszeit verlängernde Mischkolonne gedrückt und dann in Zentrifugen wieder getrennt. Auf diese Weise lassen sich große Durchsätze flott bewältigen. Die Methode eignet sich zum Beispiel zur Schwefelsäureraffinage von Druckdestillat aus Krackverfahren, wird aber auch für (dünnflüssigere) Schmieröle angewandt.

Die Säureraffinage erzielt folgende *Resultate:*

Farbe und Farbbeständigkeit	werden verbessert
Geruch	wird verbessert
Schwefelgehalt	wird verbessert
Rußpunkt (Leuchtpetrole)	wird verbessert
Olefingehalt (Bromzahl)	wird reduziert
Neigung zur Harzbildung	wird reduziert
Oktanzahl	geht zurück
Bleiempfindlichkeit	wird verbessert
Stock- und Gefrierpunkt	steigen
Cetanzahl (Zündwilligkeit)	wird verbessert
Verkokungszahl	wird verbessert
Oxydationsbeständigkeit (Schmieröl)	geht manchmal bei sehr scharfer Behandlung eher etwas zurück
Viskosität (Schmieröl)	nimmt ab
Viskositätsindex	wird verbessert

Der bei der Schwefelsäureraffinage entstehende *Säureteer* ist ein lästiges Nebenproduckt. Es gibt heute aber Verfahren, diesen zum Beispiel unter Dampfkesseln zu verbrennen (wobei jedoch große Mengen SO_2 in die Luft gehen!) oder aber wieder zu brauchbarer Schwefelsäure aufzuarbeiten.

Neben der Schwefelsäure kommen in der Erdölaufarbeitung (aber nicht zur Nachbehandlung im engern Sinne) wie erwähnt auch noch *andere Säuren*, wie zum Beispiel Phosphorsäure als Katalysator bei der Polymerisation, Fluorwasserstoffsäure bei der Alkylierung und Salzsäure als «Promotor» bei der Isomerisierung (siehe dort) zur Anwendung.

2. DIE BEHANDLUNG MIT ALKALIEN

Alkalische Mittel werden zur Entfernung natürlich im Erdöl vorkommender saurer Verbindungen (Schwefelwasserstoff, Naphthensäuren und Merkaptane), aber auch von Reaktionsprodukten wie Phenolen und schließlich von solchen von Säurebehandlungen angewandt.

a) Bekämpfung von Korrosionen in Destillationskolonnen

Bei der Destillation gewisser Produkte entstehen saure, zum Beispiel Schwefelwasserstoff (H_2S)- oder Schwefeldioxyd (SO_2)-haltige Dämpfe, die zum Schutze der Apparate neutralisiert werden müssen. Man leitet deshalb etwas Ammoniak NH_3 in die Dampfleitungen ein, das sich dann im sauren Kondenswasser löst.

b) Entfernung saurer Anteile aus flüssigen Erdölprodukten

Es handelt sich hier vor allem um die in Tabelle XLVII aufgeführten Substanzen. Die bestgeeignete Laugenstärke und der Anwendungsmodus müssen von Fall zu Fall ausprobiert werden. Meist kommen etwa 5- bis 15prozentige verdünnte wässerige Lösungen zur Anwendung. Früher hat man manchmal aber auch über fester NaOH destilliert.

Tabelle XLVII. *Laugenbehandlung*

Art der sauren Verunreinigung	Reaktion
a) Natürlich im Öl vorkommende Verbindungen:	
– Stärkere organische Säuren niedrigen Molekulargewichts	Werden als wasserlösliche Salze entfernt
– Schwächere organische Säuren höheren Molekulargewichts	Sind weniger gut löslich
– Schwefelwasserstoff	Wird leicht entfernt
– Merkaptane	Nur die niedrigen gut löslich
b) Produkte der H_2SO_4-Behandlung:	
– Überschüssige Schwefelsäure	Wird leicht entfernt
– Saure Alkylsulfate (Alkylschwefelsäuren)	Werden leicht entfernt
– Dialkylsulfate (neutrale Schwefelsäureester)	Nur teilweise entfernbar

Die Laugenbehandlung hat folgende *Auswirkungen:*

Geruch	wird verbessert
Farbe und Farbstabilität	werden verbessert
Schwefelgehalt	wird reduziert
Stabilität	wird im allgemeinen verbessert[1]

Bei der Behandlung gesäuerter Schmieröle mit wässerigen Laugen treten leicht Emulsionen auf, die schwer zu trennen sind. Deshalb werden diese oft auch «*trocken*» raffiniert, indem man die Neutralisation nach der Säuerung mit Hilfe von Bleicherde und etwas gelöschtem *Kalk*, die nachher abfiltriert werden, vornimmt.

c) Die Extraktion von Merkaptanen mit Lauge und einem Lösungsvermittler (Solutizer)

Merkaptane geben den Benzinen einen unangenehmen Geruch, wirken korrodierend und haben einen ungünstigen Einfluß auf die Bleiempfindlichkeit (das Ansprechen der Oktanzahl auf den Zusatz von Btä). Sie müssen deshalb, wenn in störenden Mengen vorhanden, entfernt werden. Die niedrigen Merkaptane sind laugelöslich, die höheren aber nur bedingt. Dem kann man aber durch Zusatz eines *Lösungsvermittlers* (Solutizers) abhelfen. Es werden technisch zum Beispiel folgende angewandt:

Verfahren	Lösungsvermittler
Shell Solutizer-Prozeß	Fettsäuren (Propion- und Isobuttersäure) und/oder Alkylphenole
Unisol-Verfahren (UOP)	Methanol
Mercapsol-Verfahren	Kresole oder Naphthensäuren

Als Lauge wird meist NaOH oder auch KOH verwendet.

Die extrahierten Merkaptane werden aus dem Lösungsmittel entweder mit Dampf abgetrieben oder aber zu Disulfiden oxydiert, die nur noch wenig löslich sind und abgetrennt werden können. Man könnte solche Verfahren natürlich auch unter die Extraktionsmethoden von Kapitel IX einreihen. Dasselbe gilt von den

3. VERFAHREN ZUR REVERSIBLEN AUSWASCHUNG SAURER GASE

Sollen große Mengen saurer Gase, zum Beispiel Schwefelwasserstoff (Kracken, katalytische hydrierende Entschwefelung) oder Kohlensäure (Methan/Dampf-Prozeß) aus einem Gasstrom ausgewaschen und an-

[1] Enthalten Krackprodukte als natürliche Inhibitoren Phenole, so kann die Stabilität durch eine Laugenbehandlung auch abnehmen!

schließend eventuell weiterverarbeitet werden, so eignen sich vor allem *reversible Absorptionsmethoden* (siehe auch Kapitel VII). Das saure Gas wird im Gegenstrom mit dem Absorptionsmittel gewaschen und aus dem Extrakt dann wieder ausgetrieben. Solche Verfahren sind:

Bezeichnung	Absorptionsmittel
Koppers Natriumphenolat-Prozeß ...	Natriumphenolat
Girdler Corp.-Verfahren (Girbotol-Verfahren)	starke wässerige Lösung aliphatischer Amine (Äthanolamin)
Shell Develop. Co. Trikaliumphosphat-Verfahren	40–50prozentige wässerige Lösung von K_3PO_4
I. G. Alkacid-Prozeß	wässerige Lösung von Aminosulfosäuren
Glykol-Amin (Fluor Corp.)	Gemisch Monoäthanolamin-/Äthylenglykol

Abb. 153. Kohlensäure-Extraktion mit Monoäthanolamin SHELL

Es spielen sich zum Beispiel die Vorgänge ab (Girbotol-Verfahren; Abb. 153):

$$2\,R\cdot NH_2 + H_2S \underset{\text{Wasserdampf}}{\rightleftarrows} (R\cdot NH_3)_2S.$$

Das regenerierte Absorptionsmittel geht zum Prozeß zurück, während das abgetrennte saure Gas heute oft ebenfalls nutzbringend verwendet wird. So kann der Schwefelwasserstoff zu Schwefelsäure oder nach dem *Claus-Verfahren* auch zu *elementarem Schwefel* verarbeitet werden. Siehe auch Abb. 154 und 155. Diese letztere Umsetzung nach folgenden Gleichungen gelingt mit Bauxit als Katalysator:

$$H_2S + 3/2\ O_2 \dashrightarrow SO_2 + H_2O$$
$$SO_2 + 2\,H_2S \dashrightarrow 3\,S + 2\,H_2O\,.$$

Siehe auch Abb. 154 und 155.

4. DAS «SÜSSEN»
(Sweetening)

Die merkaptanhaltigen, schlecht riechenden und deshalb als «sour» (sauer) bezeichneten Benzine kann man aber auch nur «süßen», wobei die Merkaptane in die weniger zu beanstandenden Disulfide umgewandelt werden. Obwohl solche Verfahren, verglichen mit der katalytischen hydrierenden Entschwefelung oder der Merkaptanextraktion, den Nachteil haben, daß der Schwefelgehalt des Produktes dabei nicht erniedrigt wird, wendet man sie auch heute noch häufig an, wenn es sich um nur geringe Merkaptanmengen handelt.

Solche Süßungs- (Sweetening-) Verfahren sind oxydative Prozesse des Typs:

$$\underset{\text{Merkaptan}}{2\,RSH + {}^1/_2O_2} \dashrightarrow \underset{\text{Disulfid}}{RS{-}SR + H_2O}$$

Ein wichtiger und bekannter ist das *Doctor-Süßen*, die Behandlung mit Natriumplumbit und Schwefel. Dabei spielen sich hauptsächlich folgende Reaktionen ab:

$$\underset{\text{Merkaptan}}{\begin{matrix} RSH \\ RSH \end{matrix}} + \underset{\text{Natriumplumbit}}{\left.\begin{matrix} NaO \\ NaO \end{matrix}\right\rangle Pb} \dashrightarrow \underset{\text{Bleimerkaptid}}{\left.\begin{matrix} RS \\ RS \end{matrix}\right\rangle Pb} + \underset{\text{Natronlauge}}{2\,NaOH}$$

Abb. 154. Gesamtansicht einer «Schwefelfabrik» nach dem Claus-Verfahren. Ganz links der Schwefelwasserstoffbrenner. Anschliessend die verschiedenen folgenden Stadien der Ausscheidung flüssigen Schwefels, Stanlow-Raffinerie (England) SHELL

Abb. 155. Claus-Öfen zur katalytischen Umsetzung des Schwefelwasserstoffes in elementaren Schwefel. Stanlow-Raffinerie (England) SHELL

$$\begin{matrix} RS \\ \ \ \rangle Pb + S \\ RS \end{matrix} \dashrightarrow \begin{matrix} RS \\ | \\ RS \end{matrix} + PbS$$

Bleimerkaptid — Disulfid — Bleisulfid

Das entstehende Bleisulfid kann durch Blasen mit Luft in alkalischer Lösung zu Plumbit regeneriert werden.

Im Großen ist eine absatzweise oder kontinuierliche Arbeitsweise möglich. Abb. 156 zeigt eine Ansicht einer kontinuierlichen Anlage. Sie besteht aus einer Reihe von Mischaggregaten und Absetzbehältern, in denen die verschiedenen Stufen des Vorganges vor sich gehen.

Eine weitere Methode ist das *Hypochloritsüßen*. Dieses eignet sich jedoch nur für «straightrun» Destillate und Gasbenzin, da bei gekrackter Ware die Gefahr der Verharzung der Olefine und der Chlorierung besteht. Die Süßungsreaktion kann durch folgende Formel wiedergegeben werden:

$$2\,RSH + NaOCl \dashrightarrow R_2S_2 + H_2O + NaCl$$

Beim *Bleisulfidsüßen* schließlich wird das «saure» Benzin mit in starker Natronlauge suspendiertem Bleisulfid behandelt. Man mischt etwas Luft zu, die im Endeffekt auch hier die Oxydation der Merkaptane zu Disulfiden besorgt.

Häufig wird heute auch mit *Kupferchlorid* gesüßt. Dabei spielen sich etwa die Reaktionen ab:

$$\begin{array}{lcl} 2\,RSH + 2\,CuCl_2 & \dashrightarrow & R_2S_2 + 2\,CuCl + 2\,HCl \\ 2\,CuCl + 2\,HCl + {}^1/_2\,O_2 & \dashrightarrow & 2\,CuCl_2 + H_2O \\ \hline 2\,RSH + {}^1/_2\,O_2 & \dashrightarrow & R_2S_2 + H_2O \\ \text{Merkaptan} & & \text{Disulfid} \end{array}$$

Abb. 156. Kontinuierliche Anlage zur «Doctor»-Behandlung LUMMUS

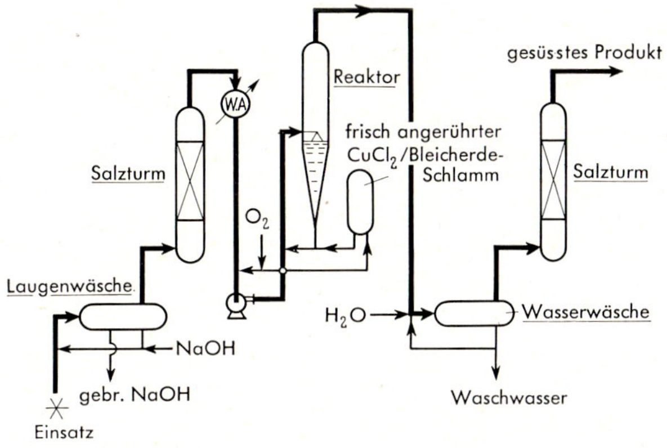

Abb. 157. Fließschema der Kupferchlorid-Süßung

Das Kupri- wird aus dem Kuprosalz durch Blasen mit Luft regeneriert. Es muß darauf geachtet werden, daß kein Kupfersalz im Produkte zurückbleibt, da sonst dessen Stabilität stark beeinträchtigt wird. Doch gibt es heute spezielle «Metaldeactivators», das heißt Zusätze, die das gelöste Kupfer in unlösliche und damit unschädliche Form überführen.

Abb. 158. Anlage zum «Süßen» nach dem Kupferchloridverfahren Esso

Abb. 157 und 158 stellen ein *Schema* und eine Ansicht einer solchen Anlage dar. Das H_2S- und Merkaptan-haltige Einsatzmaterial wird erst durch Waschen mit Lauge vom Schwefelwasserstoff befreit, in einem Salzturm getrocknet und in einem Wärmeaustauscher leicht (auf etwa 25 bis 50° C) angewärmt. Dann kommt es zur Saugseite einer Zentrifugalpumpe, der gleichzeitig etwas mit Sauerstoff angereichertes Umlaufprodukt zugeführt wird. Das innig gemischte Material trifft auf den zirkulierenden Schlamm (Slurry) aus Kupferchlorid, Bleicherde und Kohlenwasserstoffen unten aus dem Reaktor, wobei sich die Merkaptane augenblicklich zu Disulfiden oxydieren. Das Kupferchlorid wird vom zugesetzten Sauerstoff wieder aufoxydiert. Im kombinierten Reaktions/Absetz-Tank (Reaktor) trennt sich der Kupferchlorid/Bleicherde-Schlamm vom behandelten Material, welches diesen oben verläßt und in einem zweiten Salzturm nachgetrocknet wird. Der gebrauchte Schlamm, dem nach Bedarf noch etwas Frischschlamm beigemischt wird, kehrt zum Prozeß zurück.

5. DIE VOR- UND NACHBEHANDLUNG DURCH ADSORPTION

In Kapitel X wurden bereits Adsorptionsmethoden zur Trennung von Erdölfraktionen in die verschiedenen Kohlenwasserstoffgruppen beschrieben. Adsorptionsmittel finden jedoch auch zur *Vorbehandlung des Einsatzmaterials katalytischer Prozesse* (zur Entfernung der Kontaktgifte) und zur *Nachraffination* im engeren Sinne Anwendung.

Solche Adsorptionsmittel sind feinpulverige oder doch oberflächenaktive Stoffe, zum Beispiel natürliche Tone, Bentonite, Bauxite usw., die entweder nur gebrannt und gemahlen oder noch mit Säuren aktiviert werden. Die erstgenannten verwendet man vorzüglich zu Perkolationsmethoden (siehen unten), die chemisch vorbehandelten vor allem zur Schmierölraffination. Zur Aktivierung wird verdünnte, zum Beispiel 20prozentige Salz- oder Schwefelsäure verwendet, gefolgt von einer Wasserwäsche und anschließendem Trocknen. Art und Weise des Trocknens und Brennens sind für die Aktivität eines Adsorptionsmittels ausschlaggebend, da diese, um wirksam zu sein, einen ganz bestimmten Wassergehalt aufweisen müssen.

Die Behandlung mit Adsorptionsmitteln hat folgende *Einflüsse:*

starke Farbverbesserung
Erniedrigung der Verkokungszahl
Erniedrigung der Neutralisationszahl
Verbesserung der Stabilität
Reduktion des Emulgier- und elektrischen Leitvermögens
Entfernung von Kontaktgiften
Stock- und Trübungspunkt steigen zufolge der Entfernung von Stockpunktserniedrigern dagegen eher etwas an.

Es sind drei *Behandlungsmethoden* gebräuchlich:

a) Das *Perkolieren* oder «Durchsickernlassen» des flüssigen Einsatzmaterials durch ein Adsorptionsmittelbett.

Tabelle XLVIII. *Methoden der Nachbehandlung*

Verfahren	Reagens	Resultat
Säurebehandlung	Hauptsächlich Schwefelsäure	Verbesserung von Farbe, Stabilität, Geruch, Schwefelgehalt, Rußpunkt, Cetanzahl, V. I., Verkokungszahl
Behandlung mit Alkalien		
Bekämpfung der Korrosion in Destillationsanlagen	Ammoniak	Neutralisation der sauren Dämpfe (H_2S, SO_2)
Von flüssigen Produkten «Trockene Raffination»	Hauptsächlich Natronlauge Bleicherde und Kalk	Verbesserung von Geruch, Farbe, Stabilität, Schwefelgehalt
Merkaptan-Extraktion	KOH oder NaOH + Lösungsvermittler:	
Solutizer Unisol Mercapsol Tannin-Solutizer	Fettsäuren, Alkylphenole Methanol Kresole, Naphthensäuren Wie Solutizer + Tannin	Reversible Lösung der Merkaptane
Auswaschung von H_2S und CO_2 aus Gasen		
Koppers Girdler Shell I.G. Alkacid Fluor	Natriumphenolat Wässerige Lösung aliphat. Amine (Äthanolamin) Wässerige Lösung von Trikaliumphosphat Wässerige Lösung von Aminosulfosäuren Gemisch Monoäthanolamin/Äthylenglykol	Reversible Abtrennung (Gewinnung) von H_2S und CO_2
«*Süßen*»		
Doctor Kupfer Hypochlorit Bleisulfid	Natriumplumbit + Schwefel Kuprichlorid Natriumhypochlorit Bleisulfid	Oxydative Umsetzung der Merkaptane in weniger schädliche Disulfide
Adsorption (Bleicherdebehandlung)		
Perkolation Mischen + Filtrieren	Aktivierte Bleicherden	Verbesserung von Farbe, Verkokungszahl, Neutralisationszahl, Stabilität, vor allem von Schmierölen
Dampfphasebehandlung Polymerisierend: Gray		Stabilitätsverbesserung (selektive Polym. der Diolefine)
Entschwefelnd: Perco		selektives Kracken der Schwefelverbindungen, Abspaltung als H_2S

Dieses Verfahren wird vor allem für Schmieröle, geschmolzenes Paraffin und für Spezialprodukte angewandt. Je nach Viskosität wird man bei Raumtemperatur oder etwas erhöhter Temperatur und eventuell Überdruck arbeiten.

b) Das *Mischen* des flüssigen Einsatzmaterials mit dem pulverförmigen Adsorptionsmittel.

Auch diese Behandlung kann bei normaler oder leicht erhöhter Temperatur geschehen. Anschließend wird das Adsorptionsmittel in Filterpressen oder rotierenden Filtern wieder abgetrennt.

c) Das *Durchleiten* des Einsatzmaterials *in Dampfform* durch ein Adsorptionsmittelbett.

Bei den *polymerisierenden* Dampfphase-Adsorptionsprozessen wird das zu behandelnde Material nur wenig über den Taupunkt (die Gleichgewichts-Verdampfungstemperatur) erhitzt und anschließend die Dämpfe durch das Bleicherdebett geleitet. Es werden dann vor allem die polymerisierbaren Harzbildner (Diolefine) entfernt, und die Behandlung resultiert in einer Stabilitätsverbesserung, mit nur sehr geringen (1 bis 2% betragenden) Materialverlusten. Die früher für den selben Zweck angewandte Schwefelsäureraffinage gefolgt von einer Redestillation entfernte dagegen aus den Krackbenzinen auch noch einen Teil der klopffesten Monoolefine, so daß eine fühlbare Oktaneinbuße und ein erheblicher Raffinageverlust entstand.

Ein bekanntes solches Verfahren ist der *Gray-Prozeß*. Vom Boden des meist in doppelter Ausführung vorhandenen Gray-Turms wird etwas Polymerisat abgezogen. Das Adsorptionsmittel muß von Zeit zu Zeit regeneriert werden.

Eine zweite Gruppe gleichzeitig *entschwefelnder* Dampfphaseverfahren arbeitet bei Temperaturen um 400° C, wobei die Schwefelverbindungen selektiv unter Schwefelwasserstoff-Abspaltung gekrackt werden. Sie gleichen in ihrer Wirkung somit etwas der behandelten katalytischen hydrierenden Raffination (Kapitel XVII).

Steigert man die Behandlungstemperatur weiter, so treten gleichzeitig auch noch andere Krack- und Reformreaktionen auf, so daß man sich den eigentlichen katalytischen Reformprozessen (Kapitel XIV) nähert. Ein solches letztgenanntes Verfahren ist der *Perco-Prozeß*.

6. WIRKSTOFFE – ADDITIVE

Und schließlich lassen sich gewisse Eigenschaften der Produkte auch noch durch Zusatz sogenannter *Wirkstoffe* oder *Additive* verbessern. Es sind dies Substanzen, die in sehr bis relativ kleinen Dosen zugesetzt, bereits einen sehr fühlbaren Einfluß auf die Qualität ausüben.

Zu den für Ottotreibstoffe (Auto- und Flugbenzine) wichtigen gehören einmal die *Klopfbremsen*, in erster Linie das in den USA schon seit 1923 bekannte, heute auf der ganzen Welt eingeführte Bleitetraäthyl $(C_2H_5)_4Pb$ (Btä). Es erlaubt bereits in Dosen von nur etwa 0,3 bis 0,6 ml/L (bei Flugbenzinen bis zu 1,2 ml/L) die Klopffestigkeit (Oktanzahl) der Benzine auf wirtschaftliche Weise erheblich zu erhöhen.

Vor allem für gekrackte Benzine wichtig sind weiter *Oxydationsinhibitoren*, welche das «Altern», die Harzbildung bei der Lagerung, aufhalten und damit die Wirkung moderner, milder Nachraffinationsverfahren wertvoll ergänzen. Ähnlich wirkende Stoffe werden auch den Motorenölen zur Bekämpfung der Lackbildung an Kolbenringen, ja manchmal auch gekrackten Gasölen (Dieseltreibstoffen, Heizölen) zugesetzt. Speziell zur Kompensation der die Alterungsvorgänge beschleunigenden Wirkung von Spuren gelöster Metall- (vor allem Kupfer-) Verbindungen dienen die *Metalldesaktivatoren.*

Das Ansaugsystem von Ottomotoren trachtet man durch Zusatz von *Solventölen* zum Treibstoff sauber zu halten.

Spezielle, zum Beispiel *phosphorhaltige Zusätze* sollen die ungünstige Natur (bleihaltiger) Verbrennungsraumrückstände, die zu anormalen Verbrennungserscheinungen, abgesehen vom Klopfen («Rumpeln», «Wild Ping»), und Kerzenstörungen führen, vorteilhaft beeinflussen.

Die *Vergaservereisung* (Eisbildung an Drosselklappe und Leerlaufdüse) wird bei Winterbenzinen mit sogenannten «Anti-Icing»-Additiven bekämpft.

Aber auch die Zündwilligkeit (Cetanzahl) von Dieseltreibstoffen läßt sich mit *Zündbeschleunigern* verbessern.

Gas- und auch etwa Rückstandsölen setzt man zum «Inderschwebehalten» von Alterungsprodukten oder den nur labil zerteilten Asphaltenen *Dispergiermittel* zu. Ähnliche als Schmierölzusätze angewandte Substanzen müssen den Verbrennungsruß (vor allem bei Dieselmotorenölen) in feiner Verteilung halten. (Siehe auch S. 80)

Den *Verbrennungswirkungsgrad* sucht man bei Heizölen etwa durch Zusatz von *Katalysatoren* (öllösliche Metallsalze) zu verbessern, was sich in einer Reduktion der Ruß- und Rauchbildung auswirken soll.

Auch das Kälteverhalten von Heiz- und vor allem Schmierölen läßt sich mit *Stockpunktserniedrigern* verbessern.

Motorenöle enthalten weiter *Viskositätsindexverbesserer*, deren Anwendung unter anderem die Mehrbereichsöle (sowohl für den Winter- wie Sommerbetrieb geeignet) möglich machte. Speziell für Getriebeöle wichtig sind *«HP»-Zusätze*, welche den Ölen Hochdruck-Schmiereigenschaften geben.

Weiter kann man Korrosionen von Behältern, Leitungen und Apparaten bei Lagerung, Umschlag und Anwendung durch den Zusatz von *Korrosionsinhibitoren* zu den Produkten bekämpfen. Zur Neutralisation der stark sauren Verbrennungsgase hochschwefelhaltiger Dieseltreibstoffe haben sich ausgesprochen alkalische Schmierölzusätze eingebürgert.

Und schließlich werden verschiedene Erdölprodukte auch noch *künstlich gefärbt*, sei es, wie bei den bleihaltigen Treibstoffen, um diesen eine Warnfarbe zu geben, oder aber zu Identifizierungs- (zum Beispiel bei den Flugbenzinen) und reinen Reklamezwecken.

Es sei noch erwähnt, daß es heute Zusätze (vor allem auf dem Schmierölsektor) gibt, die es gestatten, gleichzeitig mehrere Eigenschaften zu verbessern, die mit andern Worten eine kombinierte Wirkung ausüben.

Ergänzende Literatur zu Kapitel XVIII

Kalichevsky, V. A., und Stagner, B. A., *Chemical Refining of Petroleum*, The Action of Various Refining Agents and Chemicals on Petroleum and its Products, 2. Auflage (Reinhold Publishing Corp., New York 1949).

Lehmann, G. H., *Erdöl-Raffination*, ABC des Erdöls, Band 6, Shell-Bücherei (Hüthig & Dreyer GmbH, Heidelberg, Main 1955).

Kalichevsky, V. A., und Kobe, K. A., *Petroleum Refining with Chemicals* (Elsevier Publishing Comp., Amsterdam, London, New York 1956).

Siehe auch S. 304.

XIX. RAFFINERIEN

Standort und Verarbeitungsschema

1. DIE GEOGRAPHISCHE VERTEILUNG DER ERDÖLAUFARBEITUNG

Während es, zur Vermeidung unnötiger Transporte, logisch ist, daß das in einem Lande produzierte Öl, wenn ein entsprechender Konsum besteht, auch an Ort und Stelle raffiniert wird, so ergibt sich in den anders gelagerten Fällen (siehe Kapitel III) die Frage, ob die Raffinerie besser *nahe des Ölfeldes* (das heißt quellenorientiert) oder *nahe des Verbrauchszentrums* (das heißt marktorientiert) aufzustellen ist. Beide Lösungen haben ihre Vor- und Nachteile.

Eine *quellenorientierte Raffinerie* spart den Transport des zur Verarbeitung benötigten Brennstoffs, wie auch der unvermeidlichen Raffinationsverluste. Man kann eine große Anlage bauen, die wirtschaftlich arbeitet und die dann eventuell mehrere kleine Märkte bedient. Und schließlich bleibt auf diese Weise der Raffinagegewinn im *Produktions*land.

Noch im Jahre 1939 stellten die quellenorientierten Raffinerien 70% der Weltverarbeitungskapazität dar. Doch hat man, von Europa aus gesehen, mit solchen überseeischen Raffinerien infolge von kriegerischen und politischen Ereignissen oft unliebsame Überraschungen erlebt. Auch ist heute der Konsum an Erdölprodukten derart angestiegen, daß sich auch *eine ganze Reihe dezentralisierter* Anlagen wirtschaftlich betreiben läßt. Deshalb hat sich nun in Fällen, wo Transporte über größere Abstände unvermeidlich sind, die Tendenz zu *markt*situierten Raffinerien durchgesetzt. Sie machen heute bereits gegen 60% der für den europäischen Raum arbeitenden aus, zu denen sich noch rund 10% «*halb*marktsituierte», das heißt in wichtigen europäischen Hafenplätzen aufgestellte, gesellen.

Tabelle IL. *Rohöl-Verarbeitungskapazität der «freien Welt», Stand 1. Januar 1961*

	Rohöldurchsatz Faß/Arbeitstag
Westliche Hemisphäre (Nord- und Südamerika)	14 588 000
Europa	4 576 100
Mittelosten	1 481 800
Ferner Osten und Australien	1 431 700
Afrika	122 500
Total «freie Welt»	22 200 100

1 Million Faß/Arbeitstag entspricht etwa 45 Mill. t/Jahr

Marktorientierte Raffinerien haben weiter den Vorteil, daß der Transport großer Mengen eines einheitlichen und der Verunreinigungsgefahr wenig ausgesetzten Rohöls billiger zu stehen kommt, als jener einer ganzen Reihe streng getrennt zu haltender und vor Vermischung zu schützender Produkte, daß die Ausrüstung eines solchen Betriebes besser den Bedürfnissen eines bestimmten Marktes angepaßt werden kann, daß Nebenprodukte, die sich sonst nur schwierig verwerten lassen, unter Umständen als Ausgangsmaterial für benachbarte chemische Industrien abgesetzt werden können, daß man in der Wahl des zu verarbeitenden Rohöls unabhängiger ist, daß man zu den Bau- und Unterhaltsarbeiten (in einem industrialisierten Land) Spezialfirmen beiziehen kann und deshalb solches Personal nicht selbst anwerben oder gar anlernen und dann dauernd beschäftigen muß und schließlich, daß das *Verbraucherland* damit Devisen sparen, der eigenen Industrie schon beim Bau willkommenen Verdienst verschaffen und dann einer größeren Belegschaft eine lohnende Arbeitsmöglichkeit bieten kann.

In Tabelle IL ist die heutige Rohölverarbeitungskapazität der «freien Welt», in Tabelle L jene Europas noch nach Ländern unterteilt, zusammengestellt.

Tabelle L. *Rohöl-Verarbeitungskapazität Europas, Stand 1. Januar 1961*[1]

	Rohöldurchsatz Faß/Arbeitstag
Großbritannien	1 049 300
Westdeutschland	846 200
Frankreich	842 700
Italien	818 600
Holland	459 000
Belgien	161 500
Spanien	146 000
Schweden	60 900
Österreich	46 600
Irland	40 000
Griechenland	30 000
Jugoslawien	25 200
Finnland	25 000
Portugal	22 900
Norwegen	2 200
Total Europa	4 576 100

[1] Größtenteils aus "Oil and Gas Journal".

2. DAS VERARBEITUNGS- ODER FLIESSSCHEMA

In der Praxis werden die beschriebenen Erdölveredelungsverfahren selten einzeln angewandt. Die Herstellung hochwertiger Produkte erfordert eine Kombination der verschiedensten Methoden, die für eine bestimmte Fabrik im *Verarbeitungsschema* zum Ausdruck kommt. Primäre Prozesse, wie die Destillation, stellen aus dem Roherdöl erst Zwischenprodukte her, die sekundär dann mit Hilfe von Extraktions-, Krack- und andern Umwandlungsverfahren weiterverarbeitet werden, während ihnen schließlich die Nachraffination noch den «letzten Schliff» geben muß. Die Wahl der Verfahren wird sowohl durch den Rohöltyp wie die Art und Qualität der gewünschten Endprodukte bestimmt.

So sind zum Beispiel amerikanische Raffinerien, verglichen mit den nun in letzter Zeit in Europa entstandenen, ganz anders ausgerüstet. Zufolge des großen Bedarfes an Autobenzin und der für schwere Heizöle sehr fühlbaren Konkurrenz durch das Erdgas ist man dort viel ausgesprochener auf das Kracken angewiesen, während viele der neuen europäischen Fabriken auf das Kracken überhaupt verzichten. Solche Unterschiede kommen auch in den in Tabelle LI zusammengestellten Fabriksausbeuten zum Ausdruck.

Tabelle LI. *Raffinerie-Ausbeuten USA und übrige «freie Welt»*[1]

	USA	übrige «frei Welt»
Benzin	48,0 %	21,4 %
Heizöldestillat	22,1 %	19,8 %
Rückstandsheizöl	11,3 %	43,0 %
Petrol (inkl. Flugpetrol)	6,7 %	7,0 %
Schmieröl	1,8 %	0,9 %
Andere Produkte	10,1 %	7,9 %
	100,0 %	100,0 %

[1] "Oil and Gas Journal", 22. 8. 1960.

Damit nirgends ein den Durchsatz einschränkender Flaschenhals entsteht, muß der ganze Betrieb harmonisch aufeinander abgestimmt sein. Das Schema einer größeren, wohlausgerüsteten Raffinerie ist meist recht kompliziert. Auch ist es kaum in zwei Raffinerien gleich. Ja selbst das Schema ein und derselben Fabrik ist häufigen Änderungen unterworfen. So führt der Bedarf nach Durchsatzerhöhung zur Aufstellung paralleler oder größerer Einheiten. Auch werden bei der steten Weiterentwicklung der Verfahrenstechnik und den sich steigernden Qualitätsansprüchen ältere Verfahren unwirtschaftlich oder unzulänglich und müssen durch neuere Methoden ersetzt werden. Deshalb ist eine Erdölraffinerie nie «fertig»; sie wird immer verbessert, vergrößert, umgebaut!

Um dem Leser eine Idee zu vermitteln, wie die verschiedenen Prozesse ineinanderspielen können, seien aus der Fülle verschiedener Möglichkeiten zwei Beispiele herausgegriffen:

Das erste ist jenes einer (relativ einfachen) modernen europäischen «*Hydroskimming*»-*Raffinerie*, behandelt an Hand eines Beispieles aus dem Rheinland (Jahresdurchsatz etwa 4 Millionen Tonnen):

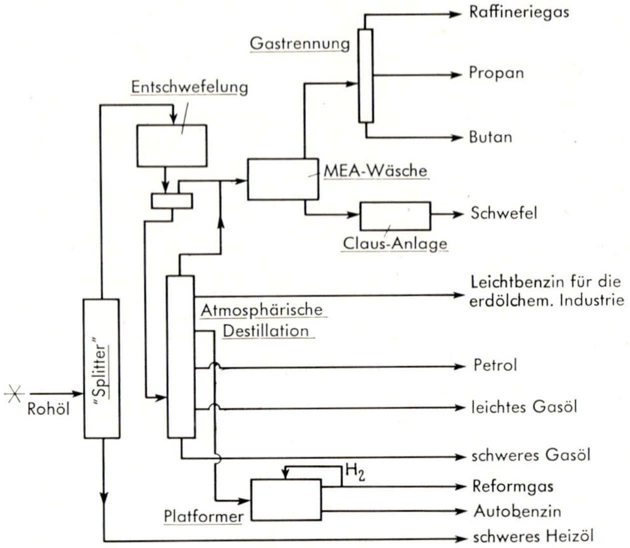

Abb. 159. Fließschema einer «Hydroskimming»-Raffinerie

Wie aus dem *Fließschema* Abb. 159 ersichtlich, wird das Rohöl erst in einem «Splitter» (einer Fraktionierkolonne) in die bis 350° C siedenden Anteile und den (atmosphärischen) Destillationsrückstand, ein schweres Heizöl, getrennt.

Das Destillat wird gesamthaft im «Trickle»-HDS-Verfahren katalytisch entschwefelt. Aus dem Reaktionsgas wäscht man den abgespaltenen Schwefelwasserstoff in einer MEA-(Mono-Äthanolamin-)Wäsche aus und setzt ihn im Clausverfahren in elementaren Schwefel um. Das entschwefelte Destillat kommt zur atmosphärischen (Haupt-) Destillation, wo es in Leichtbenzin als Grundstoff für die erdölchemische Industrie, Schwerbenzin, welches anschließend im Platformer in klopffestes Autobenzin verwandelt wird, Petrol als Flugturbinentreibstoff und leichtes und schweres Gasöl, das als Dieseltreibstoff und Heizöl Verwendung findet, getrennt wird.

Das entschwefelte Gas aus der MEA-Wäsche trennt man in einer Druckdestillation in Raffineriegas und die beiden Flüssiggase Propan und Butan.

Die geschilderte katalytische hydrierende Entschwefelung ist so wirksam, daß außer dem Flüssiggas keines der Destillate einer zusätzlichen Nachbehandlung bedarf.

Als Ausbeuten werden für eine solche Raffinerie zum Beispiel angegeben:

Flüssiggas (Propan und Butan)	3 %
Benzin und Gase für die erdölchemische Industrie	7 %
Automobiltreibstoff	13 %
Flugturbinentreibstoff	2 %
Dieseltreibstoff	13 %
Heizöle	55 %
Eigenverbrauch, Verlust usw.	7 %

Eine «Hydroskimming»-Raffinerie ist also eine solche, die neben der atmosphärischen Destillation nur die katalytische Veredelung (Reforming) des Schwerbenzins anwendet und den entstehenden Wasserstoff zum hydrierenden katalytischen Entschwefeln der Destillate benutzt.

Gelangen in einer Raffinerie noch *eine Reihe weiterer Verfahren* zur Anwendung und soll zum Beispiel auch Schmieröl, Leuchtpetrol, Bitumen und Paraffin hergestellt werden, so ergibt sich, wie aus dem *Schema* Abb. 160

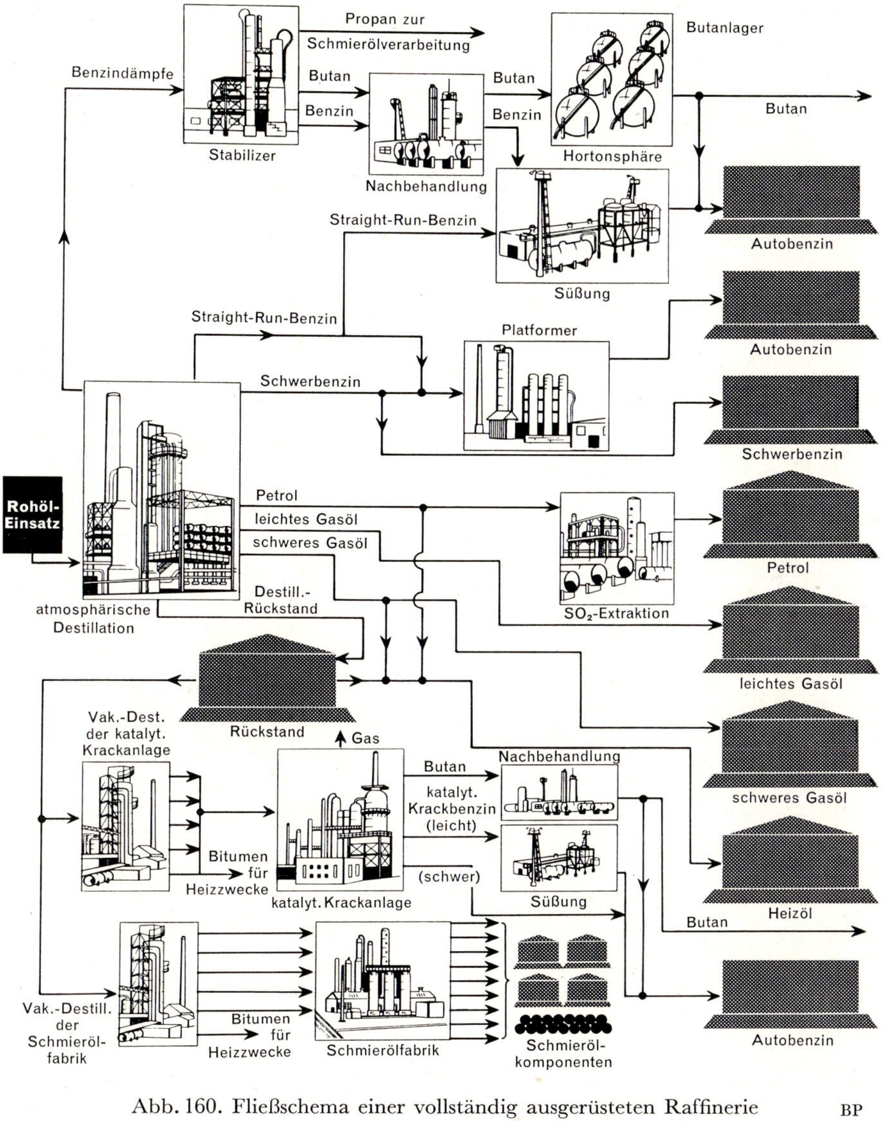

Abb. 160. Fließschema einer vollständig ausgerüsteten Raffinerie BP

ersichtlich, sofort eine wesentlich kompliziertere Ausrüstung. Es entspricht dieses letztere einer englischen Raffinerie eines Jahresdurchsatzes von etwa 9 Millionen Tonnen.

Das Rohöl wird hier in der atmosphärischen Destillation primär in ein benzindampfhaltiges Gas, leichtes (Straightrun-) und Schwerbenzin, Petrol, leichtes und schweres Gasöl und den (atmosphärischen) Destillationsrückstand getrennt.

Das benzindampfhaltige Gas schickt man zur Stabilisierung (Druckdestillation), wo das darin enthaltene Benzin abgetrennt wird und nach einer Nachbehandlung (Solutizer) dem Autobenzin beigemischt werden kann. Die Butanfraktion wird, soweit es der Dampfdruck zuläßt, ebenfalls dem Autobenzin zugemischt; der Rest wird im Solutizerverfahren von den Merkaptanen befreit und als Flüssiggas verkauft. Letzteres gilt auch für das Propan, soweit es nicht als Lösungsmittel bei der Schmieröl-Entasphaltierung benötigt wird.

Das leichte Destillatbenzin wird mit Kupferchlorid gesüßt und ins Autobenzin aufgemischt, oder aber es bildet zusammen mit dem Schwerbenzin den Reformereinsatz, wo es in klopffestes Autobenzin verwandelt wird. Eine kleinere Menge Schwerbenzin wird als solches verwendet.

Die Petrolfraktion unterwirft man zur Herstellung eines hochwertigen Leuchtpetrols einer Edeleanu-Extraktion. Ein Überschuß kann auch dem Heizöl beigemischt werden.

Leichtes und schweres Gasöl bilden Dieseltreibstoff- und Destillatheizöl-Komponenten.

Der atmosphärische Destillationsrückstand kann entweder als solcher als Industrieheizöl verwendet oder aber im Vakuum weiter eingedickt werden. Dabei entsteht etwas Bitumen als Rückstand.

Das Vakuumdestillat wird einmal katalytisch gekrackt. Das dabei entstehende leichte und schwere Krackbenzin (ersteres nach einer Kupferchloridsüßung) geht ins Autobenzin, wie auch ein Teil des ebenfalls nachbehandelten Butan/Butylens. Das Krackgas wird im Girbotolverfahren entschwefelt und der abgetrennte Schwefelwasserstoff nach Claus in elementaren Schwefel umgesetzt, während die teils ungesättigten behandelten Krackgase einer katalytischen Polymerisation zugeführt werden (nicht gezeichnet).

Andere geeignete Vakuumdestillate bilden das Einsatzmaterial der Schmierölfabrik. Sie werden dort hintereinander erst mit Propan entasphaltiert, mit Furfurol extrahiert und schließlich mit MEK entparaffiniert. Aus den so veredelten Schmierölfraktionen werden nach einer Bleicherdenachbehandlung die verschiedenen Sorten aufgemischt. Das Rohparaffin wird umkristallisiert und ebenfalls mit Bleicherde nachbehandelt (nicht im Detail gezeichnet).

Tabelle LII. *Ausrüstung amerikanischer Raffinerien*[1]
(ausgedrückt in % der Rohölkapazität)

Anlagen zur Verarbeitung von Gasbenzin	5,5 %
Anlagen zur Herstellung von Schmierölen	14,4 %
Thermisches Kracken	6,0 %
Reformen	1,9 %
Viscositybreaken	6,7 %
Verkoken	4,6 %
Katalytisches Kracken	45,2 %
Reformen	18,8 %
Polymerisation	1,4 %
Alkylierung	3,8 %
Hydrierung	17,2 %
Vakuum Destillation	34,5 %

[1] "Oil and Gas Journal", 24. 10. 1960.

Diese beiden Beispiele mögen genügen, um einen Eindruck moderner Raffinerieausrüstungen zu geben. Die Fließschemas haben übrigens die Tendenz, im Maße, wie die Anforderungen an die Produkte steigen, immer komplizierter zu werden. Vor allem werden die großen Raffinerien in zunehmendem Maße mit den verschiedensten chemischen Aufarbeitungsmethoden, das heißt neben den schon länger bekannten Krack- und den seit dem letzten Kriege sehr wichtigen Reform- nun auch mit hydrierenden Raffinationsverfahren ausgerüstet. Welche Bedeutung den verschiedenen Aufarbeitungsmethoden heute zum Beispiel in den USA zukommt, geht anschaulich aus Tabelle LII hervor.

Ergänzende Literatur zu Kapitel XIX

Aufarbeitungsverfahren allgemein

DUNSTAN, A. E., et al., *The Science of Petroleum*, Vol. I–VI (Oxford University Press, London, New York, Toronto 1938–1955).

UMSTÄTTER, H., *Der Petroleum-Ingenieur* (Springer, Berlin, Göttingen, Heidelberg 1951).

Modern Petroleum Technology, 3. Aufl. (The Institute of Petroleum, London 1962).

NELSON, W. L., *Petroleum Refinery Engineering*, 4. Aufl. (McGraw-Hill Book Company Inc., New York, Toronto, London 1958).

Das Buch vom Erdöl (im englischen Original «Our Industry»), (BP Benzin und Petroleum AG 1958).

The Petroleum Handbook, 4. Aufl. (Shell International Petroleum Company Ltd., London 1959).

HENGSTEBECK, R. J., *Petroleum Processing* (McGraw-Hill Book Company Inc., New York, Toronto, London 1959).

GRUSE, W. A., und STEVENS, D. R., *Chemical Technology of Petroleum* (McGraw-Hill Book Company Inc., New York, Toronto, London 1960).

KOBE, K. A., und MCKETTA, J. J., *Advances in Petroleum Chemistry and Refining* (Interscience Publishers Inc., New York, London, Vol. I–IV, 1958–1961).

Proceedings of the World Petroleum Congresses, 1951 Den Haag, 1955 Rom, 1959 New York, 1963 Frankfurt.

Process Handbook, periodische Beilagen der Zeitschrift: Hydrocarbon Processing and Petroleum Refiner (Gulf Publishing Company, Houston).

Siehe auch einschlägige Zeitschriften (S. 304).

Glyzerinfabrik Pernis (Rotterdam)

SHELL

IV. TEIL

XX. ANDERE KOHLENWASSERSTOFF-QUELLEN

Bei der großen Bedeutung der Erdölindustrie und ihrer Produkte für die moderne Wirtschaft ist es zweifellos beunruhigend zu wissen, daß die natürlichen Vorräte den Bedarf nur eine begrenzte Zeit werden decken können. Obwohl sie nach menschlichem Ermessen noch gut 1–2 Generationen ausreichen sollten, ist es doch angezeigt, beizeiten nach einem geeigneten Ersatz Umschau zu halten. In diesem Zusammenhang wäre es bei der vielseitigen Verwendbarkeit des Erdöls als Chemiegrundstoff (siehe Kapitel XXI) zweifellos zu wünschen, daß es vor allem von seinem Einsatz als reine Energiequelle möglichst bald entlastet würde. Dabei kann allerdings auch die vermehrte Verwendung von Kohle, obwohl in wesentlich größeren Vorräten vorhanden, doch nur der zeitlichen Erstreckung der fossilen Brennstoffvorräte dienen. Wirklich langfristige Lösungen wären eher der vermehrte Einsatz von Wasser-, Sonnen-, Wind- und vor allem Kernenergie.

Andrerseits ist aber das Erdöl auch nicht die einzige uns zur Verfügung stehende Quelle für gasförmige, flüssige und feste Kohlenwasserstoffgemische. Solche alternativen Grundstoffe werden zweifellos im Maße, wie sich die Erdölproduktion verknappt oder verteuert, vermehrt herangezogen werden müssen und sollen deshalb in diesem Kapitel kurz zur Sprache kommen.

1. DAS SCHWELEN VON BRAUNKOHLEN

Braunkohlen sind in gewissen Gebieten der Erde, zum Beispiel den USA, in Mitteldeutschland, Australien, Kanada und Polen vor schätzungsweise 30000 bis 100000 Jahren aus den Überresten riesiger Wälder entstanden. Als Beispiel soll die Braunkohlenschwelindustrie Mitteldeutschlands etwas näher beschrieben werden. Sie ist heute etwa 100 Jahre alt, wurde im Zeichen der Autarkie aufgezogen und dann vor allem in den Kriegsjahren vorangetrieben.

Die dort abgebaute Braunkohle enthält etwa 48% Wasser, das erst durch Schrecktrocknung mit heißem Schwelgas (Abb. 161) auf etwa 13% reduziert wird, wobei die Kohle gleichzeitig zu Pulver zerfällt. Sie läßt sich dann unter einem Druck von 1000 atü zu Briketts pressen, die anschließend in Lurgi-Öfen (Abb. 162) «abgeschwelt» werden. Darunter

Abb. 161. Vortrocknung der Braunkohle von ca. 48 auf 13% Wassergehalt als Vorbereitung zur Brikettierung und Schwelung. Braunkohlenschwelwerk Offleben

versteht man das langsame Erhitzen unter Luftabschluß bis auf eine Entgasungstemperatur von 550–580° C, wobei die flüchtigen Zersetzungsprodukte laufend abgezogen werden. Man erhält dabei, berechnet auf Brikett, etwa folgende Ausbeuten:

Wasserdampf	13 %
Schwelgas	16 %
Leichtöl	1,7 %
Mittelöl	1,5 %
Teer	6,3 %
Entphenoltes Schwelwasser	11 %
Phenole	0,4 %
Grudekoks	50 %

Ein *Braunkohlenschwel- oder Urteer* besteht vor allem aus Paraffinkohlenwasserstoffen C_{10}–C_{32}, neben etwas Naphthenen und wenig Aromaten. Es kommen darin aber auch noch erhebliche Mengen an sauerstoffhaltigen, organischen Verbindungen, wie Estern, Phenolen, Ketonen und

Abb. 162. Lurgiöfen und Kondensationseinrichtung zum Abschwelen der vorgetrockneten und brikettierten Braunkohle. Braunkohlenschwelwerk Offleben

Karbonsäuren vor. Schwelteere enthalten aber nie Benzol und Naphthalin, da sich diese erst bei viel höheren Temperaturen bilden.

Das Leichtöl wird zu Benzin verarbeitet; das Mittelöl hat man bis zu Kriegsende abbauend ebenfalls zu Benzin hydriert. Heute wird es in Westdeutschland, gemischt mit dem Teer, als Heizöl verkauft. Der Grudekoks ist ein zwar aschereicher, aber zündwilliger und deshalb zur Hausfeuerung doch beliebter fester Brennstoff. Aus dem Schwelwasser gewinnt man Phenol und Kresole für die Kunststoffindustrie.

2. DIE HOCHTEMPERATUR-ENTGASUNG DER STEINKOHLE

Ein anderer wohlbekannter Prozeß ist die in Gaswerken und Kokereien getätigte Hochtemperaturentgasung der Steinkohle bei Temperaturen gegen 1000° C (Abb. 163). Dabei entsteht je nach den Bedingungen und der Art der eingesetzten Kohle neben Stadt- oder Leuchtgas, Koks und Ammoniakwasser in einer Ausbeute von zum Beispiel um 5% ein *Hoch-*

temperaturteer, der nun im Gegensatz zum Schwelteer viel aromatischer ist, dafür aber wenig Paraffin enthält. Charakteristisch ist denn auch der erhebliche Benzol- und Naphthalingehalt; daneben kommen darin dreikernige Aromaten (Anthracen und Phenanthren) sowie Phenole und Thiophen vor.

Aus dem Steinkohlenteer werden heute in erster Linie die für die chemische Industrie wichtigen Produkte, die niedrigen Aromaten Benzol, Toluol und die Xylole, dann aber auch das Naphthalin, Anthracen und die Phenole gewonnen. Die nicht anders verwendbaren «Neutralöle» mischt man mit dem Destillationsrückstand (Pech) zu Straßenteer oder, wo sich dies lohnt, zu Steinkohlenteer-Heizöl auf.

Abb. 163. Ansicht Gaswerk.

3. SCHIEFERÖL

Ölschiefer sind relativ weit verbreitete marine Sedimente, die wie das Erdölmuttergestein organisches Material enthalten, das sich jedoch nur durch Erhitzen befreien läßt. Das so entstehende *Schieferöl* ist eine dunkle, viskose, stark paraffinische Flüssigkeit, enthält aber im Gegensatz zum Schwelteer und Erdöl auch viel ungesättigte Kohlenwasserstoffe, Stickstoffbasen und phenolische Anteile. Die größten der bekannten Ölschiefervorkommen liegen in den USA (Colorado), Brasilien und dem früheren Belgischen Kongo.

Die Ölschieferindustrie ist fast gleichzeitig mit der Erdölindustrie (in den USA) um 1860 in Schottland entstanden. Kurz vor dem Ersten Welt-

Abb. 164. Svenska Skifferolje AB (Schwedische Schieferöl-Gesellschaft) Kvarntorp. Teilansicht der Anlage

Abb. 165.
Innenansicht des Bergh-Kvarntorp-Retortenhauses der Schwedischen Schieferölindustrie

krieg hat sie dort mit einer jährlichen Schieferproduktion von $3^1/_4$ Millionen Tonnen ihr Maximum erreicht. Seither ist sie zufolge Erschöpfung der reicheren Vorkommen bereits wieder stark zurückgegangen. Aber auch andere Länder, zum Beispiel Schweden (Abb. 164 und 165) und Lettland haben, vor allem in Zeiten der Erdölverknappung, eine beachtliche Schieferölindustrie aufgezogen. In den USA hat das Bureau of Mines intensiv an der technologischen Vervollkommnung der Ölschiefergewinnung und -verarbeitung gearbeitet.

Die zum Schwelen verwendeten Retorten werden zum Teil von außen beheizt; manchmal wird aber unten in das Bett des abgeschwelten, aber noch heißen Schiefers ein Gemisch von Wasserdampf und Luft eingeblasen, so daß auch noch der restliche, nicht flüchtige Kohlenstoff unter Abgabe seiner Wärme verbrennt, bzw. mit dem Wasserdampf zu $CO + H_2$ umgesetzt wird.

Die Ausbeute an Schieferöl hängt stark vom Einsatzmaterial und der Schwelmethode ab. In Schweden beträgt sie zum Beispiel etwa 45 L/T; daneben entstehen noch etwa 50 m³ Gas. Das Schieferöl wird zur Aufarbeitung durch Destillation in verschiedene Fraktionen getrennt. Aus dem Benzin werden durch Raffination Automobiltreibstoff und Lösungsmittel hergestellt. Das «paraffinarme Destillat» gibt Dieseltreibstoff. Aus dem Paraffinöldestillat läßt sich festes Paraffin ausfrieren. Der Rückstand wird manchmal bis auf Koks gekrackt. Nebenprodukte sind Flüssiggas, Ammoniak und elementarer Schwefel. Aus den Olefinen des Krackbetriebes werden in Schottland synthetische Detergentien des Alkylsulfattyps hergestellt.

Die Forschung in den USA war neben der Suche nach rationellen Methoden des Schieferabbaus vor allem auf die Entwicklung wirklich kontinuierlicher und wärmewirtschaftlich günstiger Schwelmethoden gerichtet. So hat die Esso mit Fließbettverfahren (Wirbelbett) experimentiert, wie sie beim katalytischen Kracken verwendet werden.

Ein besonders interessanter Rohstoff ist der in Utah (USA) vorkommende *Gilsonit*, aus dem sich durch Erhitzen auf 230° C 15% Gas, 35% Benzin und 50% Koks herstellen lassen sollen.

4. ÖLSANDE

Ölsande sind mit Öl getränkte Formationen, die dieses aber bei den normalen Erdölproduktionsmethoden nicht abgeben. Es ist wohl «frei» (das heißt der Ölsand braucht nicht erst thermisch zersetzt zu werden wie die Ölschiefer), aber es muß durch *Extraktion* herausgeholt werden. Ein bekanntes solches Vorkommen sind die Ölsande Albertas (Kanada), eines «Bitumen»-Gehaltes von rund 10%.

5. DIE FISCHER-TROPSCH-SYNTHESE AUS $CO + H_2$

Das von F. Fischer und H. Tropsch entwickelte und ihren Namen tragende Verfahren zur Synthese gasförmiger, flüssiger und fester Kohlenwasserstoffe, daneben aber auch Alkoholen, Aldehyden, Ketonen und Säuren aus einem Gemisch von Kohlenmonoxyd CO und Wasserstoff H_2 («Synthesegas») kann als eine katalytische Hydrierung des CO angesprochen werden. Je nach dem verwendeten Kontakt treten dann die in den folgenden Gleichungen schematisch wiedergegebenen Reaktionen auf:

$$CO + 2H_2 \dashrightarrow -CH_2- + H_2O \quad \text{(über Kobalt) und}$$

$$2CO + H_2 \dashrightarrow CO_2 + -CH_2- \quad \text{(über Eisen).}$$

Das Synthesegas, ein Gemisch im Verhältnis 1:2 aus CO und H_2, wird zum Beispiel aus Koks im Wassergasprozeß:

$$C + H_2O \dashrightarrow CO + H_2$$

und anschließender Anreicherung des Wasserstoffs durch eine partielle Umsetzung des CO mit Wasserdampf in CO_2:

$$CO + H_2O \dashrightarrow CO_2 + H_2$$

und Auswaschen des ersteren, hergestellt. Auch kann man im Wassergasgenerator etwas Kokereigas zusetzen, das sich nach der Gleichung:

$$CH_4 + H_2O \dashrightarrow CO + 3\,H_2$$

aufspaltet. Die *Fischer-Tropsch-Synthese* ist eine Methode zur Gewinnung «synthetischen Erdöls» aus Kohle. Das gleiche Verfahren kann aber auch zum Beispiel auf Basis Erdgas (Methan) durchgeführt werden, welches man in dem bereits beschriebenen Methan/Dampfprozeß (S. 224) in $CO+H_2$ umsetzt. Noch andere Verfahren sind jene der Oxydation von Erdgas oder flüssiger Kohlenwasserstoffe mit einer unzureichenden Menge Sauerstoff (*Koppers-*, *Texaco-* und *Shell-*Verfahren).

Abb. 166. Fischer-Tropsch-Anlage der SASOL in Südafrika: Im Vordergrund die Gasreinigung; Mitte die Kellogg-Reaktoren; Gebäude ganz links die Sauerstofffabrik; Gebäude dahinter (mit flachem Dach) Laboratorium; ganz im Hintergrund über den Bäumen die Vaal Power Station (thermisches Kraftwerk), das billige Kohle direkt aus der Grube verwendet

Abb. 167. Fischer-Tropsch-Anlage der SASOL in Südafrika: Im Vordergrund die Gasreinigung; dahinter die Arge Synthese-Reaktoren

Zur Umsetzung dieses Synthesegases wurden erst Kobaltkontakte benutzt; heute verwendet man jedoch meist ein aktiviertes Eisenoxyd. Es wird bei Temperaturen von 200–340° C und Drucken von 10-45 atü gearbeitet. Durch Einbau von Kühlflächen, durch welche man Wasser unter Druck zirkulieren läßt, kann die Temperatur in den Reaktoren reguliert werden. Beim Rheinpreußenverfahren befindet sich der Katalysator in einer Ölaufschlämmung (Sumpfphase). Die Ruhrchemiemethode arbeitet mit einem stationär angeordneten Katalysator, das amerikanische Hydrocol-Verfahren schließlich mit einem staubfeinen bewegten Katalysator.

Je nach den Bedingungen kann die Zusammensetzung des Reaktionsproduktes in sehr weiten Grenzen, von viel Benzin und Flüssiggas bis hauptsächlich Gasöl oder gar festem Paraffin variieren. Die entstehenden Kohlenwasserstoffe sind meist ziemlich bis ausgesprochen ungesättigt. Daneben entstehen aber, wie gesagt, auch noch sauerstoffhaltige, organische Verbindungen. Als Ausbeute an verwertbaren Produkten wird zum Beispiel 160–185 g/Nm^3 Synthesegas angegeben.

Während es in den meisten Ländern nach dem Kriege um diese Verfahren wieder still geworden ist, hat sich Südafrika, das über besonders billige Kohle (bei hohen Transportkosten für das einzuführende Erdöl) verfügt, in den letzten Jahren eine beachtliche Fischer-Tropsch-Syntheseindustrie aufgebaut. Die Anlagen der SASOL sind in Abb. 166 wiedergegeben. Es ist dies das größte realisierte «Öl aus Kohle»-Projekt der Welt.

Zur Erzeugung eines einheitlichen Einsatzmaterials wird die Kohle erst vergast. Dies geschieht bei einem Druck von etwa 25 atü im Kontakt mit einem Gemisch aus Sauerstoff und Wasserdampf in Lurgi-Gasgeneratoren. Störende Verunreinigungen werden dem Synthesegase durch eine Methanolwäsche entzogen.

Die eigentliche Synthese spielt sich teils in Kellogg-Reaktoren, teils in einer Arge-Anlage (Abb. 167), das heißt nach der amerikanischen und deutschen Version des Verfahrens mit bewegtem bzw. stationärem Katalysator, ab.

Man produziert hauptsächlich Benzin, Dieseltreibstoff, Paraffin und etwas Flüssiggas, daneben noch respektable Mengen an Äthyl-, Propyl- und Butylalkohol, Aceton, Methyläthylketon, Phenolen usw.

6. DIE KOHLEHYDRIERUNG

Durch eine spaltende Hydrierung (englisch «destructive Hydrogenation») lassen sich Produkte, wie Kohle, Teer- und Schieferöle und auch schwere, anders nur als Industrieheizöl zu verwendende Erdölrückstände, wie bereits in Kapitel XVII erwähnt, zu niedriger molekularen, mehr oder weniger gesättigten Kohlenwasserstoffgemischen umsetzen.

Die Hydrierung erfolgt meist *in zwei Stufen*, erst in der sogenannten «Sumpfphase» und anschließend der Dampf- (oder Gas-) phase.

Bei der *Hydrierung in der Sumpfphase* wird das flüssige oder mit einem Anreiböl gemischte, gemahlene feste Ausgangsmaterial, vermischt mit einem pulverisierten Eisenkatalysator, bei 300 bis 700 atü und 460 bis 490° C in mehreren, in Serie geschalteten Reaktoren hydriert. Das unveränderte Material und der Katalysatorschlamm werden abgetrennt und der Rest der Reaktionsprodukte in Wasserstoff (den man wieder in den Prozeß zurückleitet), Kohlenwasserstoff-Gase, Benzin und Mittelöl (eine Art synthetisches Gasöl) getrennt.

Das verdampfte Mittelöl der Sumpfphasehydrierung wird hierauf über stationären Molybdän- oder Wolframkatalysatoren *in Dampfphase* bei 200 bis 300 atü und etwa 350 bis 420° C in zwei Stufen *weiterhydriert.* Eventuell wird auch das Sumpfphase*benzin* zur chemischen Umwandlung einem ähnlichen Prozeß unterworfen.

Je nach den gewählten Bedingungen erhält man vorwiegend Auto- oder Flugbenzin. Zur Herstellung von 100 t Autobenzin werden 135 bis 145 t Stein-, Braunkohlenteer oder schwere Erdölrückstände oder 180 bis 215 t Stein- oder Braunkohle benötigt. Die Oktanzahl MM des auf diese Weise entstehenden, ausgesprochen paraffinisch-naphthenischen Hydrierbenzins beträgt für das Autobenzin etwa 64–72, für das Flugbenzin etwa 69–75.

Durch eine *dehydrierende Gasphasebehandlung* (ähnlich dem Hydroformen und Platformen, siehe Kapitel XIV) können aber auch stark aromatische Benzine einer MOZ von 79 bis 81 erhalten werden.

Nach diesem Verfahren wurde während des letzten Weltkrieges in Deutschland eine leistungsfähige «Öl aus Kohle»-Industrie aufgebaut, welche zum Beispiel im Jahre 1944 $3^1/_2$ Millionen Tonnen Benzin, das heißt die Hälfte des benötigten Automobiltreibstoffs und praktisch alles Flugbenzin neben zusätzlichen Mengen an Dieseltreibstoff lieferte. Diese Werke wurden dann gegen Kriegsende zerstört und nach dem Wiederaufbau nun nicht mehr für die Kohlehydrierung sondern, in Kombination mit andern Erdölaufarbeitungsverfahren, zur Erhöhung der Treibstoffausbeute auf Rohöl eingesetzt (siehe S. 231).

Ergänzende Literatur zu Kapitel XX

von Alberti, H. J., *Schwelfibel*, 2. Aufl. (Knapp, Halle-Saale 1956).
Graf, E. G., *Technologie der Brennstoffe*, 4. Aufl. (Franz Deuticke, Wien 1955).
Storch, H. H., Golumbic, N., und Anderson, R. B., *The Fischer-Tropsch and Related Syntheses* (John Wiley & Sons Inc., New York, Chapman & Hall Ltd., London 1951).
Tramm, H., *25 Years Fischer-Tropsch Synthesis with fixed-bed Catalysts. Present Status and future Possibilities*, Beitrag 5. Welt-Erdölkongreß New York 1959 (siehe Proceedings).
Spausta, F., *Treibstoffe für Verbrennungsmotoren*, 1. Band, Flüssige Treibstoffe und ihre Herstellung, 2. Aufl. (Springer, Wien 1953).
Hydrierung siehe Kapitel XVII.

XXI. DIE ERDÖLCHEMISCHE INDUSTRIE

Einleitung

Als «*erdöl-*» oder «*petrol-chemische*», oft auch – nicht ganz eindeutig – «petro-chemische» *Industrie* bezeichnet man jenen Zweig der chemischen Technologie, der für die Herstellung der Produkte «Erdöl» (Erdgas, flüssige oder feste Kohlenwasserstoffgemische aus dem Rohöl) als Grundstoff verwendet. Dabei ist aber festzuhalten, daß sich viele dieser Chemikalien auf verschiedenem Wege und aus alternativem Ausgangsmaterial, zum Beispiel:

- Alkohol aus Zucker und Cellulose,
- Seifen, Glyzerin und Fettsäuren aus natürlichen Fetten und Ölen,
- Aromaten, Farbstoffe, Arzneimittel usw. und alle jenen organischen und anorganischen Chemikalien, welche zu ihrer Synthese Wasserstoff H_2 oder Kohlenmonoxyd CO benötigen aus der Kohle und ihren Derivaten,

herstellen lassen und oft auch tatsächlich hergestellt werden. Dem Endprodukt, der fertigen Chemikalie, ist – glücklicherweise! – die Herkunft nicht mehr anzusehen. Es ist deshalb einfach anzugeben, wo die erdölchemische Industrie beginnt, schwierig, wenn vielfach nicht gar unmöglich, *bis zu welchen Endprodukten sie tatsächlich führt*, bestehen doch zwischen den verschiedenen Ausgangs- und Zwischenprodukten tausend Querverbindungen. Man kann deshalb strenggenommen oft gar nicht von speziellen Erdölchemikalien, sondern nur von *erdölchemischen Herstellungsverfahren* sprechen. Es bleibt in der Praxis eine Frage der Verfügbarkeit und des Preises des Ausgangsmaterials, sowie der Wirtschaftlichkeit und besondern Eignung des Herstellungsverfahrens, welcher Weg beschritten wird.

Die erdölchemische Industrie hat den Akzent auf dem zweiten Teil des Wortes; sie ist nicht mehr der Erdöltechnologie im hergebrachten Sinne, sondern eher der *chemischen* Industrie zuzurechnen. Um das Bild der aus dem Grundstoff Erdöl herzustellenden Produkte abzurunden, soll sie aber doch noch kurz zur Sprache kommen. Dafür spricht auch die Tatsache, daß die großen Ölgesellschaften an ihrer Entwicklung sehr aktiv beteiligt waren und von ihnen auch heute noch etwa ein Drittel aller «Erdölchemikalien» hergestellt werden. Dieses letzte Kapitel wird aber an die chemischen Vorkenntnisse des Lesers notgedrungen höhere Ansprüche stellen.

Die erdölchemische Industrie ist der jüngste Sproß der Erdölaufarbeitung. Ihre Anfänge gehen etwa auf das Jahr 1920 zurück, wo man in den USA aus den bei den Krackprozessen anfallenden niedrigen Olefinen Alkohole herzustellen begann, die sich weiter zu Aldehyden, Ketonen,

BP

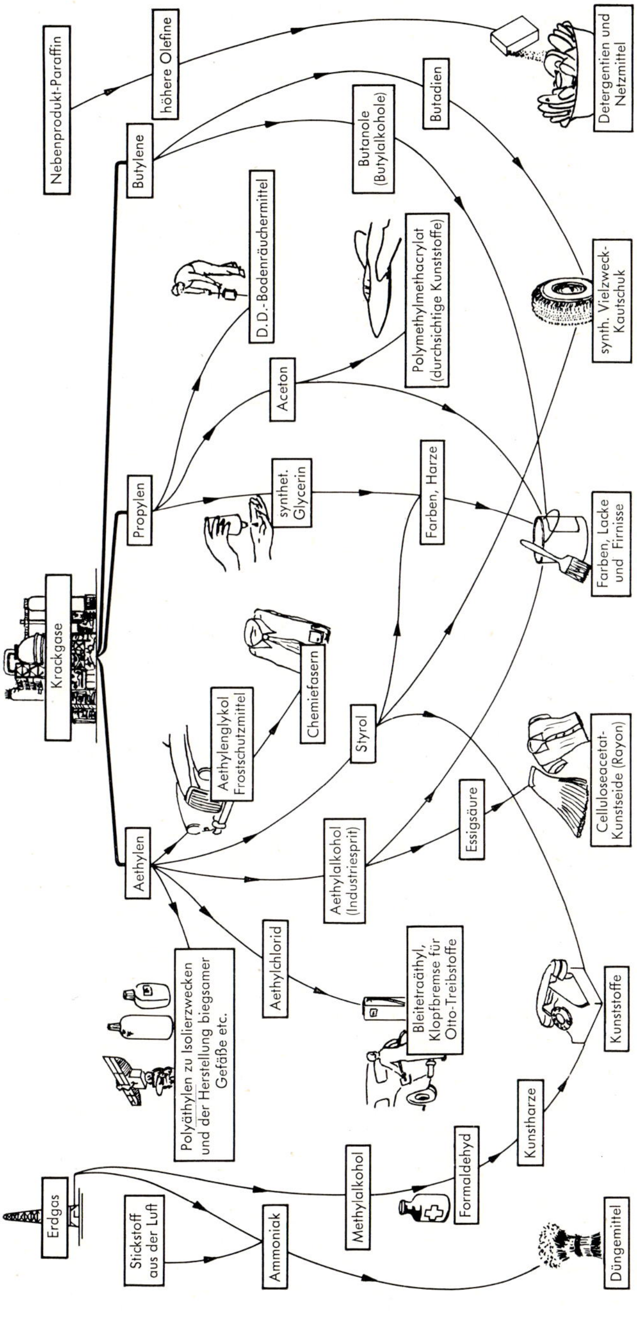
Nebenprodukt-Paraffin
höhere Olefine
Detergentien und Netzmittel
Butadien
Butylene
Butanole (Butylalkohole)
D. D.-Bodenräuchermittel
Polymethylmethacrylat (durchsichtige Kunststoffe)
synth. Vielzweck-Kautschuk
Aceton
Propylen
synthet. Glycerin
Farben, Harze
Farben, Lacke und Firnisse
Krackgase
Aethylenglykol Frostschutzmittel
Chemiefasern
Styrol
Celluloseacetat-Kunstseide (Rayon)
Essigsäure
Aethylen
Aethylalkohol (Industriesprit)
Polyäthylen zu Isolierzwecken und der Herstellung biegsamer Gefäße etc.
Aethylchlorid
Bleitetraäthyl, Klopfbremse für Otto-Treibstoffe
Kunststoffe
Kunstharze
Formaldehyd
Methylalkohol
Erdgas
Stickstoff aus der Luft
Ammoniak
Düngemittel

Abb. 168

Glykolen usw. umsetzen ließen. Hatte die Not des Ersten Weltkrieges den Grundstein gelegt, so führte dann der Zweite zu ihrer raschen Weiterentwicklung. Mit den Olefinen gelangen neue Umsetzungen, wie die direkte Oxydation und Wasseranlagerung, die Oxo-Reaktion mit Synthesegas ($CO+H_2$) zur Herstellung primärer Alkohole höherer C-Zahl, die Hochtemperaturchlorierung, welche ungesättigte Chloride und Alkohole liefert und damit unter anderem den Weg zur Glyzerinsynthese erschloß, usw. Aber auch gesättigte Kohlenwasserstoffe ließen sich bei näherem Studium zu Chemikalien verarbeiten, sei es zu Olefinen, Acetylen oder Ruß für die Pneufabrikation. Man konnte daraus aber auch Synthesegas bereiten und dieses zum Beispiel nach FISCHER-TROPSCH (Kapitel XX) in Kohlenwasserstoffe und sauerstoffhaltige Produkte umsetzen, oder aber Wasserstoff zu Hydrierzwecken und der bald in großem Maßstabe getätigten Ammoniaksynthese. Auch ließen sich aus Synthesegas Methylalkohol und Formaldehyd herstellen. Modifikationen der Krack- und Reformverfahren, kombiniert mit geeigneten Extraktions- oder Adsorptionsmethoden lieferten nun erstmals auch reine Aromaten auf Erdölbasis in willkommener Ergänzung des Steinkohlenteers.

Diese vielen meist recht preisgünstigen Produkte fanden bald Absatz in einer ganzen Reihe neuer sich rasch entwickelnder und florierender chemischer Industrien, wie der Herstellung synthetischen Kautschuks (synthetic rubber), von Chemiefasern (synthetic fibres), Kunststoffen (plastics) und -harzen (resins), Detergentien, Schädlingsbekämpfungsmitteln usw. Deshalb hat die erdölchemische Industrie nach einem erst zögernden Anfang in den letzten Kriegs- und dann vor allem in den Nachkriegsjahren eine auch heute noch nicht abgeschlossene stürmische Entwicklung durchgemacht. So wurden im Jahre 1960 in einem Lande wie den USA bereits 30 % aller Chemikalien, wertmäßig selbst 60 % und von den organischen allein sogar 75 % aus dem Erdöl hergestellt. Es werden aber erst etwa 2–3 % des Erdöls auf Chemikalien verarbeitet! Auch verschiedene andere Länder, nicht zuletzt Westeuropas, haben sich nun im letzten Jahrzehnt diesem interessanten Chemiegrundstoff zugewandt, worunter selbst ausgesprochene «Kohleländer» wie Großbritannien und Westdeutschland, wo bereits beachtliche erdölchemische Industrien entstanden oder noch im Aufbau begriffen sind. Abb. 168 zeigt auf instruktive Weise den Werdegang und die Endverwendungen einiger der bekannteren Erdölchemikalien; und in Tabelle LIII sind schließlich die mengenmäßig wichtigsten der heute in den USA großtechnisch erzeugten Chemikalien mit Angabe des auf Basis Erdöl hergestellten Anteils zusammengestellt.

Die Zahl der vorgeschlagenen, ausprobierten oder bereits technisch verwerteten «erdölchemischen» Verfahren und der Endverwendungen

Tabelle LIII. *Produktion einiger wichtiger Chemikalien in den USA* (Schätzung für das Jahr 1961) mit Angabe des aus Erdölprodukten hergestellten Anteils[1]

	Jahrestonnen	Davon % aus Erdöl
Ammoniak	4 640 000	96
Harnstoff	660 000	95
Kohlenwasserstoff-Zwischenprodukte:		
a) aliphatische:		
Äthylen	2 550 000	100
Propylengemische	1 410 000	100
Butylengemische	1 140 000	100
Butadien	950 000	100
Acetylen	430 000	25
b) aromatische:		
Benzol	1 320 000	60
Äthylbenzol	700 000	60
Dodecylbenzol	255 000	60
Toluol	1 090 000	89
Xylole	955 000	96
Styrol	820 000	75
Cyclohexan	205 000	100
Naphthalin	250 000	0
Polymere:		
Polyäthylen	680 000	100
Polypropylen	45 000	100
synthetischer Kautschuk	1 500 000	80
Aliphatische Chemikalien:		
Methanol	950 000	99
Äthanol	860 000	93
Äthylenoxyd	730 000	96
Äthylenglykol	610 000	92
Isopropanol	570 000	100
Essigsäureanhydrid	570 000	98
Äthylenchlorid	570 000	—
Vinylchlorid	500 000	—
Acetaldehyd	465 000	90
Formaldehyd	385 000	96
Aceton	385 000	83
Essigsäure	365 000	98
Butanole	295 000	70
Äthylchlorid	295 000	—
Tetrachlorkohlenstoff	205 000	85
Trichloräthylen	200 000	—
Propylenoxyd	150 000	100
Acrylnitril	136 000	100
Fluorkohlenwasserstoffe	136 000	100
Glycerin	132 000	50
Methyläthylketon	118 000	100
Aromatische Chemikalien:		
Phenol	365 000	74
Chlorbenzol	295 000	60
Phthalsäureanhydrid	195 000	0
Nitrobenzol	95 000	60

[1] Nach KATZEN, R., *Petroleum Refiner, 40,* No. 1 (1961).

von «Petrolchemikalien» ist aber heute bereits so groß, daß in dieser Übersicht nur die wichtigsten erwähnt werden können. Der an diesen Fragen speziell interessierte Leser sei auf die chemische, speziell erdölchemische, unter anderem die am Schlusse des Kapitels aufgeführte Literatur verwiesen.

1. DARSTELLUNGSMETHODEN FÜR PRIMÄRE ERDÖLCHEMIKALIEN UND BAUSTEINE DER ERDÖLCHEMISCHEN INDUSTRIE

Chemikalien und chemische Zwischenprodukte erhält man aus dem Erdöl auf dreierlei Art:

- einige wenige der darin vorgebildeten können mittels *physikalischer* Prozesse, wie sie in Teil II zur Sprache kamen, abgetrennt werden,
- andere entstehen als Nebenprodukte bei den in Teil III beschriebenen *chemischen* Aufarbeitungsmethoden,
- der Rest muß aus geeigneten Zwischenprodukten nach *spezifisch erdölchemischen Methoden*, die meist in Teil III zusammen mit den bei der Erdölaufarbeitung im engern Sinne angewandten bereits besprochen wurden, hergestellt werden.

Die Möglichkeiten der *physikalischen* Aufarbeitung des Erdöls zu reinen Chemikalien sind beschränkt. Wie bereits in Kapitel IV dargelegt, ist das natürliche Erdöl ein Gemisch einer sehr großen Zahl jeweils nur in relativ kleinen Mengen vorkommender chemischer Individuen, das heißt der verschiedensten Kohlenwasserstoffe, daneben aber auch von Schwefel-, Sauerstoff- und Stickstoffverbindungen, die sich mit steigender C-Zahl in ihren Eigenschaften bald so ähnlich werden, daß eine Trennung un-

Abb. 169. Feindestillieranlage für Lösungsmittel SHELL

Abb. 170. Dampfphase Gasöl-Krackanlage zur Herstellung niedriger Olefine (links) und Dehydrier-Konverter (rechts). Im Hintergrund Kühlwasserturm. Chemical Plant Stanlow, England SHELL

möglich wird. Deshalb erlaubt zum Beispiel die fraktionierende *Destillation* nur die Abtrennung der niedrigsten Paraffine, des *Methans*, *Äthans*, *Propans* und der *Butane*, bis zu einem gewissen Grade und in Kolonnen besonders guter Trennschärfe vielleicht noch der Pentane und Hexane, während man sich im übrigen mit der Herstellung von «Schnitten» engeren Siedebereiches, in welchen gewisse Komponenten angereichert sind, zufriedengeben muß. Doch spielen die so herzustellenden *Siedegrenzenbenzine* (Abb. 169) als Lösungsmittel auch in der chemischen Industrie eine wichtige Rolle. Die Vorfraktionierung dient zudem der Bereitstellung eines für chemische Umsetzungen besser geeigneten Ausgangsmaterials.

In ähnlicher Weise ermöglichen die selektive *Extraktion* und *Adsorption* die Herstellung aromatischer Extrakte einmal aus den Fraktionen der, allerdings relativ seltenen, ausgesprochen aromatischen Rohöle, vor allem dann aber aus Reformaten, die sich anschließend zu reinem *Benzol*, *Toluol* und den *Xylolen* aufarbeiten lassen.

Die *Kristallisation* und die Anwendung sogenannter *Molekularsiebe* schließlich liefert ausgesprochen paraffinische Konzentrate, die aber ebenfalls keine reine chemische Individuen sondern vielmehr nützliche Grundstoffe zur Weiterverarbeitung darstellen.

Deshalb sind für die Bereitstellung von Bausteinen für die erdölchemische Industrie die in Teil III besprochenen *chemischen* Aufarbeitungsmethoden viel wichtiger. So liefern das *thermische* und *katalytische Kracken* und die *Pyrolyse* (Abb. 170) – wie dort beschrieben – je nach den Arbeitsbedingungen entweder stark olefinische oder auch aromatische Gemische, aus denen sich auf geeignete Weise die reinen niedrigen Olefine vom *Äthylen*, *Propylen* zu den *Butylenen* oder auch Konzentrate *höherer Olefine*, bzw. die reinen Aromaten *Benzol*, *Toluol* und die *Xylole* abtrennen lassen.

2. DIE ERDÖLCHEMISCHEN REAKTIONEN DER PARAFFINE

Die gesättigten Paraffine standen lange im Rufe, wenig reaktionsfähig, «parum affinis» zu sein. Bei näherem Studium ließen aber auch sie sich auf den verschiedensten, in Tabelle LIV zusammengestellten Wegen in Bausteine für die erdölchemische Industrie verwandeln. Als Einsatzmaterial dient häufig, vor allem in den USA, Erdgas. Wo dieses fehlt, werden aber auch flüssige Kohlenwasserstoffgemische, zum Beispiel Benzin- oder Gasölfraktionen und festes «Nebenprodukt»-Paraffin angewandt.

Tabelle LIV. *Reaktionen der Paraffin-Kohlenwasserstoffe*

Art der Reaktion	Produkt
1. Pyrolyse	Olefine, Diolefine, Aromaten, Acetylen, Wasserstoff, Ruß
2. Reformen	Aromaten
3. Umsetzung mit Wasserdampf	Synthesegas ($CO + H_2$) (Wassergas)
4. Gesteuerte Oxydation	sauerstoffhaltige Produkte (Alkohole, Ketone, Säuren), Ruß, Acetylen, Synthesegas
5. Katalytische Dehydrierung	Olefine, Diolefine
6. Halogenierung	halogenierte Kohlenwasserstoffe
7. Nitrierung	Nitroparaffine
8. Alkylierung (des iC_4)	Isoheptane bis -nonane

Pyrolyseverfahren zur Herstellung von Olefinen, wie auch der katalytische *Catarole-Prozeß* zur Erzeugung von Aromaten wurden bereits in Kapitel XIII besprochen. Die speziellen Verfahren der Acetylenherstellung kommen auf S. 296 noch etwas näher zur Sprache. Ein anderes zyklisches bei 900–1400° C arbeitendes Pyrolyseverfahren dient der Herstellung von Kohleschwarz oder *Ruß* für die Pneufabrikation. Nach dieser Methode werden jährlich in den USA etwa 50000 Tonnen sogenannte «Thermal Blacks» aus Erdgas fabriziert.

Die verschiedenen katalytischen Reformverfahren zur Umwandlung der Benzin-Naphthene, aber auch Paraffine, in *Aromaten* dienen vorzüglich der Klopffestigkeitsverbesserung. Sie werden aber in andern Fällen auch zur Herstellung eines stark aromatischen Grundstoffs für die erdölchemische Industrie eingesetzt.

Wichtige erdölchemische Bausteine sind auch das Wasser- und *Synthesegas* ($CO+H_2$). Letzteres kann, wie bereits besprochen (S. 266), im *Methan/Dampfprozeß* aus Erdgas hergestellt werden. Eine andere Methode ist die *partielle Oxydation* von Erdölprodukten mit einer unzureichenden Menge Luft oder Sauerstoff in Gegenwart von Dampf bei etwa 1100 bis 1400° C (*Koppers-*, *Texaco-* und *Shell*-Verfahren). Synthesegas findet in der erdölchemischen Industrie vielfältige Anwendungen. Hier soll nur an die bereits besprochene Herstellung von *Wasserstoff* (S. 224) für Hydrierzwecke erinnert werden. Sehr wichtig ist weiter die *Ammoniaksynthese*, zu welcher Wasserstoff und Stickstoff – letzterer durch Luftverflüssigung zu gewinnen – im Verhältnis 3:1 zum Beispiel bei 500–650° C und einem Druck von 200–1000 atü über einen aktivierten Eisenkatalysator geleitet werden (*Haber-Bosch-*, *Casale-*, *Fauser-*, *Claude*-Verfahren). Man erhält bei einmaligem Durchsatz 10–20% NH_3, welches man kondensiert, während die unveränderten Gase in den Prozeß zurückgeführt werden. Ammoniak wird in großen Mengen zu Ammonsulfat- und -nitratdünger verarbeitet. Auch in der chemischen Industrie findet es verbreitete Anwendung, unter anderem zur Herstellung von Harnstoff NH_2CONH_2.

Die *gesteuerte Oxydation* von Erdgas liefert aber zum Beispiel auch *Methylalkohol und Formaldehyd*. Ferner sind in diesem Zusammenhang die oxydativen Kanal- (Channel-) und Ofen- (Furnace-) Methoden zur Herstellung von *Ruß* zu erwähnen, nach denen in den USA jährlich über eine halbe Million Tonnen, meist auf Basis Erdgas, fabriziert wird. Als Ausgangsmaterial dienen nun aber mehr und mehr auch flüssige Erdölprodukte. Auf die Acetylenherstellung wird auf Seite 296 noch eingegangen werden.

Paraffine können zur *Olefin-* und *Diolefin*herstellung *katalytisch dehydriert* werden, auf welchem Wege zum Beispiel aus dem nC_4 nach dem *Houdry*-Verfahren direkt, im *Phillips*-Prozeß in zwei Stufen über das $nC_4^=$, das als Baustein für synthetischen Kautschuk wichtige *Butadien* $CH_2{=}CHCH{=}CH_2$ erhalten wird.

Chlorierte Paraffine sind zum Beispiel das *Methylchlorid* CH_3Cl, ein Methylierungsmittel, das wichtige Lösungsmittel *Methylenchlorid* CH_2Cl_2, das Narkotikum *Chloroform* $CHCl_3$ und das Lösungs- und Feuerlöschmittel *Tetrachlorkohlenstoff* CCl_4, von denen die beiden letzteren allerdings meist nicht durch direkte Chlorierung der Paraffine hergestellt werden. Die chlorierte C_{12}—C_{13}- (Petrol- oder «Keryl»-) Fraktion ist ein Baustein zur Herstellung von Detergentien.

Die Nitrierung hat untergeordnete technische Bedeutung, wichtig ist jedoch noch die *Alkylierung* des iC_4 mit $C_3^=$ bis $C_5^=$, die bei der Flugtreibstoffherstellung bereits zur Sprache kam (S. 211).

3. DIE REAKTIONEN DER NAPHTHENE

Die Naphthene oder Cycloparaffine des Erdöls sind vor allem Abkömmlinge des Cyclopentans und -hexans:

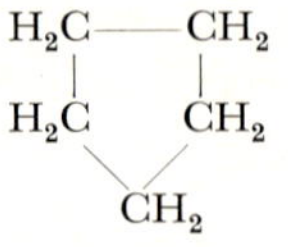

Cyclopentan

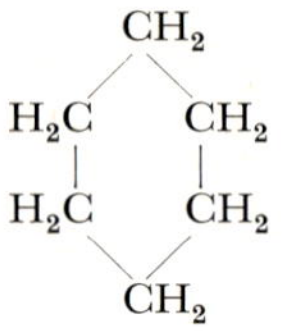

Cyclohexan

Tabelle LV. *Reaktionen der Naphthene oder Cycloparaffine*

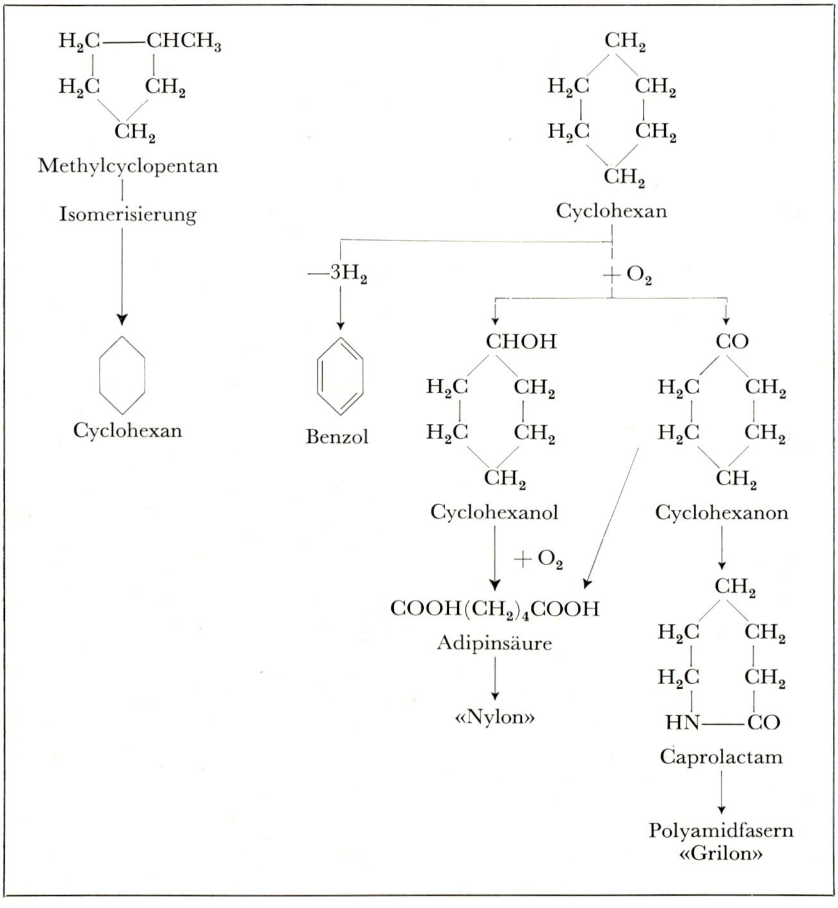

Sie lassen sich aber daraus nur schwierig in reiner Form gewinnen, unter anderem auch da sie häufig azeotrop siedende Gemische bilden. Doch ist es gelungen, mit Hilfe kombinierter physikalischer und auch chemischer Trennmethoden aus geeigneten Fraktionen naphthenbasischer Öle schließlich doch *Cyclohexan* für die Nylonsynthese abzutrennen. Ein anderer Weg zu dessen Herstellung ist die Hydrierung von Benzol.

Naphthene gehen weitgehend ähnliche Reaktionen ein, wie die für die Paraffine beschriebenen. Einige für sie spezifische sind in Tabelle LV zusammengestellt.

Die bereits besprochene Reformreaktion der *Dehydrierung* zu Benzol und seinen Abkömmlingen liefert vor allem klopffeste Autobenzine. Aus dem so entstehenden stark aromatischen Konzentrat können aber auch reine Aromaten gewonnen werden. In diesem Zusammenhang als «vorbereitende Reaktion» wichtig ist noch die Isomerisierung substituierter Cyclopentane in Cyclohexane.

Die *Oxydation* des Cyclohexans liefert das Cyclohexanol, woraus Adipinsäure für die Nylonsynthese hergestellt werden kann und das Cyclohexanon, das sich in Caprolactam für die Kunstfaserindustrie umsetzen läßt.

4. REAKTIONEN UND DERIVATE DER MONOOLEFINE

Allgemeines

Die reaktionsfähigen Olefine gehören zu den in der erdölchemischen Industrie am vielseitigsten verwendbaren Bausteinen. Ihre wichtigsten Umsetzungen sind in Tabelle LVI zusammengestellt. Es soll darauf bei den einzelnen Komponenten noch etwas näher eingegangen werden:

a) Abkömmlinge des Äthylens $CH_2{=}CH_2$ *oder* $C_2^{=}$

Das Äthylen ist einer der wichtigsten Bausteine der erdölchemischen Industrie. Erst wurde es nur als Nebenprodukt des zur Benzinherstellung getätigten Krackens höher molekularer Kohlenwasserstoffe erhalten und hauptsächlich zu Äthylalkohol und Äthylenoxyd umgesetzt. Wie aber im letzten Weltkrieg die Herstellung synthetischen Kautschuks für die USA über Nacht zur Lebensfrage wurde, mußte die C_2-Produktion (für Styrol) auf breitester Basis aufgezogen werden. Aber auch nach dem Kriege stieg der Bedarf an Äthylen weiter an, dies nun vor allem zufolge der raschen Entwicklung der Polyäthylenindustrie. Es wird heute in den USA wie folgt weiterverarbeitet:[1]

---

[1] DAVENPORT, C.H., *Petroleum Refiner*, March, 1960.

zu Äthylenoxyd	30 %
Polyäthylen	24½ %
Äthylalkohol	21 %
Styrol	9 %
Äthylchlorid	7½ %
Dichlorid und -bromid	5½ %
Verschiedenes	2½ %

Von den genannten Produkten hat das Polyäthylen einen besonders steilen Anstieg zu verzeichnen.

Tabelle LVI. *Erdölchemische Reaktionen der Olefine*

Reaktion	Produkt
1. Anlagerung von Wasser	(primäre), sekundäre und tertiäre Alkohole
2. Oxydation	sauerstoffhaltige Produkte, wie Äthylenoxyd
3. Halogenierung	
a) Addition	Dichloride und -bromide
b) Substituierung	ungesättigte Alkylchloride
4. Anlagerung von Salzsäure	Alkylchloride
5. Anlagerung von unterchloriger Säure	Chlorhydrine
6. Oxo-Synthese (Anlagerung von $CO + H_2$)	Aldehyde
7. Reaktion mit Schwefelsäure	Mono- und Dialkylester
8. Reaktion mit Schwefelwasserstoff	Merkaptane
9. Reaktion mit Salpetersäure	Nitroalkylnitrate
Reaktion mit Stickoxyd	Dinitroparaffine
10. Polymerisation	Polyolefine
11. Alkylierung mit Benzol	Alkylbenzole
12. Dehydrierung	Diolefine

Im Zuge dieser Entwicklung mußte die C_2-Produktion durch spezielle Pyrolyseverfahren ergänzt werden, die entweder, wie meist in den USA von Erdgas, oder aber, wo dieses nicht in genügenden Mengen erhältlich ist, auch von Leichtbenzin oder gar Schwerölen ausgehen. Ein niedrigmolekulares Ausgangsmaterial ergibt aber die besten Ausbeuten. Das anfallende Rohäthylen muß für erdölchemische Zwecke meist vom beigemischten Acetylen befreit werden, was man entweder durch eine Extraktion mit speziellen Lösungsmitteln oder eine selektive katalytische Hydrierung erreicht.

Tabelle LVII ist eine Zusammenstellung der wichtigsten Reaktionen des Äthylens.

Der *Alkohol* bildet sich aus einem Olefin durch Wasseranlagerung. Es stehen dazu im allgemeinen zwei Wege offen: die Absorption in Schwefelsäure ergibt das saure (und Dialkyl-) Sulfat:

$$CH_2=CH_2 + H_2SO_4 \longrightarrow CH_3CH_2OSO_3H$$

Tabelle LVII. *Derivate des Äthylens* $CH_2=CH_2$

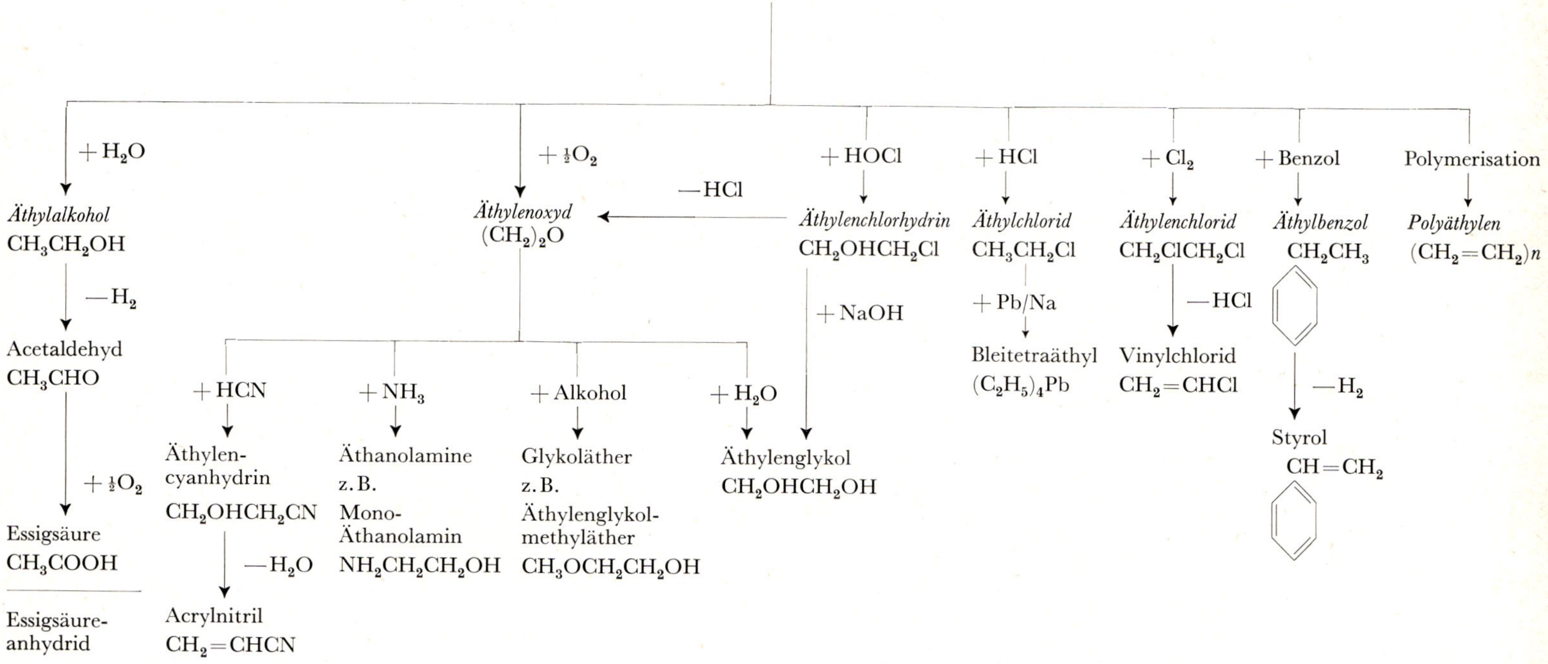

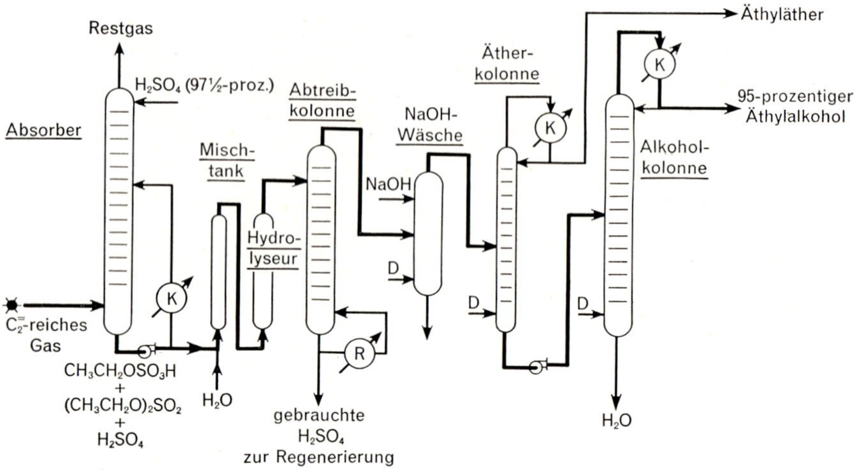

Abb. 171. Schema der Alkoholsynthese aus Äthylen

das sich zum Alkohol hydrolysieren läßt:

$$CH_3CH_2OSO_3H + H_2O \dashrightarrow CH_3CH_2OH + H_2SO_4$$

Über geeigneten Katalysatoren kann sich ein Molekül Wasser aber auch direkt anlagern:

$$CH_2{=}CH_2 + H_2O \longrightarrow CH_3CH_2OH$$

Abb. 171 zeigt ein Schema, Abb. 172 eine Ansicht einer Alkoholfabrik.

Äthylalkohol ist ein wichtiges Lösungsmittel. In der erdölchemischen Industrie wird er vor allem zu Acetaldehyd CH_3CHO, Essigsäure-anhydrid 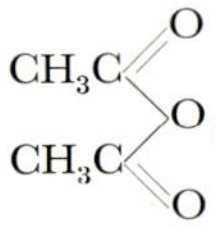, Acetaten und über das Aldol in *n*-Butyraldehyd CH_3CH_2CHO und Buttersäure CH_3CH_2COOH umgesetzt.

Ein anderes wichtiges Derivat des Äthylens (Abb. 173) ist das *Äthylenoxyd* 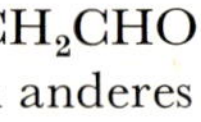 das, wie die Tabelle zeigt, vielerlei weitere Umsetzungen erlaubt. Von technischer Bedeutung ist vor allem die Herstellung des Frostschutzmittels und chemischen Zwischenproduktes *Äthylenglykol* CH_2OHCH_2OH. Es läßt sich seinerseits zu Polyäthylenglykolen, Estern (unter anderem Polyestern zur Herstellung synthetischer Fasern), Weichmachern und Sprengstoffkomponenten verarbeiten. Über das Cyanhydrin besteht ein Weg zur Herstellung von *Acrylnitril* $CH_2{=}CHCN$, einem

Abb. 172. Alkoholfabrik SHELL

Baustein synthetischen Kautschuks *(BUNA N)* und anderer Polymere. Mit Ammoniak ergeben sich die *Äthanolamine*, zum Beispiel Triäthanolamin N $(CH_2CH_2OH)_3$, welche u. a. als Lösungsmittel zum reversiblen Auswaschen saurer Gase aus Produktströmen (S.241) verwendet werden. Mit Alkoholen entstehen die als Lösungsmittel dienenden *Glykoläther*.

Sehr wichtig ist die heute nach verschiedenen Verfahren mögliche *Polymerisation* zum bekannten Kunststoff *Polyäthylen*.

Im Hochdruck-(ICI-) Verfahren wird das Ausgangsmaterial mit etwas Sauerstoff gemischt und bei einem Druck von 1500–2000 atü auf etwa 190° C gebracht, worauf die Polymerisation in speziellen Röhrenreaktoren einsetzt und im einmaligen Durchsatz zu einer etwa 25prozentigen Umsetzung führt. Die Temperatur wird durch Kühlung auf 190° C gehalten. Das flüssige Polyäthylen wird abgeschreckt und verfestigt sich bei etwa 110° C; das unveränderte Gas geht in den Prozeß zurück.

Unter Verwendung spezieller Metall-Alkyl-Kontakte läßt sich die Polymerisation nach ZIEGLER oder im *Phillips*-Verfahren nun auch bei Drucken von nur etwa 10-50 atü und einer Temperatur von 50-150° C erreichen (Abb. 174).

Aus Polyäthylen verfertigt man Rohre, Folien, die verschiedensten Gefäße, Gebrauchsgegenstände usw.

Zur Herstellung von *Styrol* wird Benzol mit $C_2^=$ *alkyliert*:

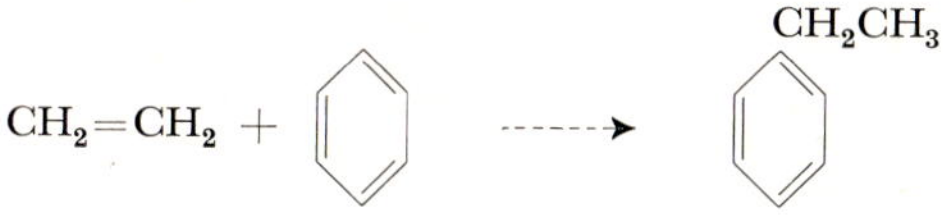

Äthylbenzol

Abb. 173. Äthylenoxydanlage HUELS

Abb. 174. Niederdruck-Polyäthylen-Anlage (nach Ziegler) HUELS

und das entstehende Äthylbenzol dehydriert:

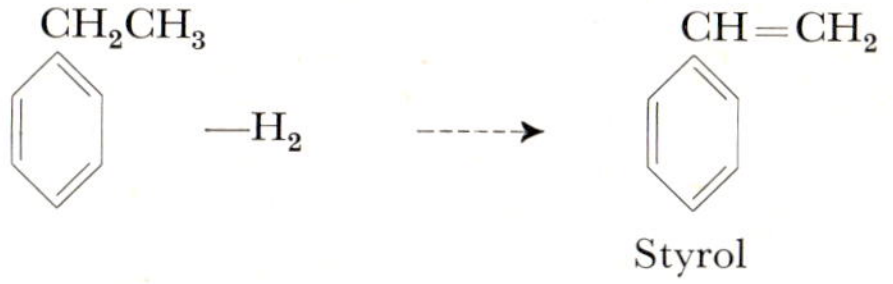

Styrol ist einer der Bausteine des Allzweckkautschuks *BUNA S* (Copolymerisat mit Butadien). Es kann aber auch für sich zum Kunststoff *Polystyrol* polymerisiert werden (Abb. 175).

Die Anlagerung von *Salzsäure* HCl ans Äthylen führt zum *Äthylchlorid* CH_3CH_2Cl, welches vor allem der Herstellung der Klopfbremse Blei-

Abb. 175. Styrol-Destillations-Anlage mit Luftkühler HUELS

Abb. 176. Kühlturm und Teilansicht einer Anlage zur Herstellung von Polyvinylchlorid. Pernis (Rotterdam). SHELL

tetraäthyl $Pb(CH_2CH_3)_4$ für die Erdölindustrie selbst dient. Ein anderes Derivat ist der Lackrohstoff Äthylcellulose.

Die Chlorierung liefert das *Äthylenchlorid* CH_2ClCH_2Cl, ein Lösungsmittel, das aber durch Pyrolyse auch in *Vinylchlorid* $CH_2{=}CHCl$, einem wichtigen Baustein von Kunststoffen (Polyvinylchlorid, PVC und Copolymere), übergeführt werden kann (Abb. 176), sowie *Trichloräthan* $CH_2ClCHCl_2$, aus welchem sich Vinylidenchlorid $CH_2{=}CCl_2$ herstellen läßt.

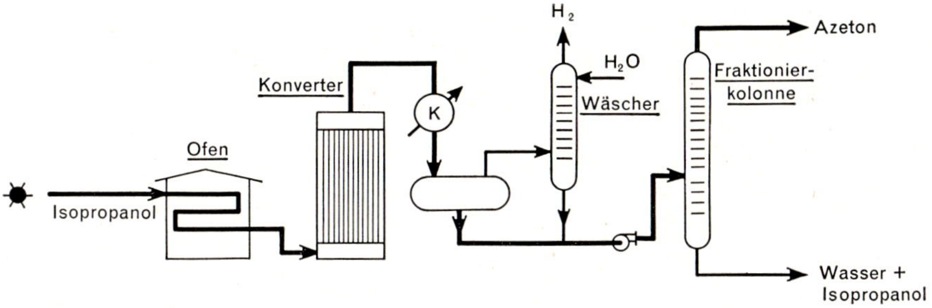

Abb. 177. Schema der Dehydrierung von Isopropylalkohol zu Aceton

b) Abkömmlinge des Propylens $CH_3CH{=}CH_2$ *oder* $C_3^=$

Propylen wird in den Raffinerien als Nebenprodukt der Krackverfahren meist als eine etwa 40–50% $C_3^=$ enthaltende PP- (Propan/Propylen-) Fraktion erhalten, die sich ohne weiteres zur Herstellung von Isopropylalkohol, Tri- und Tetrapolymeren, Cumol und der in Kapitel XV beschriebenen Polymerisation zu einer relativ klopffesten Autobenzinkomponente verwenden läßt. Die Pyrolyse von C_4^+ liefert ein etwa 90prozentiges $C_3^=$. Gewisse erdölchemische Anwendungen verlangen aber ein noch wesentlich reineres Ausgangsmaterial, das dann speziell bereitgestellt werden muß.

Obwohl der Isopropylalkohol, das erste «Petrochemical», ein $C_3^=$-Derivat war, hat seither das Äthylen das Propylen in der erdölchemischen Anwendung weit überflügelt. Doch lassen sich im Prinzip auch die meisten für das Äthylen beschriebenen Reaktionen analog mit $C_3^=$ durchführen.

Die wichtigste Verwendung blieb die Herstellung von Isopropylalkohol $(CH_3)_2CHOH$; erst in den letzten Jahren beginnen nun auch einige der andern in Tabelle LVIII angeführten Reaktionen interessant zu werden. Heute wird erst etwa 10% des verfügbaren Propylens auf Erdölchemikalien verarbeitet, und zwar nach Angaben aus den USA:[1]

zu Isopropylalkohol	etwa 55 %
Tri- und Tetrapropylen	25 %
Allylderivaten	6 %
Propylenoxyd und -glykol	5 %
Butyraldehyd	4 %
Cumol	3 %
Verschiedene	2 %

Isopropylalkohol ist ein wichtiges Lösungsmittel. Der größte Teil wird weiter zu Aceton $(CH_3)_2CO$ verarbeitet (Abb. 177). Aceton ist ebenfalls

[1] Hatch, L. F., *Petroleum Refiner*, August 1959.

Tabelle LVIII. *Derivate des Propylens* $CH_3CH=CH_2$

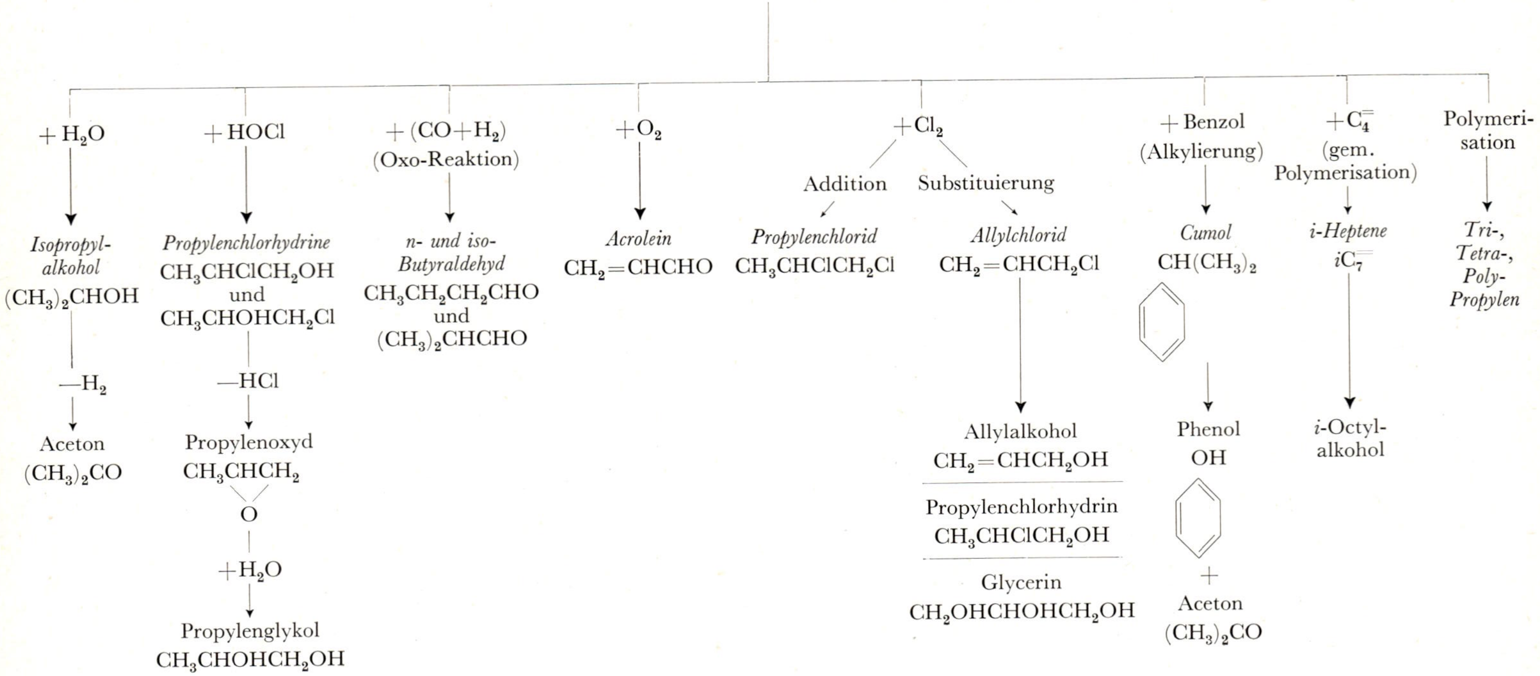

ein Lösungsmittel, kann aber auch zu folgenden Derivaten umgesetzt werden:

$CH_3\overset{O}{\ddot{C}}CH_2\underset{CH_3}{\overset{OH}{\dot{C}}}CH_3$ Diacetonalkohol

$CH_3\underset{OH}{\overset{CH_3}{\dot{C}}}CH_2\underset{OH}{\dot{C}}HCH_3$ Hexylenglykol

$CH_3\overset{O}{\ddot{C}}CH=\overset{CH_3}{\dot{C}}CH_3$ Mesityloxyd

(Abb. 178)

$CH_3\overset{O}{\ddot{C}}CH_2\overset{CH_3}{\dot{C}}HCH_3$ Methylisobutylketon

$CH_3\overset{CH_3}{\dot{C}}HCH_2\underset{OH}{\dot{C}}HCH_3$ Methylisobutylcarbinol

und über das Cyanhydrin $(CH_3)_2\underset{OH}{\dot{C}}HCN$ in Methacrylatharze (Plexiglas). Es kann daraus aber auch:

$CH_3\overset{CH_3}{\dot{C}}=CH\underset{O}{\ddot{C}}CH=\overset{CH_3}{\dot{C}}CH_3$ Phoron

und

$CH_3\overset{CH_3}{\dot{C}}HCH_2\underset{O}{\ddot{C}}CH_2\overset{CH_3}{\dot{C}}HCH_3$ Diisobutylketon

ein stabiles, hochsiedendes Lösungsmittel hergestellt werden.

Aus dem *Tripropylen* entsteht Decylalkohol $C_{10}H_{21}OH$ für Weichmacher und Detergentien. Das *Tetrapropylen* wird mit Aromaten und Phenolen alkyliert (Abb. 179) und ergibt nach Sulfurierung und Neutralisation die als Detergentien und Waschmittel wichtigen Alkyl-Aryl-Sulfonate.

Das durch Addition von Chlor entstehende *Propylenchlorid* $CH_3CHCl\ CH_2Cl$ ist ein Reinigungs- und Lösungsmittel, kann aber auch zu *Allylchlorid* $CH_2{=}CHCH_2Cl$ pyrolisiert werden. Vor allem entsteht letzteres aber durch die Heißchlorierung von $C_3^=$ bei Temperaturen über 300° C. Es bildet einen wichtigen Baustein für weitere Synthesen. So läßt sich daraus der ungesättigte Allylalkohol $CH_2{=}CHCH_2OH$, Trichlorpropan $CH_2ClCHClCH_2Cl$, das Propylendichlorhydrin $CH_2ClCHClCH_2OH$ und schließlich synthetisches *Glyzerin* $CH_2OHCHOHCH_2OH$ herstellen, ein Verfahren, das seinerzeit erhebliches Aufsehen erregt hat, da es dadurch erstmals möglich wurde, die Glyzerinproduktion von der Verseifung natürlicher Fette und Öle unabhängig zu machen. Heute wird in den USA bereits mehr als die Hälfte des Glyzerins auf synthetischem Wege hergestellt. (Siehe auch Titelblatt Teil IV). Aus dem Epichlorhydrin $CH_2Cl\underbrace{CHCH_2}_{O}$ entstehen Epoxyharze. Aus dem Allylalkohol können aber auch ungesättigte Ester, zum Beispiel Diallylphthalat für die Polyester-Kunststoffindustrie hergestellt werden. Ein Gemisch von chloriertem $C_3^=$ wird als Bodenräuchermittel «DD» verwendet.

Abb. 178. Mesityloxyd- (links) und Diacetonalkoholanlage (rechts). Chemical Plant Stanlow, England SHELL

c) Abkömmlinge der Butylene

$$\left.\begin{array}{l} CH_3CH_2CH{=}CH_2 \\ CH_3CH{=}CHCH_3 \end{array}\right\} nC_4^{=}$$

$$(CH_3)_2C{=}CH_2 \qquad iC_4^{=}$$

Die Butylene entstehen zum größten Teil als Nebenprodukte der Krackverfahren, werden aber auch durch Dehydrierung von C_4 hergestellt.

Abb. 179. Tetrapropylenbenzol-Anlage HUELS

Nur ein kleiner Teil wird erdölchemisch weiterverarbeitet. Das meiste alkyliert man in den Raffinerien zu klopffestem Isooktan, mischt es ins Autobenzin auf oder aber verkauft es als Flaschengas.

Abb. 180. Fabrik für synthetische Waschmittel, Pernis, Holland SHELL

Die Reaktionen der normalen Butylene sind in Tabelle LIX, jene des Isobutylens in Tabelle LX zusammengestellt. Von den Reaktionen der *n*-Butylene hat vor allem die Dehydrierung zu *Butadien* $CH_2{=}CHCH{=}CH_2$, einem der Hauptbausteine synthetischen Kautschuks, Bedeutung. Nach dieser Methode wird in den USA ungefähr die Hälfte des für diesen Zweck benötigten Butadiens hergestellt.

Die Wasseranlagerung ergibt den *sekundären Butylalkohol* $\begin{array}{l}CH_3CH_2CHOH\\ \qquad\quad\;\; \dot{C}H_3\end{array}$ der sich durch Dehydrierung in das $\begin{array}{l}CH_3CH_2CO\\ \qquad\quad \dot{C}H_3\end{array}$ verwandelt.

Methyläthylketon (MEK)

Isobutylen läßt sich von den normalen durch seine Löslichkeit in 65prozentiger Schwefelsäure abtrennen. Seine Verwendung zur Herstellung reinen Isooktans (2,2,4 Trimethylpentan) wurde bereits besprochen. Auch Isobutylen kann man, wie aus Tabelle LX hervorgeht, in vielfältiger Weise chemisch umsetzen. Die heute technisch weitaus wichtigste ist die Polymerisation zu Di- und Trimer, Butylkautschuk und andern Polymeren, wofür etwa 95% des für erdölchemische Zwecke eingesetzten $iC_4^{=}$ Verwendung findet. «Polybutene» und «Polyisobutylene» finden als Klebstoffe, zur elektrischen Isolierung, als Vibrationsdämpfer, V.I.-Verbesserer in Schmierölen usw. Anwendung. Eine erhebliche Bedeutung hat der durch Copolymerisation mit etwa 2–3% Isopren entstehende *Butylkautschuk* GR-I, der sich durch Gasundurchlässigkeit und Oxydationsbeständigkeit auszeichnet und unter anderem zur Hertellung von Autoschläuchen verwendet wird.

d) Höhere Olefine

Ein Gemisch von C_8—C_{18}-Olefinen, wie es durch Dampfphasekracken von Paraffin erhalten wird, liefert nach Sulfurierung und Neutralisation das bekannte Alkylsulfat-Netzmittel «Teepol» (Abb. 180).

5. DERIVATE DER DIOLEFINE

Diolefine enthalten *zwei* Doppelbindungen und sind deshalb ganz besonders reaktionsfähig. Von technischer Bedeutung sind:

$CH_2{=}CHCH{=}CH_2$

Butadien

$\begin{array}{l}CH_2{=}CCH{=}CH_2\\ \qquad\;\; \dot{C}H_3\end{array}$

Isopren

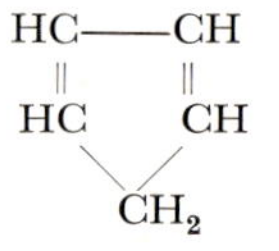

Cyclopentadien

Tabelle LIX. *Derivate der n-Butylene*

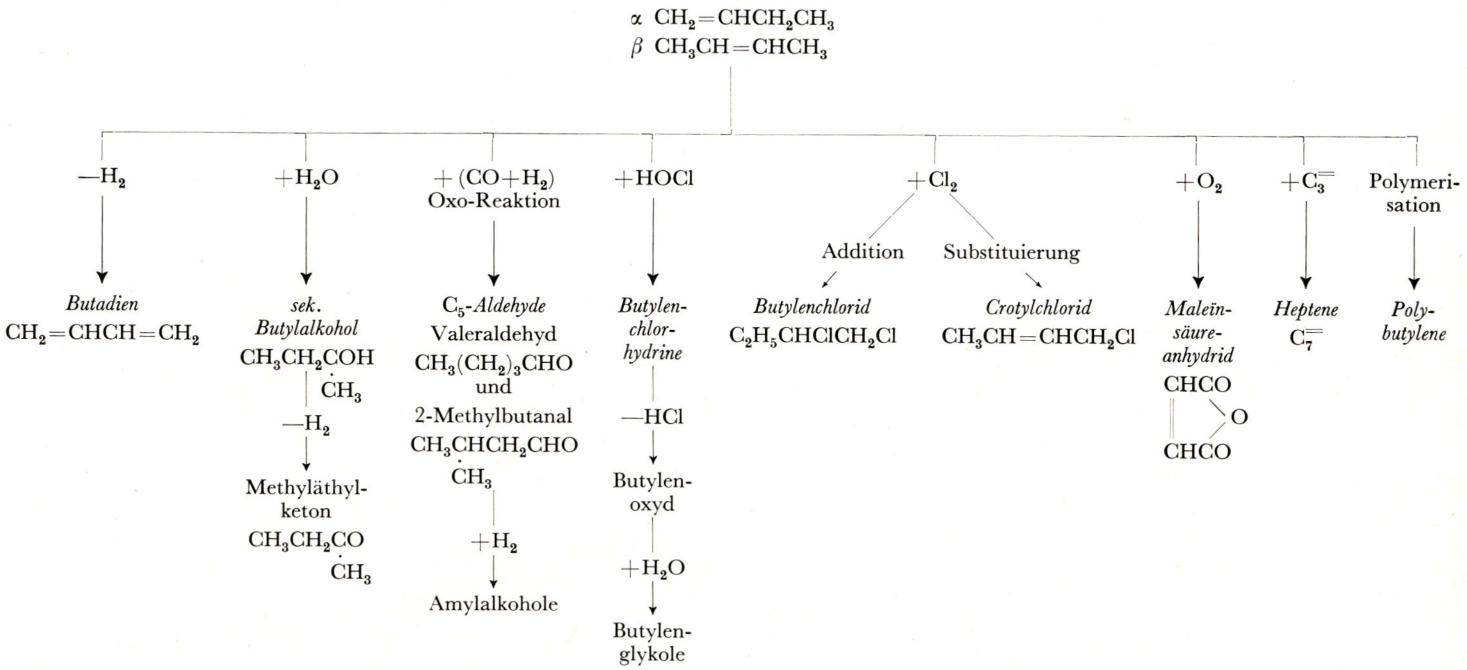

Tabelle LX. *Derivate des iso-Butylens*

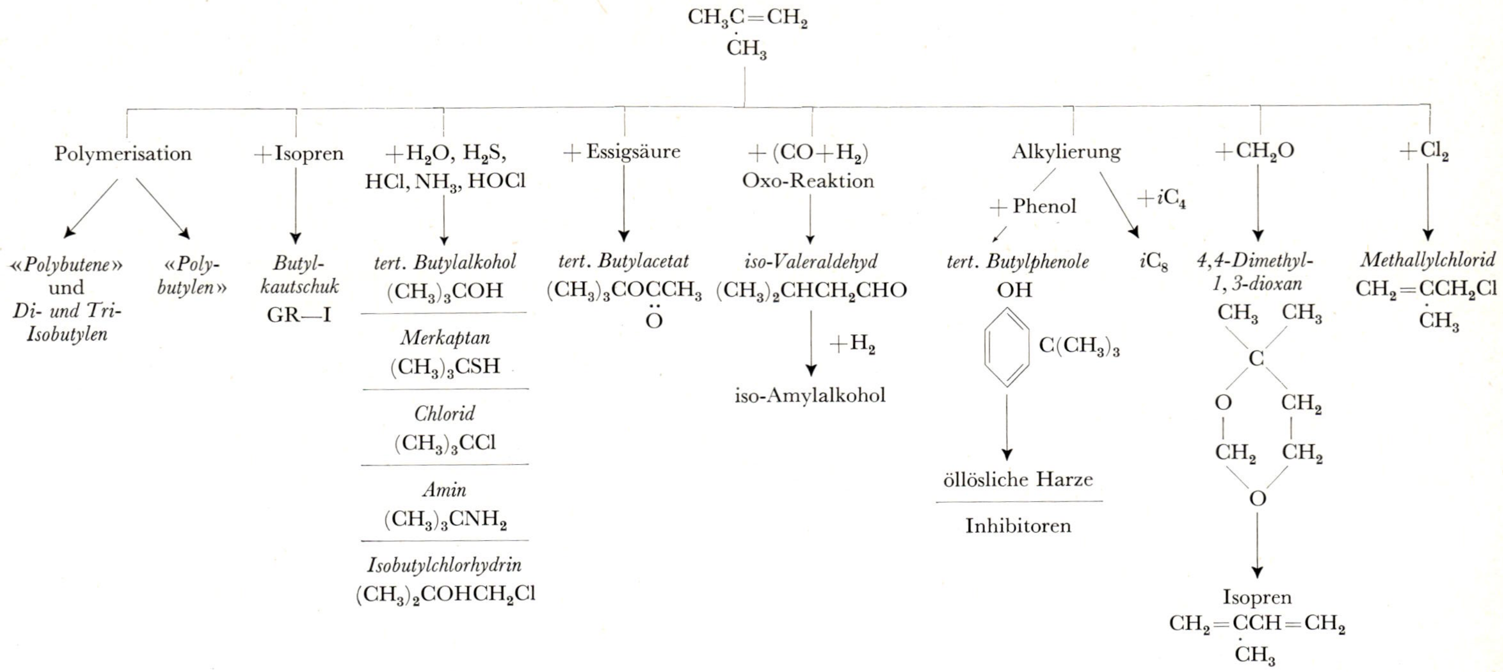

Das weitaus wichtigste ist das *Butadien*. Es wurde ursprünglich in Deutschland aus Acetylen hergestellt, während man in den USA eher von Äthylalkohol ausging. Heute erhält man es hauptsächlich durch katalytische Dehydrierung von nC_4 (etwa 40% der benötigten Menge) und $nC_4^=$ (etwa 45–50%); der Rest entsteht als Nebenprodukt beim Dampfphasekracken von Leichtbenzin zu Äthylen. Zu dessen Anreicherung kommen neben der Feindestillation vor allem verschiedene der in Teil II beschriebenen einfachen und kombinierten andern physikalischen Trennverfahren, wie jenes der azeotropen und extrahierenden Destillation, wie auch chemische Trennprozesse zur Anwendung.

Butadien ist vor allem ein Baustein des heute in Mengen von gegen 2 Millionen Jahrestonnen hergestellten *synthetischen Kautschuks*, dessen wichtigste Sorten in Tabelle LXI zusammengestellt sind (Abb. 181). So ist *BUNA S* oder GR—S ein Copolymerisat von Butadien mit Styrol. Die Reaktion geschieht in mit Glas ausgelegten Druckkesseln in Gegenwart eines Emulgators, eines Katalysators (Peroxyd) und eines Reglers (Alkylmerkaptan) bei einer je nach dem gewünschten Endprodukt zwischen etwa 5–45° C liegenden Temperatur. Auf ähnliche Weise entsteht aus Butadien und Acrylnitril der ölbeständige *BUNA-N* oder GR—N Kautschuk.

Auch *Isopren* ist in Mengen von etwa 15–25% im Reaktionsprodukt des Dampfphasekrackens von Leichtbenzin enthalten und kann daraus mit-

Abb. 181. Blick über die Bunawerke Hüls GmbH HUELS

tels ähnlicher Verfahren wie das Butadien abgetrennt werden. Es entsteht aber auch durch Dehydrierung von $iC_5^=$. Isopren ist ein Bestandteil des *Butylkautschuks*. Auch Naturkautschuk ist ein Isopren-Polymerisat.

Tabelle LXI. *Synthetische Kautschuke aus* C_4-*Kohlenwasserstoffen*[1]

Bezeichnung	Monomer	Typische Zusammensetzung
Polybutadien BR	Butadien	100% Butadien
BUNA S oder GR–S	Butadien Styrol	70% Butadien 30% Styrol
BUNA N oder GR–N	Butadien Acrylnitril	60–80% Butadien 40–20% Acrylnitril
Neopren	Chloropren	100% Chloropren
Butyl oder GR–I	Isobutylen Isopren	97–98% Isobutylen 3–2 % Isopren

[1] Nach Evans, E. B.: *Introduction to Petroleum Chemicals.*

Ein weiterer Baustein synthetischen Kautschuks ist das 2-Chlorbutadien-1,4 oder *Chloropren*, das man aus Acetylen über das Monovinylacetylen herstellt. Die Polymerisation ergibt den *Neopren-Kautschuk*.

Cyclopentadien schließlich kann ebenfalls aus dem erwähnten Dampfphase-Krackprodukt von Leichtbenzin durch Bildung des Dimers entfernt werden, welches sich anschließend wieder depolymerisieren läßt. Es werden daraus unter anderem Insektizide hergestellt.

6. DAS ACETYLEN UND SEINE DERIVATE

Ein ebenfalls sehr vielseitig verwendbarer Baustein der chemischen Industrie ist das eine dreifache Bindung aufweisende *Acetylen* $CH \equiv CH$. Es wurde bisher durch Zersetzung von Calciumcarbid CaC_2 (mit Wasser) erhalten, welches man im elektrischen Ofen aus Kalk und Koks herstellt:

$$CaC_2 + 2\,H_2O \longrightarrow Ca(OH)_2 + CH \equiv CH$$

Aber auch für diesen Baustein wurden nun Verfahren basierend auf Erdölprodukten entwickelt.

Das Gleichgewicht der Acetylenbildung aus Kohlenwasserstoffen liegt erst bei sehr hohen Temperaturen (1500–2000° C) günstig. Weiter muß das Reaktionsprodukt sofort abgeschreckt werden, ansonst sich das gebildete Acetylen wieder in seine Elemente zersetzt. Es haben sich drei Wege als gangbar erwiesen:

Tabelle LXII. *Reaktionen des Acetylens*

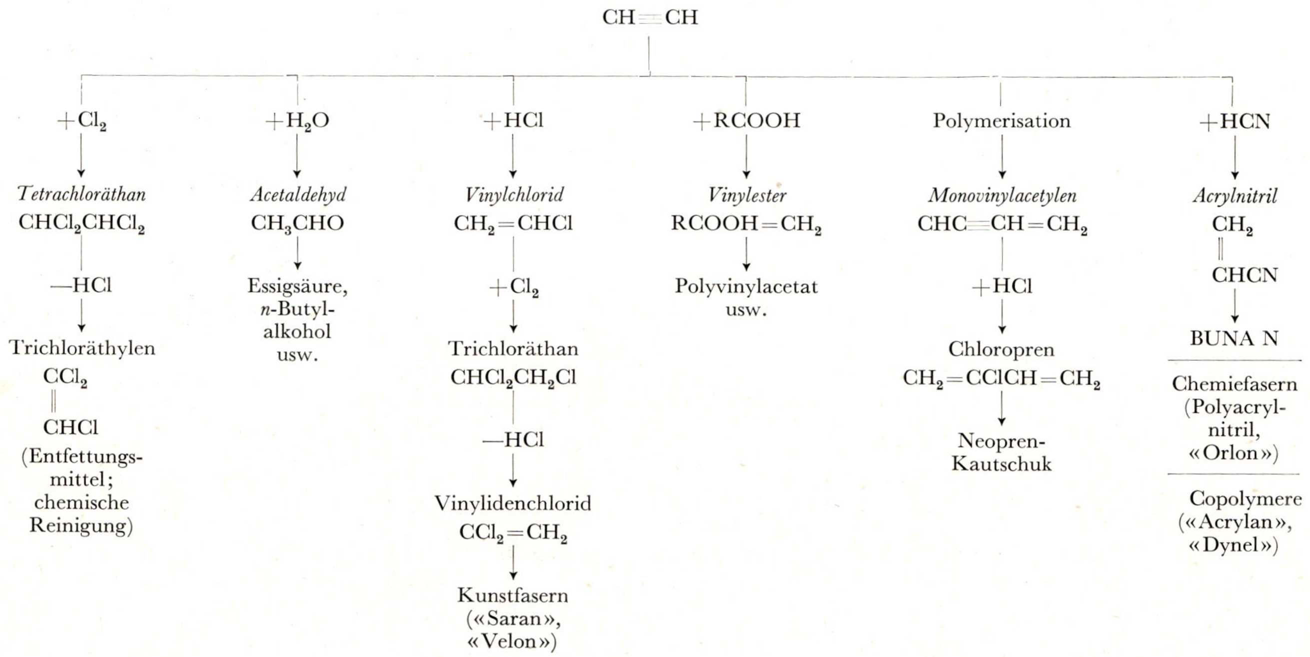

Das unter anderem als *Hüls-* und *Schoch*-Prozeß bekannte *Lichtbogenverfahren* setzt Erdgas in einer Kammer einer elektrischen Entladung aus, wobei sich etwa 7–13% Acetylen bildet. Nach Abschrecken mit Wasser oder neuerdings Flüssiggas (wobei sich gleichzeitig $C_2^=$ und H_2 herstellen läßt) wird das gebildete Acetylen entweder mit Wasser unter Druck oder einem spezifischen Lösungsmittel wie Dimethylformamid herausgelöst.

Ebenfalls im Betrieb ist die kontinuierliche *Verbrennung mit einer unzureichenden Menge an Sauerstoff* nach dem *Sachsse-* (BASF-), *Kellogg-* und *Hoechst*-Verfahren.

Weiter ist noch eine dritte Methode, das *Wulff-*, *Koppers- Hasche-* und *Ruhrchemie*-Verfahren entwickelt worden, die mit *alternativen Aufheiz- und Produktionsperioden* in mit einem feuerfesten Material ausgekleideten Kammern arbeitet; es wird technisch jedoch noch nicht angewandt.

Einige wichtige Reaktionen des Acetylens wurden in Tabelle LXII zusammengestellt.

7. REAKTIONEN UND DERIVATE DER AROMATEN

Die bisher ausschließlich aus dem Steinkohlenteer stammenden Aromaten gehören seit langem zu den unentbehrlichen Basisstoffen der organischen chemischen Industrie, vor allem zur Herstellung von «Teerfarben»,

Abb. 182. Schwefelsäurefabrik RHO SHELL

Pharmazeutica usw. Da die Produktion aber an die Kokerei- und Gasindustrie gebunden war und sich nicht beliebig erhöhen ließ, war es vor allem für die USA ein bedeutender Fortschritt, als Aromaten nun auch aus Erdöl erhältlich waren.

Es gibt allerdings nur wenige Rohöle, die schon von Haus aus einen erheblichen Anteil an Aromaten aufweisen. Deshalb ist die wichtigste Methode das in Kapitel XIV behandelte *Reformen*, wobei die Naphthene unter Wasserstoffabspaltung in Aromaten verwandelt werden. «Hilfsreaktionen» sind dabei, wie erwähnt, die teilweise Cyclisierung der Paraffine, wie auch die Isomerisierung der 5er-Ring- zu 6er-Ring-Naphthenen. Eine andere Möglichkeit zur Herstellung stark aromatischer Konzentrate ergibt der katalytische *Catarole-Krackprozeß* (S. 192). Aus solchen Konzentraten können die reinen Aromaten nach den in Teil II beschriebenen einfachen und kombinierten physikalischen Trennverfahren abgeschieden werden.

Eine Entwicklung der neusten Zeit ist die thermische oder katalytische hydrierende *Desalkylierung* von substituiertem Benzol und Naphthalin zur Herstellung des Grundkohlenwasserstoffes, zum Beispiel nach dem Schema:

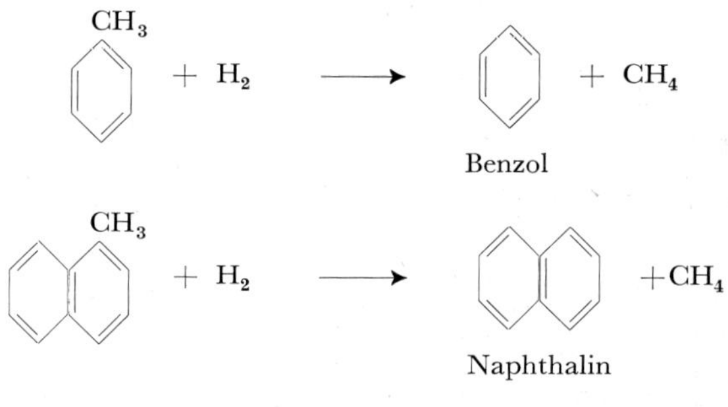

welche unter anderem nach dem *Hydeal-Verfahren* für Toluol in Ausbeuten von 90–95%, für Xylol in solchen von 85–90% und für Naphthalinderivate von etwa 65% möglich ist. Damit wurde auch für Naphthalin erstmals eine zum Steinkohlenteer alternative Herstellungsbasis geschaffen. Als Ausgangsmaterial dienen Reformate, bzw. stark aromatische Kreislauföle katalytischer Krackverfahren.

Die Reaktionen und Anwendungen der Aromaten in der chemischen Industrie sind so vielfältig, daß in Tabelle LXIII nur einige wichtige zusammengestellt werden konnten. Das *aus dem Erdöl* hergestellte *Benzol* dürfte heute vor allem zur Styrolsynthese für die Kautschukindustrie, sowie zur Herstellung von Phenol und Aceton über das Cumol Verwendung finden. Auch werden daraus durch Hydrierung Cyclohexan für die

Tabelle LXIII. *Reaktionen der Aromaten*

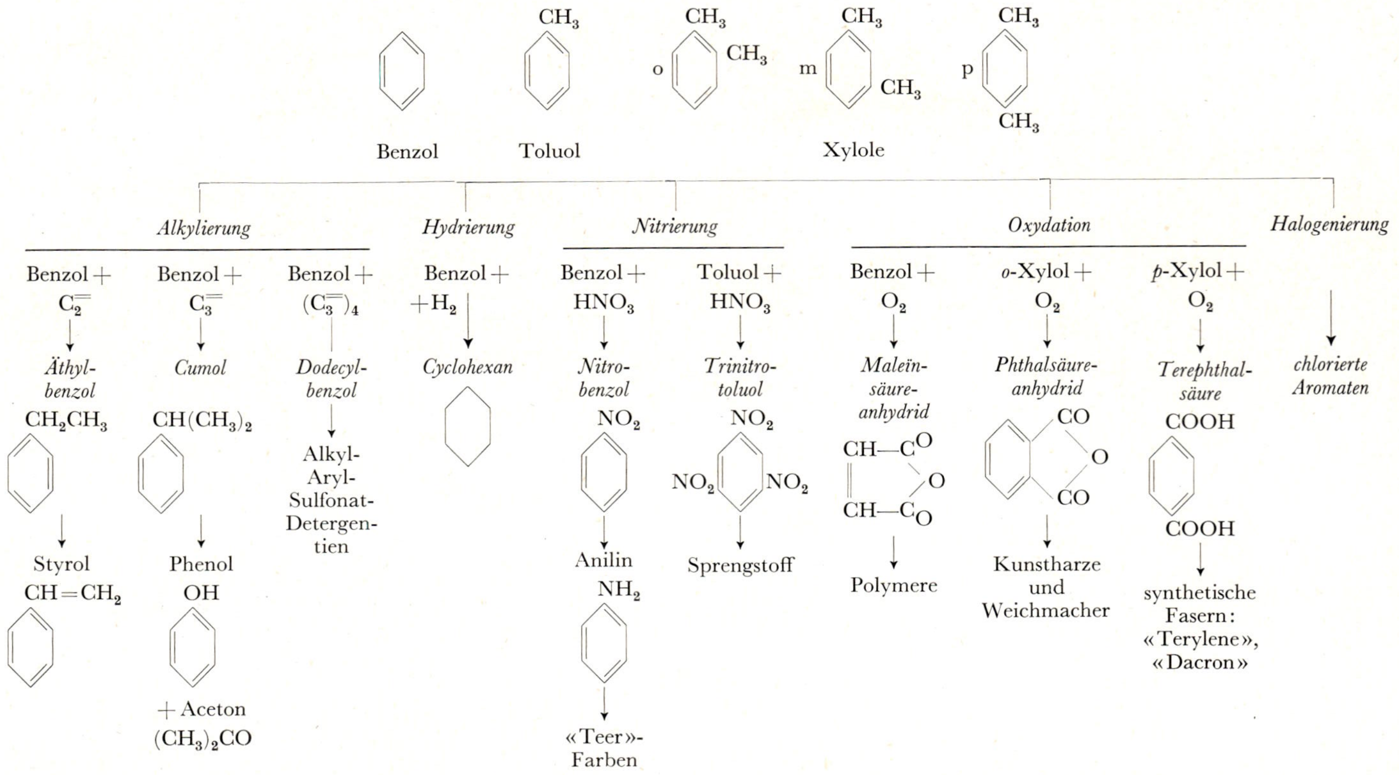

Nylonfabrikation und schließlich Alkyl-Aryl-Sulfonat-Detergentien hergestellt.

Bezüglich der letztgenannten sei hier eingeflochten, daß sogenannte «Surfactants» (das heißt oberflächenaktive Stoffe aller Art) heute in den USA bereits in Mengen von über einer halben Million Tonnen jährlich hergestellt werden, wovon etwa die Hälfte zu «Syndets» (das heißt synthetischen Detergentien) verarbeitet wird. Letztere haben heute mengenmäßig die traditionelle Seife bereits überflügelt. Die wichtigsten dieser Mittel sind, wie gesagt, die *Alkyl-Aryl-Sulfonate* der allgemeinen Formel $R—A—SO_3—M$, wobei R = Alkylgruppe mit 9–12 C-Atomen, A = Arylgruppe (meist Benzol) und M = Metall (meist Natrium) bedeutet. Zur Herstellung des alkylierten Aromaten kann man die Alkylgruppe als monochloriertes Paraffin (sogenannte Keryl-Fraktion) nach FRIEDEL-CRAFTS mit dem Benzol umsetzen. Es werden aber auch entsprechende höhere Olefine aus dem Dampfphasekracken von Paraffin oder Propylentetramer ($C_{12}^{=}$) mit Benzol alkyliert.

Toluol wurde während des Krieges vor allem zur Sprengstoffproduktion (Trinitrotoluol) herangezogen. Heute wird es in großen Mengen dem Autobenzin zugesetzt.

In gleicher Weise sind die *gemischten Xylole* vor allem Treibstoffkomponenten. Doch wird aus dem *o-Xylol* auch Phthalsäureanhydrid für die Kunstharzindustrie und aus *p-Xylol* Terephthalsäure zur Herstellung von Polyesterchemiefasern fabriziert.

8. ANDERE, SCHWEFEL S-, SAUERSTOFF O- ODER STICKSTOFF N- HALTIGE NEBENPRODUKTE DER ERDÖLAUFARBEITUNG

Zum Schlusse seien noch einige Nebenprodukte der Erdölaufarbeitung erwähnt, die neben den Elementen C und H auch Schwefel, Sauerstoff oder Stickstoff enthalten.

So kommen in gewissen Erdgasen und vor allem im Fabrikgas von Krack- und katalytischen, hydrierenden Entschwefelungsverfahren erhebliche Mengen an *Schwefelwasserstoff* H_2S vor, die ausgewaschen und, wie beschrieben (S. 242), nach dem Claus-Verfahren in *elementaren Schwefel* S umgesetzt werden können. Aus letzterem wird unter anderem Schwefelsäure H_2SO_4, nicht zuletzt für die Zwecke der Erdölindustrie selbst, hergestellt (Abb. 182).

Krackprodukte enthalten oft auch *Merkaptane* der allgemeinen Formel RSH, die zur Geruchsverbesserung, der Erniedrigung des Schwefelgehaltes und der Erhöhung der «Bleiempfindlichkeit» (dem Ansprechen der Oktanzahl auf den Zusatz der Klopfbremse Bleitetraäthyl) entfernt werden müssen (Kapitel XVIII). Niedrige Merkaptane verwendet man unter anderem zur Odorisierung des Erdgases.

An sauerstoffhaltigen Produkten sind in den Erdölen, vor allem den naphthenbasischen, geringe Menge sogenannter *Naphthensäuren*, cyclische Karbonsäuren (meist Cyclopentan- oder -hexan-Derivate) enthalten. Sie lassen sich mit Laugen aus den Fraktionen herausholen. Ihre Metallsalze finden eine beschränkte Anwendung als Farbtrocknungs- und Holzkonservierungsmittel, Emulgatoren usw.

Beim Kracken entstehen weiter *Phenol und Kresole*, die teils als «natürliche Inhibitoren» dienen, oder aber zu Desinfektionszwecken Verwendung finden.

Auch die in noch geringeren Mengen manchmal vorhandenen *Stickstoffbasen* müssen unter Umständen zur Stabilitätsverbesserung aus den Erdölprodukten mit Säuren ausgewaschen werden, obschon dafür noch kaum eine praktische Verwendung besteht.

Bei der Schwefelsäurebehandlung, vor allem der Herstellung sogenannter Weißöle, entstehen größere Mengen an *Sulfonsäuren*. Sie werden teilweise als Zusatz zu Schneideölen, HD-Motorenölen, als oberflächenspannungserniedrigende Mittel und anderem verwendet. Die Produktion von Natrium-sek-Alkylsulfaten der C_8—C_{18}-Fraktion als Waschmittel («Teepol») wurde bereits erwähnt.

Ergänzende Literatur zu Kapitel XXI

Ellis, C., *The Chemistry of Petroleum Derivatives*, 3. Auflage, Vol. I (Chemical Catalog Co., Inc., New York 1945).
Vol. II (Reinhold Publishing Corporation, New York 1950).

Hatch, L. F., *The Chemistry of Petrochemical Reactions* (Gulf Publishing Comp., Houston 1955).

Goldstein, R. F., *The Petroleum Chemicals Industry*, 2. Aufl. (Spon, London 1958).

Asinger, F., *Einführung in die Petrolchemie* (Akademie-Verlag, Berlin 1959).

Steiner, H., *Introduction to Petroleum Chemicals* (Pergamon Press, Oxford, London, New York, Paris 1961).

Petrochemical Process Handbook, periodische Beilage der Zeitschrift: Hydrocarbon Processing and Petroleum Refiner (Gulf Publishing Company, Houston).

Durrants, T. H., *Solvents* (Chapman & Hall, London 1950).

Price, D., *Detergents, what they are and what they do* (Chemical Publishing Co. Inc., New York 1952).

Roff, W. J., *Fibres, Plastics and Rubbers* (Butterworths Scientific Publications, London 1956).

Frear, D. E. H., *Chemistry of Pesticides*, 3. Aufl. (van Nostrand Company Inc., New York 1955).

Siehe auch S. 304.

Ausgangspunkt der Verarbeitung (Einsatz)

Röhrenofen, bestehend aus einem gas- oder ölgefeuerten Raum mit längs den Wänden (Strahlungsheizung) oder im Wege der Verbrennungsgase (Konvektionsheizung) angebrachten Rohrschlangen, durch welche das aufzuheizende Material kontinuierlich zirkuliert

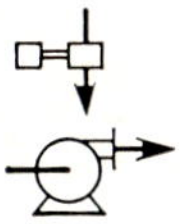

Kolben- / Zentrifugal- } *Pumpe*

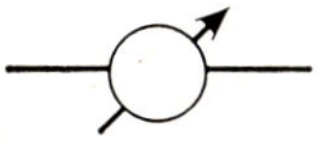

{ *Kühler* oder *Kondenser* } : 

{ *Reboiler* (Aufkochofen) } : 

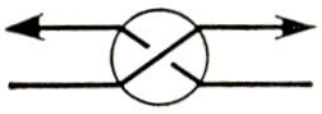

Wärmeaustauscher (WA)

{ Meist zylindrische, mit einem Bündel dünner Rohre ausgerüstete Apparate. Das Kühlmittel (bzw. das kalte Produkt) zirkuliert durch die Rohre, während diese von außen vom zu kühlenden Material (bzw. dem heißen Produkt) bespült werden (auch umgekehrt)

× *Hahn, Ventil, Schieber*

→ *Bewegungsrichtung* des Gas- oder Flüssigkeitsstromes

D → (Wasser-) *Dampf*

mit Fraktionierböden ausgerüstete *Kolonne*

Apparat

Einige Erdöl-Zeitschriften oder doch solche, die regelmäßig Arbeiten aus dem Erdöl-Sektor bringen

Schweiz

Bulletin der Vereinigung Schweizer Petroleumgeologen und Ingenieure
Archiv für angewandte Wissenschaft und Technik (SVMT)
Chemische Rundschau

West-Deutschland

Erdöl-Zeitschrift
Brennstoff-Chemie
Erdöl und Kohle
Brennstoff – Wärme – Kraft
Automobiltechnische Zeitschrift
Die Ölfeuerung

England

Petroleum
Petroleum Times
Petroleum Press Service
Journal of the Institute of Petroleum

USA

Oil and Gas Journal
Hydrocarbon Processing and Petroleum Refiner
World Petroleum
World Oil
Petroleum Engineer
SAE-Journal
Industrial and Engineering Chemistry

Frankreich

Revue de l'Institut Français des Pétroles
Le Courrier des Pétroles
Le Génie Civil

Italien

La Rivista dei Combustibili

SACH-VERZEICHNIS

NAMEN-VERZEICHNIS